陕西省 2022 年高等教育优秀教材奖·本科教育类一等奖

航空航天概论
（第 2 版）

郝红武　主　编
梁毅辰　副主编

北京航空航天大学出版社

内 容 简 介

本书系统介绍航空航天科学技术的基本知识，以飞行器特点及其技术发展为主线，结合民航及通用航空，阐述航空航天基本概念、知识及原理，完整展现航空航天及民用航空技术的成果及未来发展。全书共6章，分别介绍航空航天发展概况及飞行器的研制与生产、飞行原理、飞行器构造、飞行器动力装置、机载设备与飞行控制、大飞机及通用航空等方面的基本内容。本书内容浅显易懂、图文并茂，侧重基本概念、基本原理，并对应用技术、行业、产业相关知识适度进行介绍，是帮助读者了解航空航天应用技术的入门教材。

本书可作为航空院校航空类本科专业基础课程教材或其他相关专业的通用教材，也可作为相关领域工程技术人员和广大航空航天爱好者的参考读物。

图书在版编目(CIP)数据

航空航天概论／郝红武主编．－－2版．－－北京：
北京航空航天大学出版社，2023.1
ISBN 978-7-5124-3702-9

Ⅰ．①航… Ⅱ．①郝… Ⅲ．①航空－高等学校－教材
②航天－高等学校－教材 Ⅳ．①V

中国版本图书馆CIP数据核字(2022)第007724号

版权所有，侵权必究。

航空航天概论（第2版）
郝红武　主　编
梁毅辰　副主编
策划编辑　冯颖　　责任编辑　冯颖

*

北京航空航天大学出版社出版发行

北京市海淀区学院路37号(邮编100191)　http://www.buaapress.com.cn
发行部电话：(010)82317024　传真：(010)82328026
读者信箱：goodtextbook@126.com　邮购电话：(010)82316936
三河市华骏印务包装有限公司印装　各地书店经销

*

开本：787×1 092　1/16　印张：19　字数：511千字
2023年1月第2版　2023年8月第2次印刷　印数：2 501～5 500册
ISBN 978-7-5124-3702-9　定价：59.00元

若本书有倒页、脱页、缺页等印装质量问题，请与本社发行部联系调换　联系电话：(010)82317024

第 2 版前言

自 1903 年飞机发明以来,航空航天科学技术突破了以往徘徊不前的局面,经过一个多世纪的快速发展,现已成为最活跃、最有影响的科学技术之一,综合体现了现代科学技术的许多最新成果。飞行器不但是现代高速交通工具,而且是现代战争中最重要的空中武器平台,也是人类探索宇宙和寻求新的生存空间的工具。

本书综合考虑了专业性和科普性,以航空知识为主,兼顾航天、民航及通用航空的实际,内容丰富,信息量大,先进性和综合性明显,结构系统翔实,叙述简洁明了、图文并茂,在侧重基本概念、基本原理的基础上,对应用技术、行业、产业相关知识进行了介绍。本书将航空航天领域的各类知识分为六部分,在体现技术应用的基础上,分别介绍航空航天发展以及飞行器的研制与生产、飞行原理、飞行器构造、飞行器动力装置、飞行控制系统及地面保障、大飞机及通用航空等方面的基本内容。其中,第 1 章将航空航天器及其技术发展、航空器的研制与生产结合编写,突出了航空航天技术及产品产业链、产品生命周期的特征。第 6 章介绍大飞机及通用航空,使我们在学习航空航天技术知识的同时,对运输航空、通用航空、无人机和航空运动等系统化、专业化的认识有所了解,扩大对航空航天的认知范围。

本书由郝红武、梁毅辰、董彦非、吕毅等编写,郝红武任主编,梁毅辰任副主编。第 1、5、6 章由郝红武编写,第 2 章由梁毅辰编写,第 3 章由吕毅编写,第 4 章由董彦非编写,并由西北工业大学郑锡涛老师审校。在本书编写过程中,嵇宁、李红军等老师提出了许多宝贵意见,同时还得到了中国航空工业集团公司第一飞机设计研究院冯军、中国航空工业集团公司飞行试验研究院姜健、中航西飞民用飞机有限责任公司拜明星等的大力支持和帮助,在此一并表示衷心的感谢,同时对主要参考文献的原作者表示感谢。

本书对第 1 版的内容进行了更新调整,优化了结构,以更好地满足读者的需求。随着航空航天技术的持续发展,以及人类探索能力的不断提升,航空航天领域将会出现更多创新性的理论、方法和技术。受限于笔者之能力以及本教材所涉及知识内容之广泛,教材中如有不妥之处,恳请读者批评指正,使之完善提高。

笔 者

2022 年 12 月 19 日于西安

目 录

第1章 绪 论 ... 1

1.1 航空航天基本概念及发展 ... 1
- 1.1.1 基本概念 ... 1
- 1.1.2 飞行器发展简史 ... 1
- 思考题 ... 20

1.2 航空航天器及航空航天先进技术 ... 20
- 1.2.1 航空航天器 ... 20
- 1.2.2 航空航天先进技术 ... 29
- 思考题 ... 39

1.3 飞行器的研制与生产 ... 39
- 1.3.1 飞行器设计 ... 39
- 1.3.2 飞行器制造 ... 47
- 1.3.3 飞行器试验 ... 48
- 1.3.4 航空器维修 ... 55
- 思考题 ... 58

第2章 飞行器的飞行原理 ... 59

2.1 飞行环境概述 ... 59
- 2.1.1 大气飞行环境 ... 59
- 2.1.2 空间飞行环境 ... 61
- 2.1.3 临近空间飞行环境 ... 62
- 思考题 ... 62

2.2 气体流动的基本规律 ... 62
- 2.2.1 大气的物理性质 ... 63
- 2.2.2 相对运动原理及稳定气流 ... 66
- 2.2.3 连续性定理和伯努利定理 ... 67
- 2.2.4 气流的流动特点 ... 69
- 思考题 ... 71

2.3 飞机的飞行原理 ... 71
- 2.3.1 飞机的主要组成部分和功能 ... 71
- 2.3.2 飞机的气动布局和几何参数 ... 72
- 2.3.3 飞机的升力及阻力 ... 76
- 2.3.4 高速飞机的空气动力及外形特点 ... 86
- 2.3.5 空气动力的计算与实验简介 ... 95
- 思考题 ... 97

2.4 飞机的飞行性能 ·· 97
  2.4.1 飞机的基本飞行性能 ·· 97
  2.4.2 飞机的起飞与着陆性能 ·· 99
  2.4.3 飞机的稳定性和操纵性 ·· 102
  思考题 ·· 107
2.5 旋翼飞行器的飞行原理 ··· 108
  2.5.1 直升机飞行原理 ·· 109
  2.5.2 多旋翼飞行器的飞行原理 ·· 111
  思考题 ·· 111

第3章 飞行器的基本结构 ··· 112

3.1 飞机结构的基本组成、功用及要求 ·· 112
  3.1.1 飞机结构的基本组成及其功用 ·· 112
  3.1.2 飞机结构的基本要求 ·· 114
  3.1.3 飞机结构所采用的主要材料 ·· 115
  思考题 ·· 118
3.2 飞机机体结构 ·· 118
  3.2.1 飞机所受载荷与结构的主要失效形式 ·································· 118
  3.2.2 翼面结构的基本构造形式 ·· 122
  3.2.3 机身结构的基本构造形式 ·· 128
  思考题 ·· 130
3.3 起落架构造 ·· 130
  3.3.1 起落架的布置及结构形式 ·· 131
  3.3.2 改善起降性能的装置 ·· 134
  思考题 ·· 136
3.4 直升机的构造 ·· 136
  3.4.1 机　身 ·· 136
  3.4.2 旋翼系统 ·· 136
  3.4.3 起落装置 ·· 138
  思考题 ·· 139
3.5 航天器、火箭和导弹的构造 ·· 139
  3.5.1 航天器的构造 ·· 139
  3.5.2 火箭的构造 ·· 147
  3.5.3 导弹的构造 ·· 150
  思考题 ·· 154

第4章 飞行器动力装置 ··· 155

4.1 飞行器动力装置的分类与使用范围 ·· 155
  4.1.1 飞行器动力装置的分类 ·· 155
  4.1.2 航空发动机的使用范围 ·· 156

思考题 157
4.2 活塞式发动机 157
　4.2.1 活塞式发动机分类 157
　4.2.2 基本工作原理 158
　4.2.3 主要机件及增压器 161
　4.2.4 工作系统 162
　　思考题 166
4.3 涡轮喷气发动机 167
　4.3.1 涡轮喷气发动机工作原理 167
　4.3.2 涡轮喷气发动机的发展 169
　4.3.3 涡轮喷气发动机的性能指标 170
　4.3.4 涡轮喷气发动机的主要部件 171
　4.3.5 涡轮喷气发动机的工作系统 184
　　思考题 189
4.4 涡轮风扇发动机 190
　4.4.1 涡轮风扇发动机的结构与分类 190
　4.4.2 涡扇发动机的发展 191
　4.4.3 涡扇发动机的主要部件 193
　　思考题 195
4.5 涡轮螺旋桨与涡轮轴发动机 195
　4.5.1 涡轮螺旋桨发动机 196
　4.5.2 涡轮轴发动机 201
　4.5.3 涡轮螺旋桨与涡轮轴发动机的发展 203
　4.5.4 桨扇发动机 207
　　思考题 207
4.6 其他类型发动机简介 207
　4.6.1 火箭发动机 207
　4.6.2 多(全)电发动机 210
　4.6.3 冲压发动机 212
　4.6.4 脉冲爆震发动机 215
　4.6.5 组合式发动机 217
　　思考题 217

第5章 飞行控制系统及地面保障 218

5.1 机载设备 218
　5.1.1 飞行仪表 218
　5.1.2 发动机仪表 225
　5.1.3 辅助仪表 226
　5.1.4 其他机载设备 228
　　思考题 234

5.2 飞行控制系统 ·· 235
　　5.2.1 飞行控制系统概述 ··· 235
　　5.2.2 电传操纵系统 ·· 236
　　5.2.3 自动控制系统 ·· 240
　　思考题 ··· 245
5.3 地面设施和保障系统 ··· 246
　　5.3.1 飞机地面设施与保障系统 ··· 246
　　5.3.2 航天器地面设施与保障系统 ··· 252
　　5.3.3 导弹发射装置和地面设备 ··· 257
　　思考题 ··· 261

第6章　大飞机及通用航空 ·· 262

6.1 大飞机 ··· 262
　　6.1.1 大飞机的发展过程 ··· 262
　　6.1.2 各类大型飞机 ·· 269
　　思考题 ··· 276
6.2 通用航空 ··· 276
　　6.2.1 通用航空概述 ·· 276
　　6.2.2 通用航空现状及发展 ·· 281
　　思考题 ··· 285
6.3 无人机 ··· 286
　　6.3.1 概　述 ·· 286
　　6.3.2 无人机的分类 ·· 287
　　6.3.3 无人机系统的组成及关键技术 ·· 288
　　思考题 ··· 292
6.4 航空运动 ··· 292
　　思考题 ··· 294

参考文献 ··· 295

第1章 绪 论

1.1 航空航天基本概念及发展

1.1.1 基本概念

航空是指在地球周围稠密大气层内的航行活动,航天是指在大气层之外的近地空间、行星际空间、行星附近以及恒星际空间的航行活动。航空航天技术既指进行航空航天活动所涉及的科学技术,又指研制生产航空航天器所涉及的科学技术,因此航空航天是密不可分的。

航空航天技术是高度综合的现代科学技术。它综合了基础科学和应用科学的最新成就,应用了工程技术的最新成果。力学、传热学、电子科学、材料学、自动控制理论和技术、计算机技术、喷气推进技术及制造工艺等科学技术的进步,对航空航天科技的进步和发展产生了巨大的影响。这些科学技术在航空航天领域的应用中相互交叉、渗透,产生了一些新的学科。反过来,航空航天技术发展中提出的新要求又促进这些学科的进一步发展。

航空航天技术的发展与军事应用密切相关,对国民经济和社会生活也产生了重大影响,甚至改变了世界的面貌。航空航天技术用于军事时,使军事装备和军事技术发生了根本性变化,使战争从平面向立体化转化,战争的格局发生巨大变化。飞机在战争中执行拦截、轰炸、侦察、攻击、预警、反潜、电子干扰以及运输、空降等任务。民用航空的发展改变了交通运输的结构,为人们提供了一种快捷、方便、舒适、安全的交通方式。

航天技术和其他科学技术相结合,开拓了许多新的技术领域,如卫星通信成为现代信息传递的重要手段,产生了卫星广播、卫星导航,实现了全球、全天候以及高精度的导航定位;气象卫星、地球资源卫星更是极大地改善了人类的生活,环绕地球的空间站、行星探测器等是人类认识自然和改造自然的先进工具。

1.1.2 飞行器发展简史

1. 航空器发展简史

(1) 人类的飞行梦想

人类的飞行梦想自古就有,中华民族的祖先在该方面对世界的贡献非常突出。

中国早在2000多年前就发明了风筝。根据资料记载,世界各国早期研究和制造飞机的人,都是先从研究滑翔机和风筝开始的。图1.1所示为风筝、滑翔机以及固定翼飞机在飞行中的受力分析。

几千年来,中国人在实现飞行这一美好愿望的努力中有过许多重要的创造。在风筝出现之前,春秋战国时期的墨子和公输班曾制造过能飞行的木鸟,又称木鸢。五代时期出现的孔明灯,又叫松脂灯,被看作是现代热气球的雏形。东晋时代,我国人民创造了名为"竹蜻蜓"的玩具,其飞行原理与今天的直升机高度类似。

在国外,人们也在不断地尝试飞行。在中世纪的欧洲,有人企图用羽毛制成翅膀飞行,这种

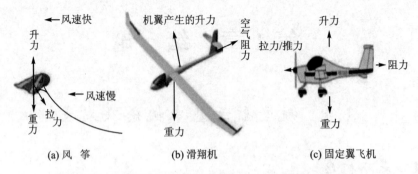

图 1.1 风筝、滑翔机和固定翼飞机的受力分析

模仿鸟的飞行活动一直持续到 17 世纪。文艺复兴时期,意大利艺术家、科学家达·芬奇科学地研究了飞行问题,把对鸟飞行的长期研究结果写成了《论鸟的飞行》一书。后人根据此书和他的部分其他手稿,公认他为航空科学的先知。经过长期的探索和努力,人类终于依靠比空气轻的航空器(气球、飞艇等)迈出了成功升空飞行的第一步。

(2) 人类首次载人动力飞行

人类的首次载人动力飞行发生在 1903 年 12 月 14—17 日,是由美国莱特兄弟设计制造的自主操纵飞行的飞机实现的。这架飞机的翼展为 13.2 m,升降舵在前,方向舵在后,两副两叶桨的推进螺旋桨由链条传动,着陆装置为滑橇式。1903 年 12 月 14—17 日,"飞行者"1 号进行了 4 次试飞,地点在美国北卡罗来纳州基蒂霍克的沙丘上。第 1 次试飞由奥维尔·莱特驾驶,共飞行 36 m,留空 12 s。第 4 次由韦伯·莱特驾驶,共飞行 260 m,留空 59 s。图 1.2 是飞行中的"飞行者"1 号。

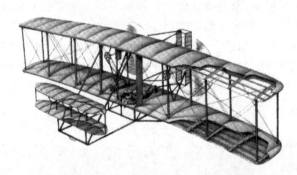

图 1.2 莱特兄弟的"飞行者"1 号

这是航空航天史上一个重要的里程碑,莱特兄弟也被世界公认为固定翼飞机发展的鼻祖。此后的 100 多年中,人类的生活由于各种航空航天器的迅速发展和使用而发生了巨大的变化。

(3) 活塞式飞机的发展和局限

1) 战争加快了航空航天工业的发展

20 世纪初,飞机出现后很快被用于战争。两次世界大战使飞机的技术水平得到了迅速发展。飞机在战争中大规模使用,使战争由平面转向立体化,并且已成为对战争全局产生重大影响的重要因素。战争的需要又反过来促进航空工业的发展,飞机的研究、设计、制造和使用有了明确的分工,形成了独立的产业部门,并促进了军队的改革,出现了空军、空天军等新军种。

在 1911 年的意土战争中,意大利首先利用飞机进行侦察和轰炸。这是飞机首次用于战争。1914—1918 年第一次世界大战期间,各国均建立了空军,飞机参战规模愈来愈大。大战初期,参战飞机共有1 000多架,到了战争末期,双方已投入飞机共计上万架。飞机最初只用来侦察,用作侦察机。双方侦察机在空中相遇时,互用手枪射击,出现了早期的空战,后来又改用步枪和机枪,形成了驱逐机。随着战争的需要,最初由飞行员用手扔炸弹而发展成翼下吊挂炸弹的专用轰炸机,之后又出现了专门攻击地面的强击机。第一次世界大战后,空军成长为重要的军事力量。第二次世界大战(1939—1945年)中,空军更显示了举足轻重的作用。1939年德国法西斯出动2 000多架飞机闪电般地占领欧洲大片领土。1944年轰炸柏林时,美国一周内共出动飞机9 700架。1945年柏林之战,苏联投入飞机8 400架,德国迎战飞机3 300架。图1.3为第二次世界大战中的一场空战场景。

图1.3　第二次世界大战中的某空战场景

空军的发展大大促进了航空工业的发展。第一次世界大战中,各国共生产飞机18万余架。第二次世界大战中,飞机生产总数已达到70万余架,其中美国和苏联各生产10万余架。航空工业已形成独立的产业部门,建立了专业研究机构,飞机的外形、结构和设备更加完善,性能不断提高。

2) 活塞式飞机的发展

战争的需求促进飞机性能的提高。在不断改善操纵性和武器设备功能的同时,更主要的是提高飞机的飞行速度,而提高飞行速度的主要措施是增大发动机的功率和改善飞机的外形。从第一架飞机出现到第二次世界大战末的40多年间,飞机的动力装置采用的都是活塞式发动机。活塞式发动机的功率随着速度增长的需要而大幅提高,从8.82 kW增长到2 572.5 kW。有的飞机上还装有多台发动机,如美国B-29就装有4台1 837.5 kW活塞式发动机,使该机总功率达到7 350 kW。飞机的飞行速度也从16 km/h提高到755 km/h。飞行速度的提高还与飞机外形的改善密切相关。飞机的发展是人们在不断解决矛盾的过程中取得的。

莱特飞机问世以前,也曾有不少人研制过动力飞机,但都因飞机过重(采用笨重的蒸汽机)、升力过小(缺少升力理论)而失败。这是飞机发展中的第一个矛盾——升力和重力的矛盾。莱特兄弟正是总结了前人的经验和教训,采用了质量较轻的内燃机和升力较大的翼型,才解决了这个矛盾。莱特飞机以及第一次世界大战中所用的飞机大都是双翼机,其他机型还有三翼机和盒形机等,这些均是为了提高升力而增大了机翼面积。但是,这些增升面积和交叉的支柱、张线,反过来使得飞行阻力大大增加,虽成倍提高发动机的功率,飞机的飞行速度却增长缓慢,这就出现了新的矛盾——拉力和阻力的矛盾。这是飞机发展中的第二个矛盾。为了解决这一矛盾,必须着手改造飞机外形布局,减小机翼面积,将双翼机改为单翼机,减小支柱和张线的阻力,从而使飞行速度显著提高。随着金属材料在飞机上的大规模使用,1915年首先出现了斜撑张臂式单翼机,并在20世纪20年代后期被普遍采用,飞机的飞行速度也由战前的180 km/h提高到280 km/h。20世纪30年代后,有撑杆的单翼机完全由无撑杆全金属单翼机替代,飞机外形(如机头、机身)进一步向流线型发展,驾驶舱也由开敞式改为封闭式。所有这些外形的改进,均有效减小了飞机的阻力。在第二次世界大战中,飞机的飞行速度便猛增至600 km/h以上。1939年德国战斗机Bf-109还创造了活塞式飞机飞行速度的最高纪录755 km/h。这已达到活塞式发动机的极限速度。飞行速度再进一步增长,便会碰到新的矛盾——拉力与重力的矛盾。这是飞机发展中的第三个矛盾。

3) 活塞式飞机的应用和局限

当活塞式飞机时速增至700 km/h以上时,再增加发动机功率就很困难。第一,增加功率就要增加发动机气缸的容积和数量,但这却使发动机本身的质量和体积成倍增长,不仅使飞机阻力猛增,而且也会因发动机质量过大使飞机内部结构无法安排。欲使速度提高1倍,功率必须增加8倍,发动机质量也随之增长6倍,竟与原机总质量相等。而换装同样功率的喷气式发动机,发动机质量和飞机总质量均可保持不变,飞行速度却能提高1倍。第二,活塞式发动机是依靠螺旋桨产生拉力的,当飞行速度和螺旋桨转速进一步提高时,桨叶尖端将会产生激波,致使螺旋桨效率大大降低,从而限制了飞行速度的提高。活塞式发动机发展到第二次世界大战末期时已经达到了顶峰,要继续提高飞行速度必须选择新的动力装置。

螺旋桨在低空低速飞行时效率高,经济性好,目前许多小型低速飞机仍然使用它。由于喷气式发动机噪声大、油耗高、经济性差,不少中、低速喷气式客机都采用与螺旋桨相结合的喷气式发动机,如涡轮螺旋桨发动机、涡轮风扇发动机和桨扇发动机。

(4) 喷气式飞机的产生和发展

1) 喷气式飞机的问世

在活塞式发动机的发展受限后,各国都开始积极寻求新的动力装置。1939年德国研制出世界上第一架喷气式飞机——He-178(图1.4),1941年英国也制成E28/39喷气式飞机(图1.5)。接着各先进国家也都先后研制出一批喷气式飞机,包括朝鲜战争中使用过的苏联研制的米格-15 (1947年,如图1.6所示),美国的F-86(1947年,如图1.7所示)。

2) 突破声障

第一批喷气式飞机出现后,飞行速度迅速增加到900 km/h以上,但继续增长时又碰到新的

图1.4 He-178

图 1.5　E28/39

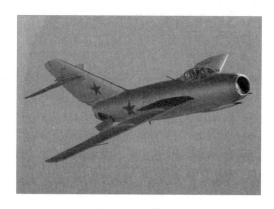

图 1.6　米格-15

图 1.7　F-86

矛盾。当飞行速度接近声速时,飞机受到激波的影响,速度无法增长,飞机强烈振动,甚至出现机毁人亡的事故。这就是当时一个不可逾越的障碍——声障。虽然发动机的推力可继续增大,但飞机的气动外形不改变,仍然难以突破声障。因此,改善飞机的气动外形,成为突破声障的关键。

为了突破声障,除了加大发动机推力(如在喷气发动机上加装加力燃烧室)外,各国还致力于高速空气动力理论的研究和超声速风洞试验,进而对飞机的气动外形做出了很大改变,例如采用大后掠机翼和细长流线型机身等。1947 年美国的火箭动力试验机 X-1(图 1.8)首先突破声障。1953 年美国又制造出了第一架实用的超声速战斗机 F-100(图 1.9)。1976 年美国战略侦察机 SR-71 创造了当时世界最高飞行速度纪录 3 529 km/h,相当于声速的 3.3 倍(图 1.10)。目前现代战斗机的最高飞行速度均已超过声速,有的可达声速的两三倍。

3) 克服热障

喷气式飞机突破声障后实现了超声速飞行,然而当飞机超声速飞行时,飞机表面受到空气的强烈摩擦,温度急剧上升,一旦超过机体表面材料所能承受的极限,飞机将会被破坏。这种由气动加热所引起的危险障碍称为"热障"。飞机表面常用的材料为铝合金,其耐温极限为 250 ℃,当飞行速度超过声速三倍时,机头和机翼前缘的蒙皮温度可上升至 370 ℃,铝合金结构会被破坏。选用耐高温不锈钢(极限温度 450 ℃)或钛合金(极限温度 650 ℃)作为蒙皮材料,就能克服热障。目前不锈钢和钛合金在飞机上已经普遍采用。飞机和航天器的速度愈来愈高,新型防热材料也不断涌现。

图 1.8　X-1 试验机

图 1.9　F-100 歼击机

（5）军用飞机的发展

军用飞机是用于军事用途的飞机，也就是主体为专门设计或改型用于各种军事目的的飞机。军用飞机可分为作战飞机和作战支援飞机两大类。现代军用飞机的分类可参见图 1.11。

图 1.10　SR-71"黑鸟"高空高速战略侦察机

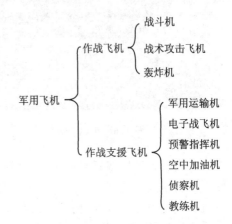

图 1.11　现代军用飞机的分类

1) 作战飞机

作战飞机是指直接执行作战任务的军用飞机，主要包括战斗机、战术攻击飞机和轰炸机，近年来也包括一些具有发射反辐射武器能力的电子战飞机。

① 战斗机：主要任务是消灭空中和地面敌机、夺取制空权的飞机，在苏联和我国被称为歼击机。

现代战斗机按用途可分为制空战斗机和多用途战斗机两类。制空战斗机又称空中优势战斗机，其主要任务是空战；多用途战斗机既可执行空战任务，又可执行对地攻击任务。

战斗机按起飞质量不同可分为轻型战斗机和重型战斗机两种。正常起飞质量在 15 t 以下的战斗机通常划分为轻型战斗机，如中国的歼-10、美国的 F-16、俄罗斯的米格-29、法国的"幻影"2000 等；而正常起飞质量接近或超过 20 t 的则被划分为重型战斗机，如中国的歼-11、美国的 F-15、俄罗斯的苏-27 等。

军用飞机中，装备数量最多、发展最快、应用最广的机种是战斗机，其研制水平往往代表了一个国家的航空科学技术发展水平。战斗机经过一战的双翼机时期、二战的螺旋桨式飞机时期，在二战之后进入了喷气式飞机时代,又经过20世纪40年代末、50年代初的高亚声速阶段,于20世纪50年代中期进入了超声速时代。

关于战斗机的划代问题,目前有"四代"和"五代"两种方法。"四代"法以世界上第一批实用的超声速战斗机(典型机型是美国的F-100和苏联的米格-19)为第一代,这是"超声速战斗机"的划代法。2008年,美国《空军》杂志提出了一种"六代"划代法,把最早出现的喷气式战斗机列为第一代(典型机型是德国的Me-262、英国的"流星"和美国的F-80);把高亚声速后掠翼战斗机列为第二代;把低超声速战斗机列为第三代;第四代与"四代"法的第三代一致;第五代与"四代"法的第四代一致;第六代则是指目前有些国家设想中的具有高超声速飞行能力的战斗机,有人称这种分代法为新"五代"法。

下面按普遍采用的战斗机"四代"划代法("超声速战斗机"划代法)来描述各代战斗机的主要特征。

第一代超声速战斗机是1953年以后开始服役的低超声速战斗机(Ma为1.3~1.5),其代表机型是美国的F-86和苏联的米格-17。主要特征是:大多采用机头进气和大后掠角梯形机翼;飞机起飞推力重力比(推重比)多数在0.5~0.6范围内;机载探测设备为雷达测距器,机载武器以航空机炮(航炮)为主。这一代战斗机是20世纪五六十年代各国空、海军的主要装备。

第二代超声速战斗机是20世纪50年代末、60年代初开始服役的、最大飞行马赫数Ma为2.0一级的战斗机。代表机型有美国的F-104、F-4,苏联的米格-21、米格-23,法国的"幻影"Ⅲ、瑞典的萨伯-37以及中国的歼-8系列飞机。主要特征是:采用小展弦比薄机翼和细长机身的气动外形;飞机的起飞推重比达到0.8左右;探测设备多数为可用于全天候作战的火控雷达;机载武器为红外制导的近距空空导弹及雷达制导的中距空空导弹加航炮。这一代战斗机是20世纪六七十年代各国空、海军的主要装备。

第三代超声速战斗机是20世纪70年代中期开始服役的,主要特点为高机动性。代表机型有美国的F-14、F-15、F-16,俄罗斯的米格-29、苏-27,法国的"幻影"2000、欧洲四国联合研制的"台风"、法国的"阵风"以及中国的歼-10等。主要特征是:突出中低空跨声速机动性,使战斗机能在近距格斗中迅速占据有利位置而向对方发起攻击,或在处于被跟踪瞄准的不利位置时能迅速机动摆脱敌方攻击;一般采用单台或双台加力式涡轮风扇发动机,发动机本身推重比达8.0左右,使飞机正常起飞总重时的推重比接近或超过1.0;机载武器大多采用空空导弹和航炮混装而又以空空导弹为主的配备方案,装有数字式计算机控制的机载火力控制系统。20世纪末研制的三代机如"台风""阵风"、苏-35、歼-10、歼-11等,具有部分第四代超声速战斗机的特点,信息化作战能力得到大幅度提高,因此也被称为"三代半"战斗机。

第四代超声速战斗机是21世纪开始服役或目前还在研制中的新一代战斗机。代表机型有美国的F-22和F-35,以及中国的歼-20(图1.12)。主要特征是:采用翼身融合体和具有隐身能力或部分隐身能力的气动布局;部分复合材料的机体结构;装带推力可转向的自身推重比为10一级的先进航空发动机,使飞机的起飞推重比超过1.0;机载火控系统为可同时跟踪和攻击多个空中目标的多功能火控雷达;主要机载武器是具有大离轴角和发射后不管的空空导弹。

② 战术攻击飞机:携带各种对地攻击武器对敌方战场和战区地面目标实施攻击的飞机。战术攻击任务分为纵深遮断和近距空中火力支援两类。

纵深遮断的主要目的是切断或减弱敌后方对前线的物资供应和人员补充,削弱敌前线的作战能力,又称孤立战场。执行这类任务的飞机主要是战斗轰炸机,如美国空军的F-111和中国的歼轰-7战斗轰炸机(图1.13)等。过去曾有战术轰炸机(如苏联的苏-24等)和重型舰载攻击机(如美

图 1.12　中国歼-20 战斗机

图 1.13　美国的 F-111、中国的歼轰-7 战斗轰炸机

国海军的 A-6 等),执行纵深遮断任务,目前各国均已不再专门研制此类机型。

近距空中支援是指直接支援地面部队作战,从低空、超低空攻击地面目标,摧毁敌方战场作战装备以及杀伤敌方作战人员,又称战场攻击。执行这类任务的飞机主要是多用途战斗机和攻击机。由于重型舰载攻击机已不再使用,所以现代所谓的攻击机就是指轻型攻击机。

攻击机在苏联和我国称为强击机,西方国家称为近距空中支援机。主要有美国在 20 世纪 50 年代研制的近距空中支援机 A-10 和中国的强-5 攻击机(图 1.14)、苏联在 80 年代研制的苏-25 强击机等。

图 1.14　美国 A-10 近距空中支援机、中国强-5 攻击机

攻击机具有良好的低空和超低空稳定性和操纵性;有良好的视界,便于搜索地面小型隐蔽目标;有威力强大的对地攻击武器,除航炮和炸弹外,还包括制导炸弹、反坦克集束炸弹和空地导弹等;飞机要害部位有装甲保护,以提高飞机在地面炮火攻击下的生存能力;起飞着陆性能优良,能在靠近前线的简易机场起降,以便扩大飞机支援作战的范围。

多用途战斗机出现后取代了一部分攻击机的功用,使攻击机的发展速度有所放缓。但是,与多用途战斗机相比,攻击机具有价格低、低空性能好等特点,因而在未来战场上仍会占有一席之地。

③ 轰炸机:用炸弹、鱼雷或空地导弹杀伤、破坏地面和海上目标的军用飞机称为轰炸机。轰炸机按起飞质量、载弹量和航程的不同大致分为轻型轰炸机、中型(中程)轰炸机和重型(远程)轰炸机三类。轻型轰炸机又称战术轰炸机,起飞质量一般为 20~30 t,航程可达 3 000 km,载弹 3~5 t,主要用于战术攻击,由于其性能不如现有的战术攻击飞机,因此已被淘汰。中型轰炸机的起飞质量为 40~90 t,航程为 3 000~6 000 km,载弹量为 5~10 t,典型机型有美国的 F-111 和苏联/俄罗斯的图-22 等。重型轰炸机的起飞质量在 100 t 以上,航程大于 7 000 km,载弹量超过 10 t,典型飞机是美国的 B-52、B-1、B-2 和苏联/俄罗斯的图-95、图-160(图 1.15)等。中型和重型轰炸机主要用于深入敌后,对军事基地、交通枢纽、经济和政治中心进行战略轰炸,统称为战略轰炸机。

图 1.15 美国 B-1、苏联/俄罗斯图-160 战略轰炸机

2) 作战支援飞机

作战支援飞机指非直接执行或完成作战任务的军用飞机,主要包括军用运输机、预警指挥机、电子干扰机、空中加油机、侦察机和教练机等。

① 军用运输机:用于空运兵员、武器装备并能空投伞兵和军事装备的飞机。按执行任务性质分为战略运输机和战术运输机两种。战略运输机的任务是远距离运输大量兵员和重型武器装备,特点是运输量大、航程远、速度快,主要在远离作战地区的大中型机场起降。战术运输机主要在前线地区执行近距离军事调动、后勤补给、空降伞兵、空投军用物资和撤退伤员等任务,特点是载重量较小,主要在前线中小型野战机场起降,有较好的短距起降能力。军用运输机都有装卸方便的特点,机上一般设计有专门的装卸设施,如美国 C-5"银河"战略运输机(图 1.16)、美国 C-17"环球空中霸王"和中国 Y-20"鲲鹏"战略战术运输机(图 1.17)。

② 电子战飞机:是一种专门对敌方雷达、电子制导系统和无线电通信设备进行电子侦察、干扰和攻击的军用飞机,任务是使敌方的防空体系失效,掩护己方的攻击飞机顺利完成任务。电子战飞机在现代战争中占有重要的地位。

图 1.16　美国 C-5"银河"战略运输机

图 1.17　美国 C-17"环球空中霸王"、中国 Y-20"鲲鹏"战略战术运输机

电子战飞机分为电子侦察飞机、电子干扰飞机和反雷达飞机。电子干扰设备被用于军事,可对敌所有无线信号进行压制,可以使敌无线通信设备失灵,进而难以指挥。

电子干扰机大多是利用轰炸机、战术运输机、重型攻击机和战斗轰炸机等飞机的机体加装电子干扰设备改装而成的,大的总重上百吨,小的也在 20 t 以上。大型的如美国的 EC-130(图 1.18)、俄罗斯的图-95 改型等,小型的如美国的 EF-111 与 EA-6B(图 1.19)、俄罗斯的苏-24 改型等。美国 EA-18G"咆哮者"电子攻击机(图 1.20)是在超级大黄蜂战斗机的基础之上发展而来

图 1.18　美国 EC-130 电子战飞机

图 1.19　美国 EA-6B 电子战飞机

的,不仅拥有新一代电子对抗设备,还保留了"大黄蜂"全部武器系统和优异的机动性能。军事专家甚至认为"咆哮者"既是当今战斗力最强的电子干扰机,又是电子干扰能力最强的战斗机。"咆哮者"身上还隐藏着很多的小雷达天线,可携带5~6个电子战吊舱,一个吊舱可覆盖200 km的范围,可使其作战范围大大增强;同时,"咆哮者"还携带"哈姆"反辐射导弹,可直接摧毁敌方的雷达系统。

图1.20 美国EA-18G"咆哮者"电子攻击机

③ 预警指挥机:指装有远程搜索雷达用于搜索和监视空中、地面或海上目标的军用飞机。它的作用相当于把雷达站放在高空,大大增加了雷达的搜索范围和距离。在预警机上装上敌我识别、情报处理、指挥控制、通信导航和电子对抗等航空电子系统,会使预警机不仅能及早截获和监视低空入侵的目标,而且能引导和指挥己方战斗机进行拦截和攻击,变成预警指挥机。预警指挥机,尤其是大型预警指挥机是现代空中作战和信息化联合作战的核心装备,具有不可替代的重要作用,被称为军事力量的"倍增器"。

预警指挥机按照其飞行质量、留空时间、任务载荷、作战使命等可以分为战略级预警指挥机和战役/战术级预警指挥机,另外还有舰载预警机。我国自行研制的空警2000属于战略级预警指挥机,而空警200则属于战役/战术级预警指挥机,参见图1.21。

图1.21 中国空警2000、空警200预警指挥机

④ 空中加油机:用于在空中对飞行中的飞机补充燃油的飞机。空中加油的目的是增加飞机的航程和续航时间,大幅提高作战飞机的远程作战能力和作战效率。实现空中加油有两种方式:伸缩杆式(硬管式)和插头锥管式(软管式)。空中加油机大多由运输机或轰炸机改装而成。美国的KC-135由波音飞机公司制造,是在波音707客机的基础上发展而成的。美国KC-10"补充者"空中加油机(图1.22)是1977年由麦克唐纳飞机公司(现已并入波音公司)在其研制的DC-10三发中远程运输机的基础上为美国空军发展的空中加油机,是当今世界上功能最全、加油能力最强的空中加油机。其加油能力优于KC-135,最大时速为980 km/h,升限10 600 m,航程7 030 km,供油量88 t,全重160 t,可同时给3架飞机实施空中加油。

伊尔-78加油机(图1.23)是俄罗斯空军唯一专用空中加油机。该机使用UPAZ-1A加油装置,是在伊尔-76MD军用运输机的基础上研制而成的,1987年开始装备部队。

⑤ 侦察机:专门用于搜集敌方军事情报的飞机,所用的侦察设备有航空照相机、合成孔径雷达、摄像仪、红外和电子侦察设备等。按侦察任务性质可分为战略侦察机和战术侦察机。侦察机最初用于目视战地侦察和炮兵校正,后来发展成为战术侦察的主要手段。20世纪60年代出现了

图1.22 美国KC-10空中加油机

图1.23 俄罗斯的伊尔-78空中加油机

专门设计的战略侦察机。

战略侦察机是为战略决策而搜集敌方战略情报的专用飞机,特点是飞行高度高、航程远、能从高空深入敌方领土或沿边境飞行,装有复杂的航摄仪和电子侦察设备,可对敌方的军事和工业中心、核设施、导弹基地和试验场、防空体系等战略目标实施侦察。代表机型有美国的TR-1、SR-71和俄罗斯的米格-25R等。美国还有用C-130运输机和P-3巡逻反潜机改装的电子侦察机,也用于执行同类任务。

美国EP-3电子侦察机属于电子情报战平台,美海军从20世纪60年代开始使用。目前,电子侦察机向多用途方向发展,如美国的EP-3"白羊座Ⅱ"电子情报侦察机(图1.24)是由美国洛克希德·马丁公司在P-3"奥立安"反潜巡逻机的基础上改进的战略侦察机,是EP-3系列的深入改型。

图1.24 美国EP-3"白羊座Ⅱ"电子情报侦察机

战术侦察机是对战场或战区目标实施侦察的军用飞机,大多利用战斗机改装,机上一般不带军械,加装摄像仪、合成孔径雷达等设备,能对敌方纵深300~500 km范围内的兵力部署、火力配备、地形地貌,以及对敌攻击效果等进行侦察。典型机型有美国的RF-4和俄罗斯的苏-24等,这些飞机的飞行性能与同型战斗机类似。

为了减小侦察危险、降低侦察成本,不少国家研制了无人侦察机。随着微电子、微机械和微型传感器的不断发展,无人侦察机的功能将越来越强大。

⑥ 教练机:用于训练飞行员的飞机,通常分为初级、中级和高级教练机。教练机应具有很高的出动率,以便大量培训新飞行员,所以要求飞机的运行成本低、维修简单。

初级教练机用于训练学员掌握初级飞行技术,检验学员适应飞行的能力,以确定学员是否具备要求的飞行素质。初级教练机一般为单发活塞式飞机,飞行速度低(约300 km/h),起飞着陆速度小(约100 km/h),操作性能好,便于驾驶。中国的初教-6是一种典型的初级教练机。

中、高级教练机用于训练学员掌握喷气式飞机的飞行技术,进行仪表飞行、高级特技飞行和基本战术飞行训练。这类飞机一般为高亚声速喷气式飞机,具有完善的仪表航行设备和武器系统,能在复杂气象条件下进行战斗训练和武器使用训练。飞机上还有较多的武器悬挂点,需要时可以用作攻击机。我国的L-15就属于这类教练机。

L-15"猎鹰"教练机(图1.25)是中航集团洪都航空公司按照国际标准设计研发的一种单座双发超声速高级教练机。该教练机具有典型的第三代战斗机特征,采用了大边条翼气动布局、高度翼身融合体结构,先进数字飞控电传系统和基于开放数据总线技术的综合航电系统,操纵敏捷,大迎角机动性强,能充分满足第三代战斗机飞行员的战斗入门和战术基础改装训练,设计寿命达 10 000 h,具有很高的训练效费比。

美国 T-45"苍鹰"(Goshawk)高级教练机(图1.26)是麦克唐纳飞机公司和英国航宇公司在"鹰"式教练/攻击机基础上根据美国海军要求研制的一型单发、串列双座先进教练机。根据美国海军的特殊要求,T-45 的前、主起落架重新设计,增设拦阻钩并加强机体,以满足舰上起落的要求。该机安装的电子设备和显示器比较先进,能满足在航空母舰上的训练要求。

图 1.25　中国 L-15"猎鹰"高级教练机　　　图 1.26　美国 T-45"苍鹰"高级教练机

3) 舰载机

舰载机是以航空母舰为基地的军用飞机,包括舰载战斗机、攻击机、预警机、反潜机、加油机、运输机、联络机及舰载直升机等各种作战飞机和作战支援飞机。舰载机的主要任务是配合舰队完成海上作战任务,夺取海上和沿岸地区制空权,对海上舰船和沿岸地区陆上目标实施攻击,支援海上作战和登陆作战。舰载机和航空母舰组成的武器系统是现代海军最强大的武器系统,是海军远洋作战的核心。战时它是控制海域夺取制海权的有力工具,和平时期它是显示国家海上作战力量的威慑手段。2017 年 4 月 26 日,在中船公司大连造船厂下水的中国第二艘 001A 型航空母舰,可以搭载 40~45 架歼-15 型舰载战斗机(图1.27)。歼-15 型舰载机配置国产 AESA 雷达、航电系统,机体使用复合材料。该机具有航程远、作战半径大、武器装载量大的优点,可以执行对空、反舰、对地攻击任务,若实现弹射起飞,性能能接近美国 F/A-18E/F"超级大黄蜂"舰载战斗机。

图 1.27　中国歼-15 舰载战斗机、美国 F/A-18E/F"超级大黄蜂"舰载战斗机

典型的舰载预警机为美国E2C"鹰眼"舰载预警机(图1.28),是由美国格鲁门公司研制的,用于舰队防空和空战导引指挥,也适用于执行陆基空中预警任务。

图1.28　美国E2C"鹰眼"舰载预警机

由于舰载机以航空母舰为使用基地,主要在海上作战,与岸基飞机使用条件有很大不同,因此舰载机具有不同于岸基飞机的许多技术特点。主要有:在外形上尽量采用提高升力的设计,以适应降低舰上起降速度的要求;机翼设计成可折叠式,以减小舰上停放空间;在结构上,由于在舰上弹射起飞和拦阻着舰,飞机要加大结构强度,同时机翼需要折叠机构以及增加舰钩等原因,舰载机的结构质量比同级岸基飞机增加10%左右;在动力装置方面,强调发动机的加速性、可靠性和耐腐蚀性,以适应海上使用、舰上起降与复飞;在机载设备和武器方面,舰载机需要更先进的电子设备和机载武器,以提高飞机的综合作战能力;舰载机需要在航空母舰甲板或机库内进行维护和修理,要求飞机有更好的维护开敞性和简易性;舰载机长时间在海上飞行和舰上停放,飞机结构和设备必须具备防盐雾、防潮湿和防霉菌的"三防"能力。

4) 垂直/短距起降飞机

不用在机场跑道上滑跑,而能在原地垂直起飞和降落的固定翼飞机称为垂直起降飞机。由于这类飞机也可利用短跑道滑行起飞和降落,故称垂直/短距起降飞机。与常规起降飞机相比,它的主要优点是,不依靠占地面积巨大的机场跑道,在几十米见方的硬地(经过铺设)上就可起降。作为作战飞机可以快速部署到前线地区作战,也可以在大型舰船上起降,所以受到各国海军和海军陆战队的青睐。

典型的垂直起降战斗机有英国"鹞"式和美国F-35战斗机。垂直起降技术是从20世纪50年代末期开始发展的一项航空技术。虽然起步相对较早,但是受制于飞控、发动机动力、材料等多种因素,成功服役的战机相对较少。

英国是首先研制和装备垂/短距起降飞机的国家,其研制的"鹞"式GR9垂直/短距起降战斗攻击机(图1.29)自20世纪60年代末至今,已先后发展出10多个型号,被英国、美国、西班牙、意大利等国的空、海军所采用。20世纪70年代末,苏联研制的雅克-38垂直/短距起降战斗攻击机也开始在轻型航空母舰上服役。

F-35"闪电Ⅱ"联合攻击战斗机是一款由美国洛克希德·马丁公司设计并生产的单座单发战斗攻击机,主要用于前线支援、目标轰炸、防空截击等多种任务,并因此发展为3种主要的衍生版本,包括采用传统跑道起降的F-35A型,短距离/垂直起降机种F-35B型(图1.30),与作为航空母舰舰载机的F-35C型。F-35属于第五代战斗机,具备较高的隐身设计、先进的电子系

图 1.29 英国"鹞"式 GR9 垂直/短距起降战斗机

统以及一定的超声速巡航能力。F-35是世界上最大的单发单座舰载战斗机和世界上唯一一种已服役的舰载第五代战斗机。

图 1.30 美国 F-35 垂直/短距起降战斗机

垂直/短距起降飞机的飞行与常规起降飞机相同,由固定翼产生的升力来平衡飞机重力,但起降与常规飞机不同。垂直/短距起降飞机起飞和着陆时不依靠机翼升力,而是直接由动力装置或由动力装置带动的旋翼、螺旋桨、风扇产生向上的拉力,实现垂直起降。这类飞机由垂直推力状态转为水平推力(巡航飞行)状态,或由水平推力转为垂直推力状态,通常有4种换向方案:飞机转向、动力装置转向、推力转向和复合推力转向;也有4种提供垂直和水平推力的装置:旋翼、推进螺旋桨、涵道风扇和涡轮风扇/涡轮喷气。英国的"鹞"式飞机采用的是推力转向方案,苏联的雅克-38采用升力发动机和推力转向发动机的复合推力方案。美国的 F-35C 是一种短距起飞/垂直降落的战斗机,其前机身装有升力风扇。

2. 航天器发展简史

(1) 世界航天器的发展

19世纪末到20世纪初,涌现出许多富于探索精神的航天先驱者。俄国的齐奥尔科夫斯基是最早研究现代火箭的理论家。1898年,他的"以火箭为动力作宇宙航行"的论文在莫斯科《科学探索》杂志发表后,直到1903年才引起人们的注意。他认为大气层外缺氧,要用液体火箭推进,而且单级火箭无法满足动力要求,必须将火箭设计成多级。他还详细地阐述了包括燃料在内的各项要求。

德国的奥伯特于1922年提出空间火箭点火的理论公式和脱离地球引力的方法。1923年发表的著名论文《行星际火箭》,创立了火箭的数学理论,提出了火箭构造和高空火箭的新观念。他后来进行了火箭的早期试验,并参与了 V-2 导弹的设计工作,对德国的冯·布劳恩的研究有重大影响。

戈达德是美国最早的火箭发动机发明家,从 1909 年开始进行火箭动力学方面的理论研究,从 1920 年开始研究液体火箭。1926 年,戈达德在马萨诸塞州沃德农场成功发射了世界上第一枚液体火箭。戈达德为宇宙航行奠定了技术基础,被公认为"现代火箭之父"。

1942 年,德国的冯·布劳恩领导研制了现代大型火箭的鼻祖——V-2 弹道导弹(图 1.31)。V-2 导弹能在大气上层超声速飞行,而且具有良好的稳定性。第二次世界大战结束后,苏美两国瓜分了德国导弹的研究成果,带走了火箭专家。在此基础上,苏联于 1949 年发射了一枚仿 V-2 的导弹,上升到 20 km 高空,同年制成一枚"女民兵队长"两级火箭,发射到 40 km 高空。1957 年 8 月和 12 月,苏联和美国分别发射成功洲际导弹,后来的运载火箭都是由洲际导弹发展而来的。

1957 年 10 月 4 日,世界第一颗人造地球卫星由苏联发射成功,标志着人类活动范围的又一次飞跃,人类自此进入了航天时代。20 世纪 60 年代以来,为科学研究、国民经济和军事服务的各种科学卫星与应用卫星获得很大发展,并取得了显著的效益。20 世纪 70 年代后,各种卫星向着多用途、高可靠性、长寿命、低成本的方向发展。

1961 年 4 月 12 日,苏联航天员加加林乘坐"东方"1 号飞船进入太空(图 1.32),人类实现了遨游太空的梦想。1969 年 7 月 20 日,美国的阿姆斯特朗和奥尔德林乘坐"阿波罗"11 号飞船登月成功,创造了人类涉足地球以外另一个天体的纪录。载人航天活动为认识宇宙、开发和利用太空提供了条件,并为在太空建立永久性的空间站奠定了基础。

图 1.31　V-2 弹道导弹

图 1.32　苏联"东方"1 号载人飞船

20 世纪 80 年代,可以重复使用的航天飞机出现,为人类提供了新的航天运载工具,使航天活动进入一个新的阶段。空间探测也获得了丰硕的成果,无人空间探测器已在金星和火星着陆,还探测了太阳系大多数行星,有的还飞出了太阳系。在不到 50 年的时间内,航天技术取得了划时代的成就,成为世界新技术革命的一个重要组成部分。

(2) 中国载人航天工程

1992 年 9 月 21 日,中国政府决定实施载人航天工程,并确定了"三步走"的发展战略。第一步,发射载人飞船,建成初步配套的试验性载人飞船工程,开展空间应用实验。第二步,在第一艘载人飞船发射成功后,突破载人飞船和空间飞行器的交会对接技术,并利用载人飞船技术改装、发射一个空间实验室,解决有一定规模的、短期有人照料的空间应用问题。第三步,建造载人空间站,解决有较大规模的、长期有人照料的空间应用问题。

2010年9月中央批准载人空间站工程启动研制建设工作,标志着我国载人航天工程进入到一个新的历史发展时期。2012年6月29日,"神舟"9号载人飞船安全返回地面,实现了我国空间交会对接技术的又一次重大突破,标志着我国载人航天工程第二步战略目标取得了具有决定性意义的重要进展。2017年4月20日,"天舟"1号成功发射,这是我国载人航天工程"三步走"发展战略第二步的收官之作,标志着我国即将开启空间站时代。

我国的载人航天事件主要如下:

2001年1月10日,中国在酒泉卫星发射中心成功发射了"神舟"2号飞船。

2003年10月15日,我国自行研制的"神舟"5号载人飞船在酒泉卫星发射中心发射升空,这是中国首次进行载人航天飞行。乘坐"神舟"5号载人飞船执行任务的航天员是38岁的杨利伟。他是我国自己培养的第一代航天员。在太空中围绕地球飞行14圈,经过21 h 23 min、60万千米的安全飞行后,于10月16日6时23分在内蒙古主着陆场成功着陆返回。

2008年9月25日,我国第三艘载人飞船"神舟"7号成功发射,三名航天员翟志刚、刘伯明、景海鹏顺利升空。9月27日,翟志刚身着我国研制的"飞天"舱外航天服,在身着俄罗斯"海鹰"舱外航天服的刘伯明辅助下,进行了19 min 35 s的出舱活动。中国随之成为世界上第三个掌握空间出舱活动技术的国家。9月28日,"神舟"7号飞船在顺利完成空间出舱活动和一系列空间科学试验任务后,成功降落在内蒙古中部阿木古朗草原上。

2012年6月16日,我国航天员景海鹏、刘旺、刘洋(女)驾乘"神舟"9号载人飞船成功进入太空,在顺利完成与"天宫"1号目标飞行器自动交会对接和手控交会对接后进入"天宫"1号,圆满完成一系列科学实验后,于6月29日安全返回地面。

2017年4月20日,我国首艘货运飞船"天舟"1号成功发射。图1.33为"天舟"1号与"天宫"2号空间实验室对接情形。

图1.33 "天舟"1号与"天宫"2号载人飞船对接

2020年5月5日,"长征"5号B运载火箭在海南文昌航天发射场点火升空,实现空间站阶段飞行任务首战告捷,拉开我国载人航天工程"第三步"任务序幕。

2021年4月29日,中国空间站第一个舱段"天和"核心舱发射成功,标志着我国空间站在轨组装建造全面展开。

2021年5月29日,"天舟"2号货运飞船发射成功,用于验证空间站关键技术。

2021年6月17日,"神舟"12号载人飞船发射成功,航天员聂海胜、刘伯明、汤洪波搭乘"神舟"12号飞船进入太空,在空间站进行了为期3个月的驻留,于2021年9月17日安全返回。

2021年9月20日,"天舟"3号货运飞船发射成功,为空间站在轨建造和运营管理积累了经验。

2021年10月16日,"神舟"13号载人飞船发射成功,航天员翟志刚、王亚平、叶光富搭乘"神舟"13号飞船进入太空,在空间站进行了为期6个月的驻留,于2022年4月16日安全返回,创造了中国航天员连续在轨飞行时长新纪录。

2022年5月10日,"天舟"4号货运飞船发射成功,是空间站建设从关键技术验证阶段转入在轨建造阶段的首次发射任务。

2022年6月5日,"神舟"14号载人飞船发射成功,航天员陈冬、刘洋、蔡旭哲搭乘"神舟"14

号飞船进入太空,在空间站进行为期6个月的驻留任务。

2022年7月24日,"问天"实验舱发射成功。"问天"实验舱是中国空间站第二个舱段,也是首个科学实验舱,主要用于支持航天员驻留、出舱活动和开展空间科学实验,同时可作为"天和"核心舱的备份,对空间站进行管理。

2022年10月31日,搭载空间站"梦天"实验舱的"长征"5号B遥四运载火箭发射成功。"梦天"实验舱是中国空间站第三个舱段,也是第二个科学实验舱,由工作舱、载荷舱、货物气闸舱和资源舱组成,起飞重量约23 t,主要用于开展空间科学与应用实验,参与空间站组合体管理,货物气闸舱可支持货物自动进出舱,为舱内外科学实验提供支持。

至此,空间站三舱基本构型的建造完成,我国载人航天"三步走"战略目标全面实现。

2022年11月29日,搭载"神舟15号"载人飞船的"长征2号F"运载火箭成功发射,航天员费俊龙、邓清明、张陆与"神舟14号"乘组在太空"会师",并共同在轨工作一周左右时间。2022年12月4日,"神舟14号"载人飞船返回舱在东风着陆场成功着陆。

3. 火箭和导弹发展简史

中国是原始火箭的故乡。与现代火箭结构原理相同的原始火箭,最早出现在中国南宋时期,并一直沿用到清代。这种火箭用火药为燃烧剂,在密闭火药筒内燃烧,通过一个小孔将高温气流喷出,从而将火药的化学能有效地转变为动能,形成推力使火箭升空。

近代火箭和导弹是在第二次世界大战后期出现的。1934年12月,德国试验成功了A-2火箭。该火箭用酒精和液态氧作为推进剂,质量270 kg,射高1 950 m。接下来的A-3火箭没有成功,修改设计后改名为A-5试验火箭,于1939年试验成功,火箭推力达14.7 kN,最大射程18 km。A-5的成功给当时的德国军事当局打了一针强心剂,立即开始研制作战型A-4火箭,即著名的V-2弹道导弹。在冯·布劳恩的精心组织下,V-2弹道导弹于1942年10月3日首次试射成功。V-2弹道导弹质量13 000 kg,射程320 km,弹道高度达100 km,携带1 000 kg的战斗部。

第二次世界大战一结束,许多整装待发的V-2弹道导弹和大量火箭科技人员都成了美国和苏联的战利品。美苏两国在V-2导弹技术的基础上,迅速发展了各自的火箭武器,即地对地导弹。美国在1945年就研制成功用于大气探测的探空火箭,随后苏联也发射了探空火箭。

在地对地导弹的基础上,稍加改动就形成了可以发射各种军用卫星及用于科学探测、科学研究、科学实验航天器的运载火箭。运载火箭的发展可以分为三个阶段。初期阶段的运载火箭有苏联的"东方"号、美国的"大力神"2型、中国的"长征"2号等。这些火箭主要用于低轨道航天器发射。随着航天技术的发展,各航天大国都发展了发射高地球轨道航天器的运载火箭,其特点是采用三级火箭,典型代表有美国的"宇宙神阿金纳"、欧洲的"阿丽亚娜"、苏联的"质子"号和中国的"长征"3号等。空间事业的发展需要把更大质量的航天器送入太空,捆绑技术的应用使火箭不仅能发射更大的有效载荷,而且进入独立发展阶段。这个阶段的典型运载火箭有日本的H2、欧洲的"阿丽亚娜"4型和"阿丽亚娜"5型、美国的航天飞机发射系统、苏联的"能源"号和中国的"长征"5号等。这些火箭可以把质量更大的通信卫星、载人飞船或航天飞机、空间站等有效载荷送入太空。

火箭发动机的研究成果为弹道导弹的发展奠定了基础。弹道导弹发射后,除开始的一小段有动力飞行并对其弹道进行制导外,其余全部沿着只受地球重力作用的椭圆形轨道飞行。弹道导弹的主要飞行段都在大气层外,最后进入大气层攻击目标。20世纪50年代初期,世界上兴起了一股弹道导弹的发展热潮,当时有部分人认为远程弹道导弹最终会代替战略轰炸机。

美国和苏联都发展了不同型号的中、远程和洲际弹道导弹。这些导弹以液体火箭为主,远程和洲际弹道导弹使用多级火箭,发射准备时间长,突防能力差,被归为第一代弹道导弹。到 20 世纪 60 年代中期,出现了第二代战略弹道导弹,导弹的生存力和突防能力有了较大的提高,主要特点为采用井下发射与储存、使用固体燃料、命中精度有所提高。此后 10 年间发展的第三代战略弹道导弹,具有较强的突防能力,并采用分导式多弹头,精度进一步提高。20 世纪 70 年代末期发展起来的第四代战略弹道导弹的弹头数量增加到 10 个,有效载荷增加,命中精度较高。最先进的第五代战略弹道导弹的特点有小型化、机动化、高突防能力和高精度,发射方式主要为车载机动。

1955 年 9 月,苏联成功从潜艇上发射了世界上第一枚潜射导弹,从此一种隐蔽的战略弹道导弹发射方式正式诞生。陆基、空射和潜射战略导弹组成了传统的"三位一体"核战略。美国和俄罗斯拥有大量先进的潜射核导弹,英国和法国也具有这种能力。1982 年 10 月 12 日,中国潜艇水下发射运载火箭获得成功,回收舱准确地降落在预定海域。

能机动飞行的有翼战术导弹,如地空导弹、空空导弹等,是从 20 世纪 50 年代初期开始发展的。这类导弹的发展经历了三个阶段。第一代地空导弹主要是针对高空远程轰炸机的,一般比较笨重,精度较低,采用齐射方式打击目标。这个时期的空空导弹多为近距、中空、尾后攻击型,一般采用无线电制导。第二代地空导弹的制导方式增多,利用雷达、红外等多种制导方式,有效射程范围增大,具有一定的灵活性,精度有所提高。第三代地空导弹的特点是多用途、多层次防空,并具有较高的命中精度,为多发攻击。同期的空空导弹分为远距拦射型和高精度近距格斗型,并具备多目标攻击以及上射/下射能力。图 1.34 所示为美国的 AIM - 9"响尾蛇"近距空空导弹。

巡航导弹是一种类似飞机的飞行武器,又称飞航式导弹,如图 1.35 所示。这种导弹的动力装置一般不采用火箭发动机,而是用与飞机类似的喷气发动机。最早的巡航导弹是第二次世界大战期间德国研制的 V-1 导弹,战后的巡航导弹基本上都是在 V-1 的基础上发展而来的。从 20 世纪 50 年代开始,苏联发展了"冥河""沙道克"等 10 多种舰载和机载巡航导弹,美国研制了"斗牛士""鲨蛇"等多种巡航导弹。这些早期的巡航导弹弹体笨重、精度低、易被拦截、作战效果不如弹道导弹。20 世纪 70 年代以后,随着小型涡轮风扇发动机、小型核弹头、精确制导技术的进步,巡航导弹的发展进入了一个新阶段,一批高性能的空射、潜射和陆基巡航导弹相继问世,使其成为在现代战争中的一种有效的进攻武器。1967 年埃及用"冥河"巡航导弹击沉以色列"埃拉特"号驱逐舰;1982 年马岛战争中,阿根廷用法国制造的"飞鱼"机载巡航导弹击沉英国"谢菲尔德"号导弹驱逐舰,使巡航导弹受到世界各国的广泛重视。在高技术战争中,巡航导弹和隐身飞机已经成为进攻方首先使用的武器装备。巡航导弹正朝着高超声速和隐身化的方向发展。

图 1.34　美国 AIM - 9"响尾蛇"空空导弹

图 1.35　中国"长剑"10 陆基巡航导弹

思考题

1. 近代航空经历了哪些发展阶段和重大转折？
2. 世界上第一架飞机为何时何人所制造？
3. 我国第一架飞机、喷气式飞机、超声速飞机是什么飞机？
4. 活塞式飞机为什么不能实现超声速飞行？
5. 现代战斗机的分代和技术特点是什么？
6. 火箭与导弹有哪些相同和不同之处？
7. 航空航天事业耗资巨大，有人说不如把钱用到实处、惠及民生，对此你怎么看？

1.2 航空航天器及航空航天先进技术

1.2.1 航空航天器

在地球大气层内、外飞行的器械称为飞行器。按照飞行器的飞行环境和工作方式，可以把飞行器分为航空器、航天器、火箭和导弹。在大气层内飞行的飞行器称为航空器。航空器靠空气的静浮力或与空气相对运动产生的空气动力升空飞行。主要在大气层外空间飞行的飞行器称为航天器。航天器在运载火箭的推动下获得必要的速度进入大气层外空间，然后在引力作用下完成类似于天体的轨道运动。火箭是以火箭发动机为动力而升空，可以在大气层内或大气层外飞行的飞行器。导弹是一种飞行武器，弹体带有战斗部，依靠制导系统控制其飞行轨迹。从动力装置和飞行范围看，火箭和大部分导弹更接近于航天器，本章后面的部分内容把火箭和导弹归属于航天器的范畴。

1. 航空器

任何航空器要升到空中，都必须产生一个能克服自身重力的向上的力，即升力。航空器要在空中长时间自由地飞行还必须具备动力装置产生推力或拉力来克服前进的阻力。根据产生升力的原理不同，航空器分为轻于空气的航空器和重于空气的航空器两大类。前者靠空气的静浮力升空，又称浮空器，后者靠与空气相对运动产生升力升空。按照不同的构造特点，航空器还可进一步细分，如图 1.36 所示。

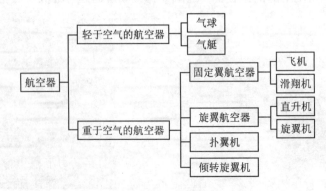

图 1.36 航空器分类

(1) 轻于空气的航空器

轻于空气的航空器包括气球和飞艇,是早期出现的航空器。气球一般无推进装置,主体为气囊,气囊下面通常有吊篮或吊舱。气球按气囊内所充气体的种类可分为热气球、氢气球和氦气球。气球可用于气象、空间和地面探测、通讯中继、体育或休闲运动等领域,也可用于军事侦察和监视。

(2) 重于空气的航空器

重于空气的航空器靠自身与空气相对运动产生的空气动力升空飞行,常见的主要包括固定翼机和旋转翼机两类,另外还有像鸟类飞行一样的扑翼航空器和倾转旋翼航空器。

1) 固定翼航空器

固定翼航空器包括飞机和滑翔机。

① 飞机:指由动力装置产生前进推力或拉力,由固定机翼产生升力,在大气层内飞行的重于空气的航空器,由机体结构和功能系统组成。按飞机使用发动机的不同,可分为喷气式飞机、螺旋桨飞机。

飞机机体结构通常包括机翼、机身、尾翼和起落架。如果发动机不安装在机身内,那么发动机短舱也属于机体结构的一部分。图 1.37 所示为螺旋桨飞机的主要部件。

飞机的功能系统一般包括动力装置、燃油系统、操纵系统、液压冷气系统、人机环境工程系统、电气系统、通讯导航与敌我识别系统、军械和火力控制系统等。飞机动力装置的核心是发动机,用于产生飞机前进的动力,以此克服飞机与空气相对运动时产生的阻力。现代飞机一般采用喷气式发动机或活塞式发动机。

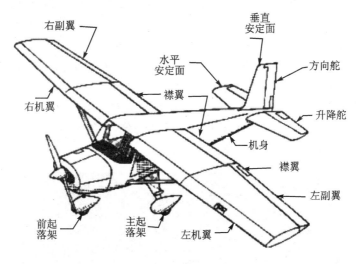

图 1.37　飞机的主要部件

② 滑翔机:指没有动力装置的重于空气的固定翼航空器。

滑翔机可由飞机拖曳起飞,也可用汽车等其他装置牵引起飞。动力滑翔机装有小型辅助发动机,不需外力牵引就可以自行起飞,但滑翔时必须关闭动力装置。无风情况下,滑翔机在下滑飞行中依靠自身重力的分量获得前进动力,这种损失高度的无动力下滑飞行称为滑翔。若存在上升气流,那么滑翔机就可以实现平飞或升高,称为翱翔。滑翔和翱翔是滑翔机的基本飞行方式。现代滑翔机主要用于体育运动。滑翔机一般由狭长的机翼、光滑细长的机身及尾翼组成。图 1.38 所示为用于竞赛或表演的滑翔机。

2) 旋翼航空器

旋翼航空器包括直升机与旋翼机。

① 直升机:指以航空发动机驱动旋翼旋转作为升力和推进力来源,能在大气中垂直起落及悬停并能进行前飞、后飞、侧飞和定点回旋等可控飞行的重于空气的航空器。直升机由机身、起落架、动力装置、旋翼系统、操纵系统和其他机载设备组成。机身与飞机机身类似,用于装载人员、货物、武器和设备等。轻型直升机一般采用滑橇式起落架,多数直升机采用轮式起落架。

直升机动力装置一般采用涡轮轴发动机或活塞发动机,用于驱动旋翼旋转,以产生升力与控制直升机飞行姿态的力,如中国大型多用途直升机直-8(图1.39)、武装直升机直-10等。

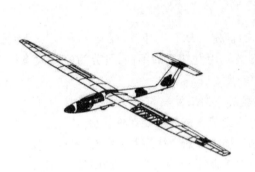

图1.38 滑翔机　　　　　图1.39 中国大型多用途直升机直-8

直升机的应用几乎已经遍及军用和民用各个领域。与飞机相比,直升机速度慢、航程短、使用成本高。按照旋翼反作用扭矩的平衡方式,直升机可分为四种形式:单旋翼带尾桨式直升机、双旋翼共轴式直升机、双旋翼纵列式直升机和双旋翼横列式直升机。

② 旋翼机:一种利用前飞时的相对气流吹动旋翼自转以产生升力的航空器,全称为自转旋翼机。旋翼机和直升机在外形上有些相似,但它的旋翼不是由动力装置驱动,而是前进时在空气动力作用下像风车那样自行旋转,产生升力。旋翼机无须安装尾桨,如图1.40所示。旋翼机的前进动力由动力装置直接提供,不能垂直上升,也不能悬停,必须像飞机一样滑跑加速才能起飞。旋翼机结构较简单,一般用于风景区游览或体育活动。

图1.40 旋翼机

3）扑翼机

扑翼机：指机翼能像鸟和昆虫翅膀那样上下扑动的重于空气的航空器，又称振翼机，如图1.41所示。扑动的机翼既产生升力，又产生向前的推进力。扑翼产生升力和推进力的机理十分复杂，其空气动力规律至今尚未被完全掌握。到现在为止，有实用价值的扑翼机还处于研制阶段。在已有的扑翼机设计方案中，有的形如蝙蝠，具有薄膜似的扑动翼面；有的装有带缝隙和活门的扑动翼，类似于鸟的翅膀。扑翼机方案是微型航空器的一种可选布局形式。

4）倾转旋翼机

倾转旋翼机：一种同时具有旋翼和固定翼，并在机翼两侧翼梢处各装有一套可在水平与垂直位置间转动的旋翼倾转系统组件的飞机。旋翼倾转系统处于垂直位置时，倾转旋翼机相当于横列式直升机，可垂直起降，并能完成直升机的其他飞行动作；旋翼倾转系统处于水平位置时，则相当于固定翼螺旋桨飞机，所以有人把这种飞机称为"直升飞机"。现在世界上唯一有实用价值的倾转旋翼机为美国贝尔公司研制的 V-22"鱼鹰"倾转旋翼机（图1.42）。倾转旋翼机不需要跑道就可以起飞，已经受到广泛的关注，相信将会成为一种重要的军/民用运输工具。

图 1.41　扑翼机

图 1.42　V-22"鱼鹰"倾转旋翼机

2. 航天器

航天器是指在地球大气层以外的宇宙空间中按照天体力学的规律运动的各类飞行器，又称空间飞行器。与自然天体不同的是，航天器可以在人的控制下改变其运行轨道或回收。航天器为了完成航天任务，必须有发射场、运载器、航天测控和数据采集系统、用户台站以及回收设施的配合。航天器分为无人航天器和载人航天器。根据是否环绕地球运行，无人航天器分为人造地球卫星和空间探测器。按照各自的用途和结构形式，航天器还可进一步细分，如图1.43所示。

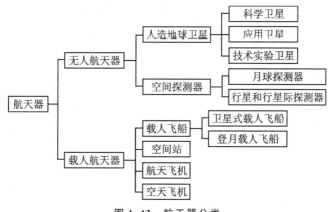

图 1.43　航天器分类

（1）无人航天器

无人航天器包括人造地球卫星和空间探测器。

1) 人造地球卫星

人造地球卫星是数量最多的航天器。人造地球卫星一般由有效载荷和平台组成。有效载荷是指卫星上用于直接实现卫星的应用目的或科研任务的仪器设备，平台则是为保证有效载荷正常工作而为其服务的所有保障系统。卫星的有效载荷可以根据卫星的任务变化加以更换，平台一般保持不变。

图1.44所示为2017年4月12日在西昌卫星发射中心发射的我国自主研发的高通量通信卫星"实践"13号。与一般通信卫星相比，高通量卫星具有容量大、速率高、价格低、终端轻便、组网快捷等独特优势。随着我国超大容量高通量卫星的部署和应用，为网络高清直播、飞机高空网络信息传输、远洋货轮实时航行监测等提供通信保障。

图1.44 中国"实践"13号高通量通信卫星

2) 空间探测器

空间探测器是指对月球和比月球更远的天体和空间进行探测的无人探测器，也称深空探测器。探测器的基本构造与一般人造地球卫星差不多，不同的是探测器携带用于观测的各种先进仪器。

一般空间探测器的主要目的是了解太阳系的起源、演变和现状。通过对太阳系内各主要行星的比较，进一步认识地球环境的形成和演变，了解太阳系的变化历史以及探索生命的起源和演变。专门用于对月球进行探测的叫作月球探测器，其他统称为行星和行星际探测器。

月球是人类进行空间探测的首选目标，世界上多个国家向月球发射了探测器，并进行了月球实地考察。图1.45所示为苏联的"月球"16探测器。1970年9月12—24日，该探测器降落月球表面，完成月球土壤自动取样后成功返回地球。

在行星和行星际探测方面，一些欧洲国家以及美国、苏联和日本等发射了多个探测器，对火星、金星、哈雷彗星、土星、木星、太阳及其星际之间进行了探测。

1989年5月5日，美国"亚特兰蒂斯"号航天飞机将迄今最先进的金星探测器"麦哲伦"号（图1.46）带上太空，并于5月6日把它送上飞向金星的旅途。"麦哲伦"号探测器重3 365 kg。经过462天的太空飞行后，于1990年8月10日，飞临离地球2.54亿千米的地方对金星进行考察。

（2）载人航天器

载人航天器是人类在太空进行各种探测、试验、研究和生产活动所乘坐的航天器，与无人航天器的主要不同是载人航天器具有生命保障系统。目前的载人航天器主要分为载人飞船、空间站和航天飞机三大类。

图 1.45 苏联"月球"16 探测器

图 1.46 美国"麦哲伦"号金星探测器

1) 载人飞船

载人飞船是载乘航天员的航天器,又称宇宙飞船。按照运行方式的不同,目前已发射成功的载人飞船分为卫星式载人飞船和登月载人飞船两类。前者载人绕低地球轨道飞行,后者载运登月航天员。俄罗斯(苏联)和美国成功实现了多次载人飞行。在 21 世纪,人类还渴望实现登陆火星的载人飞行。我国于 2003 年 10 月 15 日成功发射了第一艘载人飞船"神舟"5 号,飞船绕地球运行 14 圈后,于 10 月 16 日安全着陆。

2016 年 10 月 17 日,我国成功发射"神舟"11 号载人飞船,目的是更好地掌握空间交会对接技术,开展地球观测和空间地球系统科学、空间应用新技术、空间技术和航天医学等领域的应用和试验。它是中国载人航天工程"三步走"中从第二步到第三步的一个过渡,为中国建造载人空间站做准备。

2) 空间站

空间站是航天员在太空轨道上生活和工作的基地,又称轨道站或航天站。空间站采用模块化设计,分段送入轨道组装。空间站发射时不载人,也不载人返回地面,航天员运送由飞船或航天飞机完成。空间站的功能可以根据任务要求而变化,弥补了航天器功能单一的不足。

国际空间站(图 1.47)简称 ISS,是一个由 6 个国际主要太空机构联合推进的国际合作计划。这 6 个太空机构分别是美国国家航空航天局、俄罗斯联邦航天局、欧洲航天局、日本宇宙航空研究开发机构、加拿大国家航天局和巴西航天局。参与该计划的共有 16 个国家和地区组织,以美国、俄罗斯为首。欧洲航天局成员国中参与到国际空间站计划的国家有比利时、丹麦、法国、德国、意大利、挪威、荷兰、西班牙、瑞典、瑞士和英国,其中英国是项目开始之后才参与进来的。

中国载人空间站简称中国空间站(图 1.48),是一个在轨组装成的具有中国特色的空间实验室系统。空间站轨道高度为 400~450 km,倾角为 42°~43°,设计寿命为 10 年,长期驻留 3 人,总质量可达 90 t,以进行较大规模的空间应用。建设大型空间站是中国载人航天"三步走"战略的第三步,在这个阶段中国将掌握近地轨道空间组装、近地轨道长时间有人驻留等技术。

3) 航天飞机

航天飞机又称为太空梭或太空穿梭机,是可重复使用、往返于太空、宇宙和地面之间的航天器,结合了飞机与航天器的性质。航天飞机是一种有人驾驶、可重复使用的航天器,既能像火箭一样垂直起飞,像太空飞船一样在轨道上运行,又能像飞机一样水平着陆。航天飞机一般可乘坐 7 名航天员,其中有 3 名机组人员,4 名科技专家。航天飞机在轨道上运行时,可完成释放卫星、

图1.47 国际空间站

图1.48 中国空间站示意图

回收及维修卫星、进行各种微重力科学实验等多种任务。

20世纪七八十年代,美国、苏联、法国和日本等国先后开展了航天飞机研制计划,但只有美国的航天飞机投入使用。航天飞机由一个轨道器、两个固体火箭助推器和一个大型外挂贮箱组成,可以把质量达23 000 kg的有效载荷送入低地球轨道。航天飞机提供了在空间进行短期科学实验的手段,有许多国家的航天员参加了航天飞机的飞行工作。

1969年4月,美国国家航空航天局提出建造一种可重复使用的航天运载工具的计划。1972年1月,美国正式把研制航天飞机空间运输系统列入计划,确定了航天飞机的设计方案,即由可回收重复使用的固体火箭助推器、不回收的两个外挂燃料贮箱和可多次使用的轨道器三个部分组成。经过5年的努力,于1977年2月研制出一架"企业"号航天飞机轨道器,由波音747飞机驮着进行了机载试验。1977年6月18日,首次载人航天飞机轨道器用飞机背上天空试飞。又经过4年,第一架载人航天飞机终于出现在太空,这是航天技术发展史上的又一个里程碑。

2011年2月24日,美国国家"发现"号航天飞机从佛罗里达州肯尼迪航天中心发射升空,前往国际空间站(图1.49)。这是服役近27年的"发现"号最后一次执行飞行任务。2011年7月21日美国"亚特兰蒂斯"号航天飞机于美国东部时间21日晨5时57分(北京时间21日17时57分)在佛罗里达州肯尼迪航天中心安全着陆,结束其"谢幕之旅",美国30年航天飞机时代宣告终结。

图1.49　航天飞机发射及飞行

3. 火箭与导弹

火箭和导弹是一类特殊的飞行器,在大气层内和大气层外均可飞行,一般都只能使用一次。

(1) 火　箭

火箭是靠火箭发动机提供推进力的飞行器。火箭发动机自身携带全部推进剂,不依赖空气或其他工作介质产生推力。根据所使用的能源不同,火箭可分为化学火箭、核火箭和电火箭。化学火箭又分为固体火箭、液体火箭和混合火箭。火箭按照用途可分为无控火箭、探空火箭和运载火箭。

火箭的基本组成部分有推进系统、箭体结构和有效载荷。推进系统是火箭飞行的动力源,箭体结构的作用是装载火箭的所有部件,使之成为一个整体。有效载荷是火箭所要运送的物体,军用火箭的有效载荷是战斗部(弹头),科学研究火箭的有效载荷是各种仪器,运载火箭的有效载荷则是航天器。

运载火箭是由多级火箭组成的航天运输工具,用于把人造地球卫星、载人飞船、空间站、空间探测器等有效载荷送入预定轨道。它是在导弹的基础上发展的,一般由2~4级组成。每一级都包括箭体结构、推进系统和飞行控制系统。末级有仪器舱,内装制导与控制系统、遥测系统和发射场安全系统。级与级之间靠级间段连接。有效载荷装在仪器舱的上面,外面套有整流罩。1980年5月18日,中国第一枚运载火箭发射成功。1982年10月7日,我国向预定海域发射运载火箭获得成功,达到预期目的。这一成就标志着我国运载火箭技术又有了新的发展。1988年9月27日,我国核潜艇水下发射运载火箭成功。

目前常用的运载火箭按其所用的推进剂可分为固体火箭、液体火箭和固液混合型火箭三种类型。我国"长征"3号运载火箭是一种三级液体火箭,"长征"1号运载火箭是一种固液混合型的三级火箭,其第一、二级是液体火箭,第三级是固体火箭;美国的"飞马座"运载火箭则是一种三级固体火箭。

按级数来分,运载火箭可以分为单级火箭、多级火箭。多级火箭按级与级之间的连接形式分为串联型、并联型、串并联混合型三种。串联型火箭级与级之间的连接分离机构简单,其上面级的火箭发动机在高空点火。并联型火箭的连接分离机构较串联型复杂,其核芯级第一级火箭与助推火箭在地面同时点火。苏联发射世界上第一颗人造地球卫星的运载火箭就是在中间芯级火箭的周围捆绑了4支助推器,助推器与芯级火箭在地面同时点火,燃料用完后关机抛离。

我国运载"神舟"10号飞船的"长征"2号F运载火箭(CZ-2F)是在"长征"2号捆绑运载火箭的基础上,按照发射载人飞船的要求研制的。火箭由四个液体助推器、芯一级火箭、芯二级火箭、整流罩和逃逸塔组成,是目前我国所有运载火箭中起飞质量最大、长度最长的火箭。图1.50为"长征"2号F运载火箭发射场景。

图1.50 "长征"2号F运载火箭发射

(2) 导 弹

导弹是一种携带战斗部,依靠自身动力装置推进,由制导系统导引控制飞行航迹的飞行器,目的是把高爆弹头或核弹头等送到打击目标附近引爆,并摧毁目标。有翼导弹作为一个整体直接攻击目标,而弹道导弹飞行到预定高度和位置后弹体与弹头分离,由弹头执行攻击目标的任务。导弹摧毁目标的有效载荷是战斗部(或弹头),可为核装药、常规装药、化学战剂、生物战剂,或者使用电磁脉冲。其中装普通炸药的称为常规导弹,装核弹的称核导弹。洲际弹道导弹还是核三位一体的中坚一极。

导弹的种类繁多,分类方法各异。根据作战使命可分为战略导弹和战术导弹,按照发射点和目标的相对位置,可分为地地导弹、地空导弹、空空导弹和空地导弹四类,其中地地导弹的内涵比较丰富,包括了从地面、地下、水面和水下发射的导弹,攻击目标也有地面、水面和水下之分,参见图1.51。根据弹道特征还可分为弹道导弹和巡航导弹。

图 1.51 导弹发射场景

1.2.2 航空航天先进技术

1. 航空先进技术

综观未来航空航天科技的研究与发展不难看出,世界科技大国都已开始投入巨资和众多的人力、物力,研制新型军用及民用航空航天器。军用航空器开始了第五代和第六代各类隐身化、超机动性、超远程飞机的设计;民用飞机也开始了新一代超大型、超高速、超远程运输机的研制。

(1) 隐身技术

隐身技术又称低可探测技术,综合了流体动力学、电子学、材料学、光学、声学等领域的先进技术,通过改变航空武器装备目标的可探测信息特征,使敌方探测系统不易发现或发现概率十分有限,以提高自身的生存能力和作战效能。目前,航空飞行器隐身技术主要包括雷达隐身、红外隐身、声学隐身、光学隐身及射频隐身等。

目前雷达探测手段对飞机的威胁约占各种探测手段的60%,红外探测威胁约占30%,所以隐身飞机主要是雷达隐身和红外隐身。在超视距作战中,雷达是探测飞机的最有效的方法,因此提高飞机的雷达隐身能力至关重要。

雷达散射截面(radar cross section, RCS)是衡量飞机雷达隐身能力的指标。通俗地说,RCS是指目标在雷达波的照射下所产生的回波强度的大小,单位为 m^2。RCS 越大,表示反射的信号越强,目标越易被发现。飞机的 RCS 并不与飞机的尺寸大小成正比。一般来说,隐形飞机的 RCS 至少应小于 $0.5 m^2$。飞机的 RCS 越小,则雷达的探测距离越短,飞机越难被发现。具有高隐身能力的飞机能够在突防中成功地穿过敌方的防空系统,提高自身的生存能力,并在被敌方发现之前摧毁敌方目标。

雷达隐身的措施主要包括外形隐身和应用吸波材料。外形隐身的基本原则主要有:尽量避免雷达垂直照射飞机表面,因为垂直表面对雷达波的反射最强,因此飞机的垂尾、前机身和进气道等应设计成具有一定的倾斜角,以消除能够形成角反射器的外形布局。如机翼和机身采用翼身融合体设计,结合处圆滑无棱角,单立尾与平尾的角反射器采用倾斜的双立尾。为了消除强散射源,如采用背部进气道或进气道设计成长而曲折的 S 形,武器内挂,采用保形天线,不挂副油箱等。还有主要部件的轮廓线,如机翼和尾翼的前后缘,尾喷口的"之"字形边缘等力求互相平行,使全机对雷达的反射除形成少数几个波束外,在其他方向反射极弱。

当某些部件或部位不能使用外形隐身措施时,可采用吸波材料来弥补。如在进气道内喷涂碳铁化合物的吸波材料,雷达波能量在长而弯曲的进气道内经过来回反射,最后被吸波涂层吸收;将座舱盖镀以能将雷达波信号向空间散射的金属箔膜,可大大减小雷达的反射波。

采用频率选择表面雷达罩。它允许自己的雷达波能通过该雷达罩,其他频率的雷达波不能透过,可以减小机载雷达天线舱的 RCS。

红外隐身的主要措施有采用矩形二元喷管,使尾喷流火舌变平,可降低红外辐射信号。采用涡扇发动机,可降低发动机的排气温度。飞机在飞行时尽量不开加力燃烧室,如米格-21 的发动机,不开加力时的红外探测范围为 10 km 以内,开加力后,在 40 km 以外就能被探测到;另外把发动机布置在机身或机翼上面,利用机翼或尾翼等部件进行遮挡或隐蔽。

光学隐身可采用特种迷彩涂料,降低目标与背景的反差或对比度,使目视难以发现目标,同时可使用激光吸收材料等手段对抗激光检测。航空器声学隐身可改进发动机结构,采用超低噪声发动机等技术措施。对直升机而言,声学隐身尤其突出,除降低发动机噪声外,实现旋翼的低噪声运行更为关键。射频隐身主要是抑制目标自身的电磁辐射,以降低敌方电子探测系统对目标的探测概率。

美国的隐身战斗机 F-22(图 1.52)在外形设计上很好地兼顾了隐身和气动性能两方面的要求。它采用外倾双垂尾常规气动布局。垂尾向外倾斜 27°,恰好处于一般隐身设计的边缘。其两侧进气口装在翼前缘延伸面(边条翼)下方,与喷嘴一样,都做了抑制红外辐射的隐形设计;主翼和水平安定面采用相同的后掠角和后缘前掠角,都是小展弦比的梯形平面形;水泡型座舱盖凸出于前机身上部,全部武器都隐蔽地挂在 4 个内部弹舱之中。采用嘉莱特进气道,在为小涵道的 F-119 型发动机提供足够进气的同时,其斜切的外形减小了作为隐形战斗机重要指标的雷达反射面积。

我国的歼-20 设计也采取了诸多措施提高隐形能力。它采用带边条的鸭式布局,不仅能提高飞机的速度,而且有利于达到隐身的目的。头部、机身呈现菱形,斜侧而简洁,上下表面非常平直,减少了不连续平面带来的雷达反射。机翼、鸭翼前后缘考虑了前后平行的折射因素,而大外倾、面积较小的 V 形垂尾也是有效的隐身措施。进气道采用了 S 形弯曲,可有效阻挡发动机叶片的雷达反射。

2007 年美国洛克希德·马丁公司提出新型战略隐身多用途飞机概念——SR-72 高超声速无人机(图 1.53)。SR-72 高超声速无人机是一种双发隐身高超声速无人机,主要用来取代美国已经退役的 SR-71 "黑鸟"高超声速无人机,其长约 30.5 m,航程与 SR-71 相同,大约为 4 800 km,但是飞行马赫数却能达到 6,并且集情报搜集、侦察、监视和打击等多种作战功能于一体。2013 年 11 月 1 日,美国《航空周刊》杂志网站第一次正式披露 SR-72 高超声速无人机,实用型的 SR-72 则大概在 2030 年左右投入使用。

(2) 临近空间技术

到目前为止,飞得最高的航空飞行器离地球表面的高度小于 40 km。绝大多数航空飞行器在离地球表面 20 km 以下的区域内飞行,而飞得最低的航天飞行器离地球表面高度大于 120 km,大部分航天飞行器在离地球表面 180 km 以上的外层空间飞行。临近空间(near space)是指介于普通航空飞行器的飞行空间和航天飞行器轨道空间之间的区域,一般定义为距地面 20~100 km 的空间,包括大部分的平流层、全部中间层和部分电离层。

第 1 章 绪 论

图 1.52 美国 F-22 战机

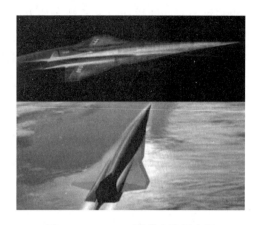

图 1.53 SR-72 高超声速无人机

临近空间的开发利用必须要有临近空间飞行器作为载体。临近空间技术主要包括临近空间飞行器技术和临近空间应用技术。临近空间飞行器是指只在或能在临近空间作长期、持续飞行的飞行器,或亚轨道飞行器,或在临近空间飞行的高超声速巡航飞行器。这类飞行器具有航空、航天飞行器所不具有的优势。按照飞行速度,临近空间飞行器可分为低动态飞行器(马赫数小于1.0)和高动态飞行器(马赫数大于1.0)两大类型。

1) 低动态临近空间飞行器

低动态临近空间飞行器主要包括平流层飞艇、高空气球、太阳能无人机等。它们具有悬空时间长、载荷能力大、飞行高度高、生存能力强等特点,能够携带可见光、红外、多光谱和超光谱、雷达等信息获取载荷。它可作为区域信息获取手段,用于提升战场信息感知能力,支援作战行动;又可携带各种电子对抗载荷,实现战场电磁压制和电磁打击,破坏敌方信息系统;还可携带通信及其他能源中继载荷,用于野战应急通信、通信中继及能源中继服务。

2) 高动态临近空间飞行器

高动态临近空间飞行器主要包括高超声速巡航飞行器、亚轨道飞行器等。它们具有航速快、航距大、机动能力强、生存能力强、可适载荷种类多等特点,具有远程快速到达、高速精确打击、可重复使用、远程快速投送等优点。它既可携载核弹头,替代弹道导弹实施战略威慑,又可选择携载远程精确弹药,作为"撒手锏"手段,攻击高价值或敏感目标,还可携带信息传感器,作为战略快速侦察手段,对全球重要目标实施快速侦察。

临近空间飞行器具有持续工作时间长、覆盖范围广、生存能力强等特点。根据其性能特点和飞行环境,临近空间飞行器技术主要包括稀薄空气动力学、临近空间环境对飞行器的影响与评估、临近空间飞行器能源支撑技术、动力支撑技术等。临近空间应用技术主要体现在不同用途的有效载荷在临近空间飞行器上的装(挂)载和应用。对于临近空间的开发利用,世界各国目前在同一起跑线上。

(3) 高超声速技术

高超声速技术指飞行器最大平飞马赫数大于5的相关技术,是航空航天技术的结合点。高超声速飞行主要面临流场复杂、气动加热和推进系统等技术问题。

高超声速飞行时,激波强度高,激波和飞行器表面之间的夹角小,激波和边界层间的干扰使流场严重恶化,气流的压力、密度、温度等变化相对较大,气动力和热作用使机头和机翼前缘达到2 000 ℃以上的高温,甚至使空气分子电离。这时完全气体的状态方程失效,比热容也不再是常数,出现极为复杂的流动现象。为适应严酷的气动加热环境,飞行器结构必须考虑热强度的问题,一般要使用耐热材料、加装隔热设备、安装冷却系统等热防护措施。动力装置一般采用由涡轮喷气发动机、亚燃冲压喷气发动机或超燃冲压喷气发动机、火箭发动机等组合的发动机。

高超声速技术有望在高超声速巡航导弹、高超声速侦察机、高超声速轰炸机、高超声速无人机等平台上获得应用。高超声速飞行器本身就具备很高的生存能力,主要体现在突防能力和逃避能力方面。

X-51"乘波者"(图 1.54)是美国波音公司研发的一种无人高超声速试验机,最高速度可达声速的 5.1 倍,是美国超声速燃烧冲压发动机试验机之一。第一架 X-51 在 2010 年 5 月 26 日完成了声速 5 倍的试验,最后一次试验在 2013 年 5 月 1 日完成,先后试验四次。

图 1.54 X-51"乘波者"

在俄罗斯诸多的高超声速飞行器中,近两年来最引人注目的是 Yu-71 高超声速助推滑翔飞行器(图 1.55)。它的研制主要是为了对抗 20 世纪美国建立的弹道导弹防御系统。Yu-71 高超声速助推滑翔飞行器采用了被动烧蚀热防护措施,其制导体制采用 3 段制导,助推段与滑翔段采用的是惯性+卫星+天文组合导航方式,末段采用雷达+红外成像组合制导方式。在未来,俄罗斯将采用 Yu-71 高超声速助推滑翔飞行器与其他高超声速飞行器组合攻击方式突破敌方的导弹防御系统。

图 1.55 俄罗斯 Yu-71 高超声速助推滑翔飞行器

高超声速飞行器技术作为 21 世纪世界各国竞相发展的一项顶尖技术,必将在未来各国军事抗衡、战略布局中占据一席之地。特别是近几年,美国、俄罗斯与欧盟都进行了多次高超声速飞行器飞行试验,虽然失败居多,但是不可否认,各国对于高超声速飞行器技术的研究有增无减,以往失败的经验也给高超声速飞行器的发展带来了更多希望,优先发展出优异高超声速飞行器的国家也必将助推其综合国力的提升。

(4) 新概念航空器技术

新概念航空器是指气动布局和飞行原理与传统飞行器有所不同的一类飞行器,一般具备创新性、高效性、时代性和探索性等特点。

1) 氢燃料电池飞机

氢燃料电池系统采用氢气为燃料,直接转化成电能,与空气中的氧气发生电化学反应,无任何燃烧废物产生,仅有的副产物为水。如果氢燃料采用可再生能源来生产,则该飞机发动机完全无二氧化碳产生。波音公司于2008年4月3日成功试飞氢燃料电池为动力的一架小型飞机(图1.56),小型飞机由奥地利"钻石"双座螺旋桨动力滑翔机改装而成,飞机内安装了质子交换膜燃料电池和锂离子电池。这次试验预示航空技术未来更加环保,但这一技术不太可能为大型客机提供主要动力。

2) 太阳能飞机

太阳能是绿色能源的最典型样板,取之不尽,用之不竭,无任何污染。太阳能飞机是航空科技发展的一个重要方向,特别是高空长航时太阳能无人机具有十分广阔的应用前景。其存在的主要问题是能量转化率较低,单位面积的能量小,飞机飞行速度比较低。代表机型有美国"太阳神"太阳能无人机(图1.57)。该机最大起飞质量929 kg,长3.7 m,翼展75 m,机翼面积为183.6 m^2,在2001年的一次飞行中,飞行高度达到29.5 km。

图1.56 波音公司的氢燃料有人驾驶飞机

图1.57 "太阳神"太阳能无人机

3) 旋翼-固定翼复合式飞机

旋翼-固定翼复合式飞机将固定翼飞机和直升机相结合,能使飞机既能像直升机一样垂直起降,又具有固定翼飞机的水平飞行速度。代表机型有波音公司设计的一种名为X-50A"蜻蜓"的鸭式旋翼/机翼验证机(图1.58)。该机采用鸭式布局,有一副兼有旋翼和机翼功能的"旋翼/机翼",直升机模式起飞时,发动机通过装在旋翼/机翼翼梢的喷口喷气,使旋翼/机翼旋转产生升力;飞机模式前飞时,发动机通过飞机后部的尾喷口喷气提供推力,同时将旋翼/机翼锁定成机翼,与鸭翼共同产生升力。

4) 智能变形机翼飞机

智能变形机翼飞机是一种在不同飞行状态可以像鸟一样改变外形的智能变形机翼飞机(图1.59),可随意在空中进行盘旋、倒飞和侧向滑行。飞机将采用新型机翼、创新性机体、先进智能结构与控制系统等一系列新技术。其机翼像鸟翅膀一样柔软,通过灵敏的传感器和动作装置,平稳又持续地改变形状,以响应不断变化的飞行条件。形状记忆和压电陶瓷智能材料,将是这类飞机的基础。

5) 非常规布局飞机

① 无尾飞机:指既没有垂尾又没有常规飞机空气动力操纵面的固定翼飞机,是一种综合飞控、一体化推力和隐身的先进飞机。无尾飞机完全由"射流"矢量推力进行控制,发动机排气喷口嵌入飞机蒙皮内,飞机飞行方向将通过一系列"射流"进行控制。"射流"技术改变喷管的有效面

图1.58 X-50A"蜻蜓"的鸭式旋翼/机翼验证机

图1.59 智能变形机翼飞机

积和矢量推力的方向,不改变发动机喷管的形状,可减轻质量,改善雷达和红外隐身特性。代表机型有美国X-44多轴无尾技术验证机(图1.60)。未来最理想的形式是机翼机身融为一体的飞翼布局,这种飞机气动效率高、升阻比大、隐身性能好,载荷分布相对均匀,缺点是机动性差、操纵效能低。代表机型有波音公司X-48B飞翼布局验证机(图1.61)。与常规布局飞机相比,飞翼布局飞机总质量可减少19%,油耗减少20%,还可减轻污染和降低噪声。

② 更安静的超声速飞机:解决"声爆"问题主要依靠设计产生"声爆"较弱的外形。几年前,美国洛克希德·马丁公司与波音公司都曾向美国航空航天局提交了未来新型超声速飞机的方案(图1.62)。洛克希德·马丁公司的"超声速绿色飞机"方案的关键创新之处在于采用了倒V字形尾翼,在其上面布置发动机,并在发动机上方再安置抛物线状尾翼。波音公司发布的方案也使用了V字形的双尾翼,发动机也安置在尾翼上部,而几乎所有的客机发动机均位于机翼下方。洛克希德·马丁公司和波音公司的方案在风洞试验中的分贝水平降到79,但美国国家航空航天局坚持"70"的高标准,因此仍需加快技术攻关的进程。美国国家航空航天局自己也正在研究试验超声速客机的气动外形,其具有更加细长的机头、更加平滑的机身以及有利降低声爆的三角翼等等。在风洞试验的基础上,美国国家航空航天局已经在加州的阿姆斯特朗飞行研究中心试飞了小型样机。美国国家航空航天局表示,"更安静的超声速飞机"将逐步解除不允许在陆地上空进行超声速飞行的行业禁令。由此可见,新型超声速飞机的概念设计虽日臻完善,但它们想要"上天"还需假以时日,预计可能在2030—2035年间投入运行。

图1.60 X-44多轴无尾技术验证机

图1.61 X-48B飞翼布局验证机

(a) 洛马公司方案　　　　　　　　　　　　(b) 波音公司方案

图 1.62　未来新型超声速飞机方案

2. 航天先进技术

航天先进技术对现代战争已经产生了重大影响,世界各国更加重视军事航天系统与反系统,特别是美国率先发展并决意部署国家导弹防御系统(NMD),将不可避免地把航天技术的发展推向一个新阶段。截至目前,世界各国共发射了 5 000 余个各类航天器(美国和俄罗斯占绝大多数),其中军用航天器约占总数的 70%。

西方军事大国的信条是"谁能控制空间,谁就能控制地球"。为军事目的服务,是空间大国航天活动的主旋律。军用卫星系统在为战略决策服务的同时,也为武器装备和作战部队提供各种通信广播、侦察监视、导航定位等支持,极大地提高了武器装备的整体作战效能。美国拥有十分健全的军用卫星系统,代表着世界最先进水平,同时还拥有由运载火箭、新型飞船和空射型运载火箭组成的运载系统,具备轻型、中型、重型不同种类航天器的发射能力和完善配套的发射测控系统及严密的防天监视系统。其次是俄罗斯、法国和英国。

(1) 卫星及导航系统

1) 侦察卫星

侦察卫星约占军用卫星总数的 60%,不仅是大规模战略侦察的重要手段,而且正在把触角逐步伸向战役、战术范围。如美国的 KH-12"锁眼"12 号数字图像传输侦察卫星(图 1.63),采用先进的 CCD 可见光相机,地面分辨率达到 0.1 m,有"极限轨道平台"之称,而且有很强的机动变轨能力。美国"长曲棍球"雷达成像卫星能识别伪装或地下目标,地面分辨率达 0.3 m。俄罗斯的第五代光学成像卫星的地面分辨率可达 0.2 m。法国使用的第二代"太阳神"2A 光学成像侦察卫星,地面分辨率为 0.5 m。

2) 军用通信卫星系统

军用通信卫星能够为陆、海、空军等各类用户提供迅速、准确、保密、稳定的通信保障,从而为建立三军通用的 C3I 系统(指挥、控制、通信和情报系统,又称为自动化指挥系统)创造条件。美国的军用通信卫星系统最庞大、最先进,包括舰队卫星通信(FLTSATCOM)、特高频后继星(UFO)、卫星数据系统(SDS)、国防卫星通信系统(DSCS)、军事星(MILSTAR)系统和跟踪与数据中继卫星系统(TDRSS)等。其中"国防通信卫星"从 1962 年开始研制至今,已经发展了三代,能保证除南、北两极外全球所有地区 24 h 不间断通信,是美国最重要的全球军事通信系统。俄罗斯现役的军用通信广播卫星主要有"闪电"型通信卫星系统、"宇宙"通信卫星系统、"急流"卫星

图 1.63 KH-12 数字图像传输侦察卫星

系统以及"虹"、"地平线"与"荧光屏"地球静止轨道通信卫星系统等,其中"闪电"通信卫星是俄罗斯战略通信卫星(图 1.64)。从 1965 年 4 月 23 日第一颗"闪电"1 号升空,至今已发展了三代,第一代发射了 89 颗,第二代发射了 17 颗,第三代发射了近百颗,均采用倾角 62.8°~65.5°的大椭圆轨道,以便覆盖到纬度较高的俄北部领土。目前北约拥有"纳托"系列军用通信卫星系统,英国有"天网"系列军用通信卫星系统,法国有"西拉库萨"系列军用通信卫星系统。

图 1.64 "闪电"通信卫星

3) 导航卫星

导航卫星可以为水面舰船、水下潜艇、空中飞机以及导弹等调整目标和为地面部队提供精确的定位数据,使所有作战部队能够在统一的作战意图下,按照规定的时间、地点协同动作,因此被称为"三军指南"。美国的全球定位系统(GPS)和俄罗斯的全球导航卫星系统(Glonass)是世界上广泛应用的两种现役卫星导航系统。欧洲一些国家和日本都正采取先利用后取代的策略,近期建立基于 GPS 和 Glonass 卫星的增强系统,远期目标为建设自己独立的导航定位卫星系统,如欧盟的"伽利略"全球定位系统。

北斗卫星导航系统(BeiDou navigation satellite system,BDS)是中国自行研制的全球卫星导航系统,是继美国的 GPS、俄罗斯的 Glonass 之后第三个成熟的卫星导航系统。北斗卫星导航系统(BDS)和美国 GPS、俄罗斯 Glonass、欧盟 Galileo 是联合国卫星导航委员会已认定的卫星导航供应商。

北斗卫星导航系统由空间段、地面段和用户段三部分组成,可在全球范围内全天候、全天时为各类用户提供高精度、高可靠性的定位、导航、授时服务,并具有短报文通信能力,已经初步具备区域导航、定位和授时能力,定位精度 10 m,测速精度 0.2 m/s,授时精度 10 ns。2019 年 6 月 25 日 02 时 09 分,我国在西昌卫星发射中心用"长征"3 号乙运载火箭成功发射第四十六颗北斗导航卫星。2020年6月23日9时43分,北斗3号最后一颗全球组网卫星在西昌卫星发射中心点火升空,发射任务取得圆满成功,至此,我国北斗工程完成了"三步走"战略。2022年4月7日,国家发展和改革委员会公布,经过27年的建设,中国北斗卫星导航产业体系已基本形成。

4) 气象卫星

气象卫星可以比较准确地预报全球或局部地区的气象情况,为制定作战计划提供更充分的依据。美国、俄罗斯、欧洲空间局、日本和印度都有自己的气象卫星系统。美国国防部还专门部署了军用气象卫星,如美国的国防气象卫星就是目前世界上唯一的军事气象卫星系统,自1965年1月19日发射第一颗气象卫星以来,已经发展了静止气象卫星和极轨气象卫星两个系列。

5) 测地卫星

测地卫星是一种专门用于大地测量的人造地球卫星。测地卫星用于测定地面点位坐标、地球形体和地球引力场参数,属卫星测地系统的空间部分,可作为地面观测设备的观测目标或定位基准。测地卫星依卫星上是否载有专用测地系统分为主动测地卫星和被动测地卫星。测地卫星可以准确地测出各种打击目标的地理位置,从而提高战略武器的命中精度。

(2) 载人航天系统

1) 载人航天系统的组成

载人航天系统包括三大部分:轨道基础设施、地面基础设施和天地往返运输系统。轨道基础设施由在低轨道上运行的载人空间站、无人轨道平台及在高轨道上运行的数据中继卫星、定位卫星等组成;地面基础设施由指挥控制中心、跟踪通信网、发射中心、着陆场、航天员选拔训练中心及有效载荷中心等组成;天地往返运输系统向空间站接送换班的航天员,把货物由地面送到空间站,并把重要的试样及资料送回地面。

2) 天地往返系统

天地往返系统由航天器和运载工具组成。

① 飞船:又称宇宙飞船,是一种一次或多次使用的航天器,能保证航天员在太空短期生活并进行一定的工作,运行时间一般是几天到半个月,一般载乘航天员2~3名。

在航天飞机退役后,天地往返系统主要是载人飞船。除中国的"神舟"飞船外,主要有俄罗斯的"联盟"TM飞船(图1.65),美国私营太空探索技术公司(SpaceX)研制的"龙"货运飞船。

图1.65 "联盟"号宇宙飞船

② 运载火箭：世界上起飞质量最大、推力最大的火箭是俄罗斯的"能源"号重型通用运载火箭。该火箭是苏联为发射"暴风雪"号航天飞机而研制的超级火箭，于1987年5月15日首次发射成功，采用捆绑技术，长60 m，总质量2 400 t，能把100 t的有效载荷送入近地轨道，可用于发射大型无人航天器，也可发射载人航天飞机。"能源"号和美国1967年首次发射成功的"土星"5号同为当今的巨型运载火箭。

欧洲航天局的"阿丽亚娜"5ECA大推力运载火箭能把10 t的有效载荷送入地球同步转移轨道，低轨道运载能力达21 t。该火箭原计划2002年11月11日首次发射，但由于动力装置的冷却系统故障未能成功发射，改进后，于2005年2月进行的第二次发射获得圆满成功。"阿丽亚娜"系列火箭目前主要用于商业发射。

美国的"大力神"4型火箭主要用于发射大型军用卫星和其他政府出资的太空载荷，由于价格高昂，在商业发射市场并无竞争力，其太阳同步轨道的运载能力为14 500 kg，低轨道运载能力为17 690 kg，地球静止转移轨道的运载能力最大为4 535 kg。

日本的H-2大型运载火箭于1994年2月3日首次发射成功。该火箭可将2 200 kg的有效载荷送入地球同步转移轨道，可用于发射卫星和行星际探测器。H-2的改进型H-2A于2001年8月29日首次发射成功，地球同步转移轨道的运载能力最大可达5 000 kg。2012年5月19日，日本用H-2A火箭一次发射了3颗卫星。2018年1月9日11时24分，我国在太原卫星发射中心用"长征"2号丁运载火箭，将"高景"1号03、04星发射升空，卫星顺利进入预定轨道。

③ 航天飞机：简称空太飞机或空天飞机，是一种新型航天运输系统，既能航空又能航天，集飞行器、太空运载工具及航天器于一身，亦可作为载人航天器，可重复使用。它的研究与开发将空间开发推向一个新的阶段，目前大部分国家处在研究发展阶段。

空天飞机是一种未来的飞机，可像普通飞机一样水平起飞，以每小时1.6万~3万千米的高超声速在大气层内飞行，在30~100 km高空的飞行速度为12~25倍声速，而且可以直接加速进入地球轨道，成为航天飞行器，返回大气层后，像飞机一样在机场着陆，成为自由往返天地之间的运输工具。在此之前，航空和航天是两个不同的技术领域，由飞机和航天飞行器分别在大气层内、外活动，航空运输系统是重复使用的，航天运载系统一般是不能重复使用的。而空天飞机能够达到完全重复使用和大幅降低航天运输费用的目的。

美国为了保持其太空优势，并降低空地往返之间的运输成本，于2014年5月开始研制全面可重复使用的无人运载器，实现航天器的低成本和快速发射，即XS-1空天飞机。XS-1是一种两级飞行器，第一级将是一种常规高空无人机，能够飞到尽可能高的高度并达到飞行马赫数为10的飞行速度，然后有效载荷将与无人机分离，依靠自带的低成本推进装置飞向目标轨道。无人机随后将会自动返回发射基地并准备下一次发射。按照项目的设想，XS-1能够实现当天往返，也就是每日发射。

美国的X-37B项目更为人们所熟悉。X-37B是由美国波音公司研制的无人且可重复使用的太空飞机，由火箭发射进入太空，任务结束后自动返回地面。2017年5月7日，执行第4次飞行任务的X-37B轨道试验飞行器(orbital test vehicle，OTV)在轨飞行718天后，像飞机一样在肯尼迪航天中心的主跑道上成功降落。图1.66为X-37B太空战机在轨性能展示图。

航空航天技术的发展推动空天技术融合。过去，当航天工业中使用的钛合金应用到飞机上时，飞机的强度（包括抗摩擦、抗高温、抗过载等）大幅增加，从而使飞机飞行高度、速度、灵活性和飞行距离都大为提高。当前，随着航天火箭发动机安全可靠性的增强，以及航天生命保障系统、航天新材料等的发展，飞机可以利用航空航天二元动力方式、航天密闭舱和生命保障系统来制造。美国的极超声速 X-43A 无人机(图 1.67)可以视为一种火箭。

图 1.66　X-37B 太空战机在轨性能展示

图 1.67　美国极超声速 X-43A 无人机

俄罗斯提出了可重复使用亚轨道太空飞机项目,即一种部分可重复使用的模块化垂直发射航天器 MRKS-1。它的第一级将是一架具有飞机外形的可重复使用航天器,发射完成后可自主飞回发射基地。它还包括一次性使用的第二级,也可以根据任务的不同搭载更多的级别。

思考题

1. 什么是航空？什么是航天？航空与航天有什么联系？
2. 航空器是如何分类的？各类航空器又如何细分？
3. 航天器是如何分类的？各类航天器又如何细分？
4. 临近空间飞行器飞行在什么高度？它们有哪些主要特点？
5. 谈谈你对我国未来航空航天技术发展途径的看法。

1.3　飞行器的研制与生产

1.3.1　飞行器设计

飞行器设计是综合利用现代科学技术的成果,以系统工程的方法,用工程语言(图纸和技术文件)的形式指导飞行器的制造、试验和使用。同时,它也是研究飞行器设计理论、方法和设计过程的一门综合性技术学科。本小节在介绍飞行器设计过程、方法和主要内容的基础上,分析与军用飞机、民用飞机的性能关系重大的设计类别、设计准则和设计要素。

1. 概　述

飞行器设计是飞行器设计人员根据用户需要、相关的标准规范、以往的设计经验以及设计人员所掌握的新知识新技术来拟定飞行器全套技术文件的过程。这些技术文件主要包括三类：

① 对飞行器自身进行的描述,主要包括飞行器总体、零部件、机载系统和装配的技术文件和说明书,主要回答生产什么样的飞行器；

② 关于生产飞行器的方法和设备的工艺文件,主要回答飞行器如何生产的问题；

③ 关于飞行器使用维护方面的技术文件,以保证用户能够正确地使用飞行器。

(1) 飞行器设计的主要过程

首先要进行需求分析和可行性论证,在此基础上再进行方案设计、打样设计和工作设计。

需求分析和可行性论证通常由用户和工业部门共同完成。在论证过程中,根据飞行器的具体用途对指标和技术要求进行分析。军用飞行器的指标和要求一般由军方提出,民用飞行器的指标和技术要求则根据国民经济情况、交通运输结构、航线的类别和需求、国家的工业基础和技术水平等方面的情况综合考虑后提出。民用飞行器的设计指标和技术要求主要包括用途、装载量或载客量、航程、速度、机场情况、可能采用的发动机和机载设备、经济指标、可靠性、维修性和使用维护条件等。军用飞行器的指标和要求还有作战对象、武器配置、典型作战剖面、机动能力、最大过载和飞行质量等。

方案设计又称为概念设计,主要任务是制定飞行器的总体方案,具体如下:
① 初步确定飞行器的布局和外形、主要设计参数、部件的主要几何尺寸、结构形式和质量;
② 初步选择动力装置、设备和武器;
③ 根据飞行剖面的要求初步拟定各种航迹的操纵方案;
④ 选择模型风洞试验等。

此阶段要做出飞行器的三视图和总体布置草图,进一步论证飞行器技术要求的可行性和经济效益。

打样设计又称初步设计,主要工作包括:确定飞行器各部件的结构受力形式和相互连接关系,进行部位安排和重心定位,绘制各部件的结构打样图,进一步确定几何尺寸、质量和动力装置参数,完成气动计算、强度计算、气动弹性计算、飞行性能和操纵性稳定性计算、系统功能计算等,进行部件、全机的风洞试验,进行系统功能试验和新结构新材料的试验,做出正式的飞行器三视图、结构打样图、总体布置图和质量质心定位计算,提出各部件和各系统的设计任务书、发动机安装设计任务书和质量分配指标。在打样设计阶段,生成数字化样机或制造木质样机,以便审查方案和协调。

工作设计又称详细设计,主要任务如下:根据方案设计确定的方案和打样设计的结果,完成零件制造和部件、系统、全机装配的工作图样以及生产、验收的技术文件,包括进行零部件的强度、刚度、颤振和质量计算,飞机气动性能及各系统性能的精确计算,进行结构的静、动强度和疲劳试验以及特种设备和各个系统的台架试验,还要试制原型机并制定试飞大纲。

上述各阶段工作相互衔接,因果有序。随着数字化设计技术的成熟和并行工程的推广应用,现代飞行器设计已普遍采用数字样机替代打样阶段的实物样机,并成为详细设计以至贯穿设计制造和使用维护全过程的依据。

(2) 飞行器设计的主要方法

飞行器设计的目标通常是在一定的条件下,以最小的代价(人力、物力、财力和时间)设计出符合要求的飞行器。然而,飞行器设计要综合考虑和利用航空工程中的一些基本学科和领域,主要包括气动力、动力、轻量化结构、飞行控制等的知识与成果,并进行优化。飞行器设计师必须在多学科和领域中寻找最优设计。这是十分困难的,有时甚至是无法实现的,因为所追求的有些目标相互冲突且无法协调一致。为了更好地解决这些问题,从 19 世纪开始,人们陆续发展了模仿法、统计法和系统设计法等飞行器设计方法。

① 模仿法又称相似法,是建立在相似律基础上的飞行器设计方法。20 世纪初,人类在没有飞机设计经验,也没有完全掌握空气动力知识的情况下,通过模仿飞行动物设计制造出了飞机,但还没有形成系统的设计理论。

② 统计法又称原准法,产生于 20 世纪 20 年代。统计法主要是选定一种与设计目标接近的、资料较全的、成功的飞机作为参考样机,用数理统计方法找出性能与设计参数的关系,经过分

析对比,得出新飞机的相应关系,进而确定新飞机的总体设计参数。这种方法多用于早期的飞机设计和改型。

③ 系统设计法又称预研综合法,是 20 世纪 60 年代人们在进一步分析飞行器各种参数对飞行性能的影响后产生的以计算机为工具的、包括优化设计在内的系统设计方法。系统设计法在对关键技术进行预先研究的基础上,结合已有的理论和经验,将飞行器及其有关部分看成一个大系统,应用系统工程的理论和方法,对综合出来的多个方案进行比较,利用计算机辅助设计等技术找出最优方案。

2. 飞行器设计的主要内容

飞行器的设计的主要内容包括:总体参数选择、气动设计、结构设计、机舱及装载布置、动力及燃油系统设计、起降装置设计、机电系统设计、航空电子系统设计、质量特性控制、性能分析、稳定性和操纵性设计、保障性设计等。

对于军事用途的飞机而言,为了满足作战需要,还要重点考虑飞机的隐身性、机动性和武器系统等问题。对于民用飞机而言,要重点考虑安全性、经济性、舒适性和环保性等方面的需要。

(1) 气动设计

飞机的气动设计主要研究气动布局、翼型、机翼、尾翼和操纵面的形状与几何参数等。由于各种布局形式都有不同的优缺点,飞机气动设计也是一个综合、折中的过程。对于现代高性能战斗机的设计,除要在亚、超声速及大、小迎角全包线范围内都具有满意的气动特性外,还要考虑隐身性能对气动外形的要求。由于隐身与气动力对外形的要求有时是矛盾的,因此如何综合、优化气动力与隐身性能更是飞机设计的一项重要任务。

1) 气动布局

飞机的气动布局通常是指针对不同的气动力承力面的安排形式。全机气动特性取决于各承力面之间的相互位置以及相对尺寸和形状。机翼是主承力面,是产生升力的主要部件,前翼(鸭翼)、平尾、垂尾等是辅助承力面,主要用于保证飞机的稳定性和操纵性。

根据各辅助翼面与机翼相对位置及辅助面的多少,通常有以下几种气动布局形式:正常布局、鸭式布局、无尾、三翼面等。这几种气动布局的主要特点如下。

① 正常布局:水平翼在机翼之后,能比较好地兼顾起飞、着陆等低速飞行性能和高速飞行性能,因此应用时间最长,范围最广。目前大多数军用飞机和民用飞机都采用正常布局。为了提高战斗机的中、低空机动性,在 20 世纪 70 年代发展了边条机翼,在中到大迎角下边条能产生脱体涡进而增加涡升力,同时还可改善基本翼的流场,如 F-16、米格-29、苏-27、F-22 都采用正常式边条机翼布局。

② 鸭式布局:水平翼在机翼的前面,鸭式布局的辅助气动升力面(平尾)位于机翼之前,前翼(鸭翼)产生正升力配平飞机的低头力矩,不但增加飞机的升力,而且可减小配平阻力;利用前翼和机翼之间有利的涡干扰又可增大飞机升力,这些都有利于改善飞机的机动性。鸭式布局的难点是前翼位置的选择以及大迎角俯仰力矩上仰的问题,通常用后机身加边条或限制放宽静稳定裕度的方法来解决,推力矢量技术也可以解决该问题。但是前翼对于飞机的隐身性能会产生不利的影响。

③ 无尾布局:飞机只有一对机翼,无尾飞机没有前翼和平尾,飞机的纵向操纵和配平依靠机翼后缘的升降舵来实现。无尾布局的优点是超声速阻力小,对于提高飞机的隐身性能比较有利。但由于操纵面力臂较短,影响了飞机的操纵效率。在飞机起降时会产生低头力矩,导致操纵困难

和配平阻力增加。尽管放宽静稳定性技术使纵向操纵及配平问题得以解决,但该布局的大迎角气动特性依然不好。

④ 三翼面布局:三翼面布局是在正常布局的基础上增加一个水平前翼而构成的。这种布局综合了正常式和鸭式布局的优点。由于在正常布局的机翼前面加了一个前翼,可以减轻机翼上的载荷,使气动载荷分配更合理。此外,增加一个前翼操纵自由度,与机翼的前、后缘襟翼及水平尾翼结合在一起可进行直接控制及保证大迎角有足够的低头恢复力矩,改善大迎角特性,提高最大升力。三翼面布局的缺点是由于增加前翼而使零升阻力和质量增加。

2)翼型选择

翼型是由中弧线(或弯度线)和基本厚度分布叠加而成的。在一定的迎角下,翼型上的压力分布随气流的流动而变化,从而决定了翼型的升力、阻力、俯仰力矩等。翼型厚度、弯度对其型阻、最大升力和最小阻力迎角都有影响。翼型的分离迎角与前缘半径有关,前缘半径越小越容易分离。

3)机翼的外形设计

机翼是产生升力的主要部件,不同用途的飞机采用不同机翼,如平直翼、梯形翼、后掠翼、前掠翼、变后掠翼、三角翼、边条翼、菱形翼等各种形式。机翼的平面形状主要由展弦比 A、前缘后掠角 α 以及根梢比 η 所确定,这些几何参数对飞机气动特性会产生影响。此外,机翼的扭角、安装角、上反角对飞机气动特性也有影响。机翼扭转可以防止翼尖失速,改善升力分布,减小诱导阻力,改善巡航特性,一般翼尖翼型与翼根翼型扭转角在±3°左右。机翼的上反角可提供横向稳定效应,下反角可减小横向稳定效应,后掠翼为防止过大的横向稳定性,一般选 1°~2°下反角。机翼相对机身的垂直位置对飞机的气动性能也有影响,上单翼一般增加飞机横侧稳定性,下单翼相反。

(2)结构设计

飞行器结构是指由几个或多个零件构成的机体,能够有效地承受载荷和环境作用下的应力、变形,并能满足规定的强度、刚度和寿命等要求。飞行器结构设计主要包含三个层次的工作。

① 飞行器结构布局:主要进行全机结构总体布局及选择结构分离面,确定各部件的主承力结构形式及传力路线,布置其主要受力构件。

② 选择结构元件参数:在结构布局的基础上,选择并优化各结构元件的尺寸及材料等。

③ 结构细节设计:为使结构有好的耐久性,在结构元件优化的基础上,对结构的细节精心设计,如开孔、连接、圆角等的设计。

1)结构设计的基本要求

为了提高飞行器的使用效率,降低使用成本,要求飞行器结构具有高结构效率、高可靠性、长寿命和低全寿命期费用的特点。具体要求如下:静强度要求(飞行器应能承受各种飞行和地面的设计载荷);使用寿命要求;耐振性和耐噪声要求;气动力对飞行器结构外形的要求;颤振和静气动弹性要求;隐身的要求及生存力的要求;结构工艺性的要求;维修性及可靠性的要求;经济性要求等。

飞机通常用结构质量系数来表示结构设计水平。结构质量系数是用飞机结构质量与飞机正常起飞质量之比的百分数来表示。统计结果表明,第一代战斗机结构质量系数平均在 35% 左右,第二代战斗机平均在 33% 左右,第三代战斗机平均在 30.5% 左右,第四代战斗机——美国的 F-22 结构质量系数为 28%。

随着飞机航程的加大以及电子设备的增多,飞机的载油系数和设备质量系数是增加的,结构和发动机的质量系数在下降,这对飞机结构设计提出了更高的要求。在保证飞机性能的前提下,结构质量减轻 1%,可以减轻飞机总质量的 3%~5%。因此,减轻结构质量是飞机设计成败的关键。

2) 机翼结构布局

机翼作为飞机的主要气动面,是主要的承受气动载荷部件。机翼承载大,结构高度低,给结构布局带来许多困难,也提出了比较高的要求。

机翼结构质量一般占机翼质量的 30%~50%,机翼质量占全机质量 8%~15%。各种不同类型气动布局的机翼,其结构布局也各有特点。机翼结构一般先按强度要求进行布局,再检查是否满足气动弹性要求,并根据分析结果改进布局。

3) 机身结构布局

机身结构包括机身、短舱等筒形结构。该结构主要用于装载和传力。机身上气动载荷占总载荷的比例较小,主要是惯性载荷。机身结构要承受机翼、尾翼等部件传来的力,并与机身本身载荷平衡。

4) 尾翼结构布局

尾翼与机翼同属翼面结构形式,其采用的结构形式类型基本与机翼相同。由于尾翼距飞机质心远,内部容积比较小,装载少,结构布局主要根据强度和刚度要求确定。一些高速飞机的平尾多采用适用于薄翼结构的布局形式,高速飞机多采用全动平尾。

(3) 隐身性设计

1) 隐身技术的基本概念

隐身性又称低可探测性。对飞机来说,它表示具有低的被雷达、红外、可见光和声等传感器探测到的能力。飞机隐身的目的是保存自己、消灭敌人,因此要尽力降低飞机的雷达、红外、可见光和声等信号特征。在超视距作战中,雷达是探测飞机的最常用方法,减弱飞机的雷达反射信号强度是飞机设计中提高隐身能力的最关键和重要的因素。

2) 外形隐身设计的基本原则

隐身技术的发展和应用使飞机气动力设计发生重大变化,如何在保证基本气动特性前提下,尽量减小飞机的 RCS(如何有效地控制和减小飞机的目标信号特征)就成为飞机设计的重要任务。以下是与气动外形设计有关的一些基本原则:

① 消除能够成角反射器的外形布局;

② 变后向散射为非后向散射;

③ 用一个部件对另一强散射部件进行遮挡;

④ 将全机各翼面的棱边都安排在少数几个非重要的散射方向上去;

⑤ 对于进气道,采用进气口斜切以及将进气管道设计成 S 形,既可遮挡电磁波直射到压气机叶片上,又可使进入进气道内的电磁波经过 4~5 次反射,使回波减弱,从而有效地减小进气道的 RCS;

⑥ 对于外挂物,将中、近距导弹及炸弹都埋挂在机身舱内,或采用保形外挂;

⑦ 对于机身的口盖、舵面的缝隙、台阶、铆钉等弱散射源,都应采取措施,一般是将口盖及缝隙设计成锯齿形;

⑧ 当某些部件或部位不能使用外形隐身措施时,可用隐身吸波材料来弥补,如座舱盖,可在有机玻璃上蒸镀或溅打一层金属薄膜使电磁波产生漫反射,在机翼、平尾各翼面前缘涂吸波材料等,最简单的涂层厚度大约为雷达波长的 1/4,经过折射后正好是半个波长之差,相互干扰,从而削弱了反射波的强度。

(4) 保障性设计

飞机的保障性指的是飞机的设计特性和计划的保障资源满足平时战备和战时使用要求的能力。与保障有关的设计特性包括可靠性、维修性、测试性、运输性、自保障特性和其他特性。计划的保障资源指的是在设计中规划飞机投入外场使用时所需的保障资源，包括人力、保障设备、供应保障、技术资料、保障设施等；平时战备要求指的是平时训练与战备值班时飞机具有的可用度或能执行任务率的要求；战时使用要求指的是对飞机具有快速出动、高出动强度（高出动架次率）和高部署机动性的要求。为了满足使用要求，还必须制定维修保障方案，包括维修任务分配、场地部署和保障管理等。

(5) 安全性

1) 民航飞机的安全等级

对于民航飞机来说，适航管理部门认为可以接受的"安全等级"一般分为四级，又称四类。其简要定义如表 1.1 所列。

表 1.1 民用飞机的安全等级

安全等级	事故性质	出现的可能性	影响及后果	最大允许发生概率值
Ⅳ	较小	可能	对飞机安全性影响极小，可能会给机上人员带来少许不便	无要求
Ⅲ	较大	很小可能	明显降低飞机的安全裕度，明显增加机组人员工作负担，机上人员会有不适感觉但无生命危险	10^{-5}/飞行小时
Ⅱ	危险性	极小可能	极大地降低飞机的安全裕度，极大加重了机组的负担与压力使其无法正确完成操作，有可能造成人员伤亡	10^{-7}/飞行小时
Ⅰ	灾难性	极不可能	引起飞机损坏或人员伤亡，且机组无法采取有效的纠正措施以保证飞机继续安全飞行或安全着陆	10^{-9}/飞行小时

2) 安全等级控制要求

控制安全等级的适航条例涉及四个主要方面，包括结构完整性、系统完整性、使用完整性和抗坠毁性。前三个方面的内容是为了避免事故，而抗坠毁性是提供事故发生后生存的可能。

结构完整性主要是对飞机载荷与强度、气动弹性与刚度、结构动力，以及疲劳强度的要求。系统完整性是对机载系统和设备的可靠性、失效模式和效应分析、发动机限制和卫生管理的要求。使用完整性是对飞行速度和性能、控制、飞行品质、飞行员工作负荷的要求。抗坠毁性是对客舱设计、应急撤离、坠毁情况的要求。前三项须分别经结构试验、系统试验和飞行试验验证，抗坠毁性需进行模拟验证，完成这些验证后方可取得适航证书。为保证高安全性飞行，飞机设计中应采用先进的总体/气动设计技术、先进的结构完整性设计和验证技术、高可靠性发动机技术和飞机健康监控技术，并将适航审定的技术要求贯穿于客机研制的全过程。

3) 抗坠毁性设计

抗坠毁性的主要要求之一是提供围绕乘客的保护性屏障。增压圆柱形机身上的承力蒙皮通常有足够强度来实现上述保护，但是坠撞动力学分析常常显示出低下沉速度、抬头或者尾沉姿态撞地时，会沿整个机身长度产生巨大的弯曲载荷。这些载荷往往使机身壳体承受剪切作用的主

要剖面位置(如安装机翼处)发生断裂。为最大限度地保证乘客安全,建议:

① 如有可能,避免在坠撞中可能断裂的区域安排乘客就座;

② 如有可能,避免在具有刚硬下层结构的区域(如起落架附近)安排乘客就座,因为该区域吸收能量的能力差;

③ 加强上单翼下方的机身段,以保证结构的抗坠毁性;

④ 增加座椅间距,并保证乘客牢固地固定在座椅上;

⑤ 采用面向后方的座椅或采用上肢体托架来限制乘客头部、颈部和躯体的移动;

⑥ 避免在发生事故时其他部件(如螺旋桨、发动机短舱、起落架)可能突入的区域安排乘客就座;

⑦ 采用足以承受适航条例规定的坠撞载荷强度的座椅结构,并且具有可控的伸缩性,以降低乘员感受到的峰值加速度。

除上述考虑外,飞机的内部设计必须为乘客提供安全的环境。所有零散的设备(包括随身行李)必须储藏在可锁定的橱柜内;内装饰板必须阻燃阻烟;必须备有重要的安全设备(如氧气设备、救生筏、应急撤离滑道);飞机结构和布局必须避免在坠撞中燃油溢出。

4) 应急出口设计

假定乘员已在坠撞中生存,机身布局还必须保证他们能够安全而迅速地撤离。相应设计准则主要有:所有乘员使用正常随机应急设备,能在 90 s 或更短时间内撤离飞机;应急出口必须布置在机身两侧,用于服务的舱门(如厨房补给、卫生间清扫等)只要能保证在应急状态畅通无阻,也可以归为应急出口;设计师在项目初期就要规定这些出口的数量、位置和尺寸;为保证通往应急出口的过道畅通,必须在这些出口附近提供比客舱其他部位更大的空间。

(6) 环保性、经济性和舒适性设计

1) 环保性设计

随着经济和技术的发展,飞机数量与日俱增,而且飞机愈来愈大,导致飞机的噪声、污染物排放对人们生活的侵扰和对环境的污染愈来愈严重,致使各国政府、环保组织和民航组织都倍加关注,制定相应法规强力进行限制。

飞机噪声对环境的影响主要表现在飞机起降过程中对机场及其附近区域的噪声污染。一般在飞机起飞航迹下方、进近航迹下方和跑道侧面设置测量点,监测噪声强度。美国 FAR36 部要求起飞噪声低于 93 dB,进近和跑道侧面低于 102 dB,为此国际民航组织建议采用低污染排放技术的先进民航发动机。

2) 经济性设计

民航客机的总成本包括直接使用成本和间接使用成本,两者都与飞机设计方案的好坏有着密切的关系。构成直接使用成本的项目主要包括:保险、维修、利息等固定成本,机组人员、油料消耗、着陆导航费用等飞行成本,以及飞机的维修保养成本。构成间接使用成本的项目主要包括:设施的购置成本及折旧费(或设施租赁费用),设施维修成本,地面设备的维修费和折旧费,维修经常性费用,总部经常性费用,管理及技术费用,广告、促销、销售费用,机票销售费用,客户服务费用,培训成本等。为了提高飞机的经济性,一要降低飞机的油耗,二要降低飞机的价格,三要降低飞机的维护费用。

3) 舒适性设计

民航旅客的舒适性感受主要表现在情感、健康和占据空间等方面,主要取决于下列因素:客舱内的美感、宽敞感;座椅的尺寸、可调性和座椅在客舱中的布局等;旅客在客舱内的活动空间;

客舱内的环境,例如温度、湿度、压力、压力变化率、空气流动和可调气源等;加速度,主要是飞机的法向加速度,还有刹车时的纵向加速度;飞机爬升和下降时机身的姿态;客舱内噪声水平;旅行的持续时间;盥洗室、休息区等生活设施的配置以及空乘人员的服务态度、饮食供应、娱乐设施等。

舒适性在飞机设计时主要涉及以下因素:机身内部形状、尺寸、布置和隔声设计;机翼设计对加速度的影响,如翼载、展弦比、后掠角等参数选择;机舱环境控制系统设计;卫生、生活、娱乐设施的布局和设计。

总体来看,提高飞机的舒适性会增加飞机的质量和成本,但是舒适性却又是乘客十分注重的飞机品质之一。因此,在飞机设计时,应根据目标客户的定位,综合考虑飞机的舒适性和经济性,从而提高飞机的市场竞争力。

3. 飞行器设计的特点及发展

(1) 多学科优化设计

飞行器设计以多学科知识、新的预研成果、先进的制造工艺和试验手段作为设计的基础,其学科基础包括空气动力学、飞行力学、航天动力学、工程控制论、电子技术、推进技术、传热学、结构力学、气动弹性力学、人机工程学等,同时还有以下特点:

① 飞行器是由多个分系统组成的整体,属于大系统,需要用系统工程的方法进行综合设计,其中总体设计尤为重要,设计协调工作繁多。

② 飞行器(特别是火箭和航天器)的设计理论和方法尚不完善,在设计过程中需要进行大量模拟和实物试验,为设计和修改设计提供依据。

③ 为减轻质量,飞行器的刚度一般较小,设计时须将它作为弹性体充分考虑其动态特性。

④ 大多数飞行器的飞行环境十分严酷,使飞行器能够适应环境是飞行器设计的一个重要内容。

⑤ 火箭只能使用一次,发射费用高昂,载人飞行器的安全性要求极高,航天器要能长时间连续工作,这些都需要把可靠性设计放在设计工作的重要地位。

此外,各种飞行器的设计还各有自身的特点。

(2) 数字化设计

为了提高飞行器设计效率,20世纪80年代后期,国内外的一些研究机构陆续开发出一些专用于飞机概念设计和初步设计的软件,如美国 DAR 公司的用于飞机概念设计的 AAA 软件,英国克莱菲尔德大学的 ADROIT,德国柏林工业大学的 Visual CAPDA,荷兰代夫特大学的 AIDA,俄罗斯茹科夫斯基中央空气流体力学研究的 ARGON 等。与此同时,法国达索公司开发的 CATIA 系统也不断完善。1990年,CATIA 在"隼"2000 设计中首次采用,生成了数字样机,从而取消了所有实物样机,这是飞行器数字化设计的重要里程碑。

目前,飞机性能分析、三维实体造型、虚拟设计、虚拟仿真、异地无纸设计技术日趋成熟,将使飞机设计的手段发生质的飞跃,极大地提高飞机设计的工作效率和质量。

(3) 并行工程

传统飞行器设计是按照概念设计、打样设计、工作设计,以及设计、试验、生产、改进的串行流程进行的,这种串行的工作方式使很多设计上的缺陷无法得到及时的纠正,造成了资源上的浪费和时间上的拖延。

为了改变这种传统的产品开发模式,赢得市场和竞争,在20世纪80年代初,人们开始寻求更为有效的新产品开发方法。1986年夏天,美国国防分析研究所(IDA)发表了著名的R-338报告,首次提出了并行工程(Concurrent Engineering,CE)的概念,并给出如下定义:"并行工程是集成地、并行地设计产品及其相关的各种过程(包括制造过程和支持过程)的系统方法。这种方法要求产品开发人员从设计一开始就考虑产品整个生命周期中从概念形成到产品报废处理的所有因素,包括质量、成本、进度计划和用户的要求。"

根据这一定义,并行工程是在两个方面(集成产品团队和集成产品过程)展开,即组织跨部门、多学科的开发小组,在一起并行协同工作,对产品设计、工艺、制造等上下游各方面进行并行交叉设计,及时地交流信息,使各种问题尽早暴露,并共同解决。这样就使产品开发时间大大缩短,同时改善质量,降低成本。

美国在F-22、F-35等项目中都采用了并行工程的设计方法,并且取得了很大的成功。目前,欧洲国家、俄罗斯和我国都已经把并行工程的思想用于飞行器设计工作。

1.3.2 飞行器制造

飞行器制造技术与飞行器的发展相辅相成,相互促进。飞行器由低速向高空、高速发展,制造技术与制造工程也由低级向高级、由简单向复杂、由一般机械制造向高技术密集型产品的高精尖方向发展。本节概要介绍飞行器制造的过程和技术特点,着重介绍飞行器制造关键技术及相关现代飞行器制造工程知识。

1. 概　述

与一般机械产品相似,飞机制造过程要经过毛坯制造、零件加工、装配、试验测试等阶段。飞机制造过程是先用铸造、锻造、焊接或近净成形方法和板材落料,制造零件的毛坯。接着用机械加工方法或特种加工方法按照图样要求加工零件。然后再将加工好的零件装配成构件和部件,最后装配成为整架飞机。总装好的飞机要经过各种严格的试验和测试,各项性能指标合格后才能交付用户使用。

毛坯制造是整体壁板、发动机盘等关键零部件的重要工序,为了提高质量、降低成本,必须采用先进制坯技术和大型专用加工设备进行制造,例如,等温锻造技术、粉末冶金热等静压成形技术、精密锻造、精密铸造、精密钣金成形、近净成形和超塑性成形/扩散连接等精密制坯技术。

零件加工可以分为机械加工、压制成形和非金属零件加工等。机械加工包括常规加工(如车、铣、刨、磨、镗、钻、铆等)和特种加工(如电解加工,电脉冲、电火花加工与线切割,化学铣削和激光束、电子束、离子束和高压水束等高能束加工等);压制成形又称钣金加工,是将板材、型材和管材经拉、压、弯、扭等方法加工成蒙皮、翼肋和隔框等零件的过程;非金属加工包括橡胶零件塑造、有机玻璃和复合材料构件切割与成形等。

金属零件加工后需要进行热处理和表面处理。表面处理包括镀铬、镀锌、阳极化、涂覆特种涂层(如抗磨抗腐蚀涂层、隔热涂层等),以提高零件抗磨、抗腐蚀和耐高温性能。

装配可以分为构件装配、部件装配和总装配等阶段。构件装配是将一组零件装配成比较简单的构件,如翼梁、翼肋和隔框等;部件装配是将一组零件和构件装配成比较复杂的部件,如机翼、垂尾、平尾、机头、机身前段、机身中段、机身后段等;总装配是将所有部件组装成整架飞机,有时也分为初装和总装。

整架飞机装配完毕后,必须进行全面的地面试验。试验包括各种系统的功能试验、各种检查和试飞。试验合格的飞机才可出厂使用。新研制的飞机还要经过更加严格的静力破坏试验,以及试飞前的全机各系统的地面试验和检查。最后经过飞行试验合格后方可出厂交付使用。

2. 飞行器制造的技术特点

现代飞行器制造技术有别于一般的机械制造技术,具有显著的特殊性。无论是加工难度,还是精度、质量和可靠性要求都是一般机械制造技术难以相比的。与一般机械制造技术相比,其主要特点如下。

(1) 加工方法多样

飞机零件种类多,形状复杂,加工方法多种多样。有的零件需要多种加工方法组合加工,加工方法有常规的锻、铸、焊、车、铣、刨、磨、镗、钻、铰、研、珩等,还有以声、光、电、化、磁为能源的特种加工方法,以及多能源复合加工方法。由于飞机上很多零件的刚度小、尺寸大,装配连接时必须采用装配型架,以保证各个零件的相对位置正确、外形准确,以及部件装配和整机装配质量的一致性。

(2) 装配和安装工作量大

在飞机制造中,成形和机械加工难度和工作量比较大,但与装配连接和支装的工作量相比要小得多。例如,制造一架高性能战斗机,其中铆接装配的工作量占总工时的35%、焊接装配约占7%,仪表和机载设备的安装工作量约占12%,总体装配和安装工作量约占总工时的54%。一般工业产品装配和安装工作量仅占总工时的20%。

(3) 工艺装备大而精

飞机生产之前,需要准备模线、样板、模具、型架等工艺装备。由于飞机工艺装备种类繁多、数量大、制造周期长,工作量很大,生产准备过程中工装的制造工作量占产品制造工作量的25%。因此,飞机生产准备是飞机制造中的重要环节,直接影响飞机的质量、可靠性、成本和制造周期。为了确保飞机的制造质量和可靠性要求,需制定极其严格的飞机制造工艺规程,在制造过程中必须一丝不苟地严格按工艺规程操作,工艺要求更要严于一般机械制造业。

(4) 工艺装备符合柔性制造

航空制造不同于大批量规模化生产,具有零件品种多、形状复杂、改进改型和更新换代快的特点,要求生产具有高度的柔性和应变能力。飞机制造使用的工艺装备,如工具、夹具、模具等要适应多品种、小批量生产的要求,数量要少,结构简单,便于制造,但精度要足够高。

(5) 大量采用模线和样板

一般机械制造业保证产品互换性的方法是按照图样制造,要求有一定的精度。传统的飞机机体构件的制造是直接按模线样板制造法来保证产品的互换性。这是由于飞机构件的外形表面由曲面构成,尺寸大,要求严格,不便于直接按图样加工和检验。一架飞机在批生产中使用的样板数量多达几万件。成套的模线样板系统可以保证飞机各个零件外形准确度、一致性和互换性。现代飞机构件的制造已经甩掉传统的模拟量传递所用的模线样板,而代之以计算机数字量传递的全数字化设计和制造技术,进一步提高了构件的加工精度、效率和一致性。

1.3.3 飞行器试验

飞行器试验是航空航天事业发展中不可缺少的关键环节之一。随着航空航天技术的飞跃发展,飞行器试验越来越重要。飞行器试验的门类众多,科目庞杂。本小节在介绍基本概念的基础上,按照地面试验和飞行试验两大范畴,以飞机为例阐述与其研制关系重大的相关试验的内容、作用及特点。

1. 概　述

飞行器试验是指飞行器在其研究、研制、生产、部署和使用与保障期间进行的各种试验、仿真、测试和相应的分析活动。它既是工程技术活动的重要内容，可以发现设计缺陷，帮助研制人员及时改正，并确定系统性能水平，同时也是决策过程的一个重要环节，为权衡分析、降低风险和细化要求提供信息，为飞行器研制过程中的转阶段决策和设计定型提供依据。

飞行器试验有多种不同的分类方法，按照试验地点可分为地面试验和飞行试验；按照飞行器研制的时间顺序，可分为研制试验与评价、使用试验与评价；按照专业主要包括空气动力学试验、结构强度试验、环境试验、寿命及可靠性、维修性与保障性试验等；按照分系统主要包括航空电子系统试验、飞行控制系统试验、机电系统试验、航空武器系统试验，以及航空发动机试验等。

2. 地面试验

(1) 空气动力学试验

空气动力学试验是研究空气与物体相对运动时，空气的流动规律及其与物体的相互作用所进行的试验，目的是设计和评价飞行器的布局和性能。空气动力学试验可分为实物试验和模型试验。对于飞行器来说，实物试验可称为空气动力飞行试验，模型试验称为风洞试验。在地面，主要进行飞行器的模型试验，即风洞试验。

风洞试验是指将试验物体的缩尺模型（或实物）安置在风洞中，在一定的风洞运行状态下，观察、测量气体流动及其与模型之间的相互作用而进行的试验。风洞试验的主要目标是验证飞行器设计要求、确定系统性能、优化系统设计、验证分析方法和模型、降低设计风险。

(2) 结构强度试验

结构强度试验是在实际或模拟的载荷和环境下，在地面对飞机和部件进行的机械强度试验，目的是验证飞机和部件的承载能力、变形状态、可靠性和寿命等关键性指标。结构强度试验主要包括结构静力试验、振动试验、疲劳试验、热强度试验，以及耐久性、损伤容限试验和地面模拟热颤振试验等。

结构强度试验是新机研制和改型必需的一个环节。早期飞机（含第二、第三代战斗机）基本上都是按安全寿命准则设计的，全机和主要承力部件的静力试验、疲劳试验和振动试验是飞机设计定型所必需的，一般在设计发展阶段，要制造两个静力试验机体，一个用于静力试验，一个用于疲劳试验。而对于按照耐久性、损伤容限设计准则设计的新一代飞机，耐久性试验和损伤容限试验也必不可少。

1) 结构静力试验

结构静力试验又称静强度试验，是对飞机结构按试验要求施加静载荷并测定其承载能力和变形状态的地面试验，是鉴定飞机结构强度、刚度，保证飞机飞行安全的重要手段，分为静强度试验和刚度试验。静力试验的具体要求按照飞机静力试验大纲、静力试验任务书、刚度试验任务书以及飞机强度和刚度规范进行。一般经试验鉴定合格后，方允许飞机进行飞行试验。对于批生产飞机，结构静力试验的目的是检验飞机制造的工艺质量。

2) 振动试验

振动试验是新机研制、飞机改型过程中在地面进行的一项试验，利用共振原理测定飞机机体及其组件的固有频率、固有振型和结构阻尼等固有振动特性参数，以验证结构固有振动特性分析是否正确，为飞机动强度设计提供依据，确保飞机在起飞、着陆以及飞行过程中，其机体结构不会激发起共振、颤振和发散等不稳定现象。利用这些试验还可以查找振源、排除不良振动及检查结构工艺质量。振动试验包括全机地面振动试验、部件振动试验、前轮摆振试验、声疲劳试验等。

3) 结构疲劳试验及热强度试验

结构疲劳试验的目的是鉴定飞机结构在模拟载荷谱和环境谱联合作用下的疲劳强度或寿命。由于疲劳强度问题受材料、工艺、载荷、环境条件、结构细节等诸多因素影响，非常复杂，而疲劳强度的计算方法还未成熟，所以疲劳试验是提供评价疲劳强度的最可靠的方法。

热强度试验是研究飞机结构热强度的一种地面模拟试验，用于确定飞机结构的热应力和总应变大小，研究热应力和载荷应力的耦合关系，以及温度、热应力对结构承载能力等强度特性的影响，验证有关的设计计算方法等。这种试验比静强度试验增加了温度和时间两个参数，在试验中除了要求模拟飞机结构的实际载荷分布情况外，还要模拟实际的温度分布情况以及它们随时间变化的情况。

4) 耐久性试验及损伤容限试验

耐久性试验是验证飞机结构能否满足结构耐久性设计要求的试验，通过试验可以识别飞机结构的耐久性薄弱环节，预测和验证试验件或结构的耐久性，获得必需的耐久性数据，验证耐久性分析方法。

损伤容限试验的目的是验证按损伤容限设计的结构能否满足设计要求，试验可分为材料试验、质量控制试验、分析验证试验和结构的构件试验四类。

(3) 环境试验

环境试验是指将产品暴露于自然或人为的环境中，确定环境对产品影响的方法和操作程序的统称。环境试验的目的在于考核武器系统在恶劣的自然环境中的适应性、战术技术性能的变化和可靠性。

环境试验分现场环境试验（包括自然环境试验与使用环境试验）和模拟环境试验（实验室环境试验）两类，大多数航空产品都要进行模拟试验。环境条件的多样化使得各种模拟试验复杂化，通常只进行若干项影响较大的环境试验，主要是机械应力条件和气候条件试验，如随机振动试验、高温试验、低温试验、日晒试验、淋雨试验、湿热试验、沙尘试验、腐蚀试验、雷电模拟试验、结冰试验、电磁兼容性试验等。根据航空产品设计要求，这些试验可单独进行或由两种以上的环境综合进行，如振动、高温和低气压综合环境试验。

总的来说，在飞行器研制过程中，各个阶段都要进行大量的试验。通过试验暴露产品设计和制造工艺上的缺陷，尽量排除早期故障。这种做法在国际上早已成为惯例。为了确保产品的可靠性，试验必须从材料、元器件、零部件、组件、分系统到系统逐级进行。在不同的研制阶段，由于试验目的不一样，对不同装配级别的产品，试验项目、要求和条件都有差别。一般说来，产品的装配级别越低，试验条件就越严格，尽量不让低级别产品缺陷到高级别的试验时才被暴露，则为纠正这些缺陷所付出的代价就要大得多。

(4) 寿命及可靠性、维修性和保障性试验

寿命试验是可靠性试验的一个重要组成部分，是为了证实受试的产品在某种规定条件（工作、使用、储存等）下的寿命而进行的试验。寿命试验分为短时寿命试验和长时寿命试验。短时寿命试验的目的是使用产品极限载荷在短时间内揭示其薄弱环节，其使用的环境应力类型较少，但应力量值要比正常使用中遇到的量值大得多，施加的环境应力的严酷度在一定范围内逐步增加直到产品破坏或不能工作为止，因而是一种步进应力试验，又称短时死亡试验或加速寿命试验。长时寿命试验的目的是评估产品的使用寿命和可靠性，一般采用产品在使用中遇到的典型

的环境条件连续重复循环进行试验。这种试验往往要经过数百小时、数千小时甚至更长的时间才能揭示产品的薄弱环节或达到规定的耗损量,又称疲劳试验或耐久性试验。短时寿命试验更多地用于产品研制阶段获取产品的各种信息,而长时寿命试验主要用于评估产品的寿命。

可靠性、维修性和保障性(RMS)试验指的是为了解、分析、提高和评价产品 RMS 而进行的试验与评价的总称,目的是发现产品在设计、材料和工艺或其维修与保障方面的各种缺陷,提高产品的 RMS 水平并确认产品是否满足规定的 RMS 要求。RMS 试验与评价主要有实验室试验与评价和外场使用试验与评价两种验证形式。实验室试验的主要优点是试验条件可控,试验结果具有重现性和可比性,但对使用条件和环境条件的模拟往往受设备能力的限制,试验结果易受影响。外场使用试验的结果能真实反映产品的 RMS 水平,但由于其环境条件不可控,数据的收集及统计较困难,试验时间较长,试验管理较困难而且费用高,通常用于可重复使用的武器系统整体的 RMS 试验,也可用于某些实验室难以进行的功能系统、分系统及设备的可靠性试验。

(5) 航空电子系统试验

航空电子系统是保证飞机完成预定任务、达到规定的各项性能所需的各种电子设备的总称。传统的航空电子系统包括:通信、导航与识别,雷达,大气飞行数据系统,数据处理/任务计算机,显示与控制设备等。航空电子系统试验主要包括以下几个方面。

1) 部件试验

在部件试验阶段要对所选择和/或专为某一功能而开发的硬件(如接收机)、软件(如模型)和固件(如非易失性存储器)等是否满足性能规范进行验证。部件试验的主要目的是验证实现方案及设计,验证所选择的硬件、软件和固件等是否满足规格要求。在部件试验过程中发现的所有试验异常现象,都将被承包商记录、分析,并给出分类建议。

2) 分系统试验

分系统综合试验是一种有序进行的内部接口试验,将所有软件、硬件和固件综合在一起,最后构成一个完整的分系统。研制部门通过分系统综合试验发现并解决问题,从而降低系统试验的风险。完成分系统综合试验后,就可以更加有信心地将分系统综合进系统并满足所规定的功能、性能和稳定性要求。在综合试验过程中发现的所有试验异常现象,都将被承包商记录、分析,并给出分类建议。

3) 系统试验

系统试验是对一个硬件、软件和固件完全综合的系统进行的正式的试验过程,目的是验证系统是否完全满足所规定的所有功能、性能和稳定性要求。系统试验也包括为安全鉴定而进行的所有试验。进行安全鉴定需要一个完整的安全计划并制定安全试验程序。

4) 全系统综合试验

航空电子综合试验是开发新一代综合航空电子系统所必需的基础试验。航空电子系统的工作性能与其他飞机上的系统密切相关,因此必须在硬件环境下进行广泛的试验,以验证和测试航空电子的系统设计要求。为此,各国的航空电子开发商都采用了航空电子系统综合试验设施,在该试验设施中可以用软件模型取代部分未有的硬件,进而组成"混合原型机"开展相关试验工作。

5) 仿真试验

现代军用飞机航空电子系统的"试验矩阵"非常庞大,已不能再采取完全依赖试飞的方法。因此,目前在航空电子系统开发过程中越来越依赖建模与仿真技术,以减少研制和作战适用性评估的过程,特别是减少飞行试验时间,从而降低电子系统特别是电子战系统的试验成本。从事飞机总体和航空电子综合技术研究的单位,大都建有大型实验室和配有齐全的设计工具,在航空电子系统动态模拟综合试验设施上可进行航空电子系统的数字仿真、半物理仿真、全物理仿真,以全面校验航空电子系统综合设计的正确性。

6) 飞行控制系统试验

飞行控制系统试验是对飞机飞行控制系统的性能、可靠性进行的试验,包括地面试验和飞行试验。飞行控制系统地面模拟试验有静、动态性能试验,飞行品质验证与分析,人在回路中的飞行品质检查,故障模式及安全性检查,故障瞬态,模态转换瞬态等。飞行控制系统地面机上试验有系统静、动态特性检查,全机电磁兼容性及结构模态耦合试验。飞行控制试验的地面试验一般在"铁鸟"台上进行。

7) 飞机机电系统试验

飞机机电系统试验主要包括电气系统、液压系统、燃油系统、机轮刹车系统、防冰系统、生命保障系统、环境控制系统等各类飞机系统的试验。各种飞机系统在研制过程中,通常要对零部件、设备和系统进行试验。零部件和设备研制中的试验包括性能、环境、耐久、可靠性和寿命试验等。

① 电气系统试验。飞机电气系统模拟试验又称全机电网路模拟试验或电气系统全尺寸台架模拟试验,用于确定电气系统在各种工作条件下的性能,以及是否能向飞机上的所有用电设备提供满足设计要求的电能。此外,在飞机电气系统模拟试验之前,发电机、恒速传动装置、大功率变换装置等各种部件以及供电系统和配电系统,也必须在地面进行各种试验。

② 液压系统试验。液压系统试验是现代飞机必须进行的试验,用以验证系统工作性能和可靠性,之后才能进行空中飞行试验。模拟试验台上所安装的液压元件、辅助附件和其他设备与飞机上的一样,并有液压系统各操纵部分的负载模拟装置。由于现代飞机的操纵系统与液压系统关系密切,常把液压系统模拟台与操纵系统模拟台合为一体,故称全机液压系统模拟试验,又称"铁鸟"试验。试验目的是考核液压系统的设计、训练试飞员和作为验收飞机的手段。试验内容主要包括性能试验、故障试验、寿命试验和环境试验。

③ 燃油系统试验。燃油系统和附件地面试验大致分为两类:成品附件装机前的性能试验、验收试验和鉴定试验;燃油系统的各项试验,包括在各种飞行姿态下的供油试验、输油试验、油箱通气和增压试验、油耗顺序和重心位置变化试验、加油和放油试验、剩余油量测定和信号指示系统试验等。

④ 机轮刹车系统试验。机轮刹车系统试验是模拟飞机在着陆滑跑状态下刹车系统动态特性,以测定系统和附件性能参数的试验,是研究和评定系统性能的重要方法。试验有全数字模拟、半物理模拟和全物理模拟三种。

⑤ 防冰系统试验。防冰系统试验是验证飞机防冰系统是否达到设计要求和不防冰的部件迎风表面上结冰时对飞机飞行性能影响的试验。验证系统为保证飞机在预定结冰气象条件下安全飞行的工作效能,需进行有关地面试验和飞行试验,不仅要测定系统本身的参数,而且需要测定结冰气象参数。防冰系统地面试验主要在冰风洞中进行。冰风洞试验主要是测定防冰系统的最小需用功率(热空气流量、防冰液消耗量或耗电功率),确定防冰系统的设计方案。

⑥ 生命保障系统试验。生命保障系统试验主要包括弹射救生设备试验和个体防护设备试验。弹射救生设备试验包括地面抛盖(穿盖)试验、火箭滑轨试验、地面静止弹射试验、地面有速度弹射试验和空中弹射试验(飞行试验)。火箭滑轨试验是目前世界上最广泛应用的一种弹射救生设备试验,是一种以火箭滑车为工具,在专用的火箭滑轨上运行,模拟飞行状态条件进行的试验。个体防护设备试验包括供氧系统试验、头盔试验和抗荷设备试验。

⑦ 环境控制系统试验。试验项目主要包括:空气调节系统地面模拟试验、座舱压力调节系统

试验、座舱气密性试验、座舱热载荷试验和飞机座舱空调系统试验等。为了模拟飞机高空飞行时机载设备舱里的工作环境物理参数,包括温度、气压以及振动、冲击等,需要建设高空模拟试验舱。

8) 武器系统试验

武器系统试验是为鉴定武器系统的战术性能指标和可靠性所做的试验,主要包括以下几个方面。

① 机载武器地面静态试验。地面静态试验指的是机载武器的部件、设备或系统在实验室的模拟环境或试验场对其性能、可靠性和安全性进行的试验,包括机载武器的部件、设备和整个武器的试验,如弹道性能试验、弹药威力/效能试验、可靠性试验与寿命试验等,以及武器与火控系统地面联合试验和武器地面发射试验等。对于不同类型的机载武器,还有一些特定的武器试验项目,例如导弹试验包括导弹的风洞试验、导弹仿真试验、导弹发动机试验等。

② 机载武器地面发射试验。地面发射试验是指机载导弹和火箭弹在进行空中发射试验之前,要先在地面试验靶场模拟导弹和火箭弹的真实工作状态进行地面发射。地面发射试验的目的是为确保飞行员和飞机的安全,减少空中飞行试验的次数,以便初步检查导弹和火箭弹各部件、全弹以及发射系统的安全性和可靠性,并根据试验结果确定是否能进行空中发射试验。

地面发射试验的目标通常以简易靶标代替。对红外制导导弹,可用小型照明弹或小型曳光管;对雷达制导导弹可用航模靶机、角反射体等。发射架可以是固定式或随动式的。

③ 火控系统地面试验。火控系统试验主要包括火控系统联合地面试验、装机试验。火控系统联合地面试验是按火控系统接口关系要求,在实验室条件下对组成系统的各部分产品进行交联,全面检查其接口关系与功能的试验。它必须按接口控制文件要求,测出各信号的品质和精度,检验系统功能的协调性和正确性,以便保证与正式装机使用的效果一致。

火控系统装机试验是按火控系统接口关系要求,在装机条件下对组成系统的各部分产品进行交联,全面检查其接口关系与功能的试验。

9) 航空发动机试验

为验证发动机及其部件的性能、适用性和耐久性而进行的试验称为发动机试验。一般将整台发动机的试验称为试车。

在航空发动机试验中,按不同的技术指标可分为性能试验、适用性试验和耐久性试验。性能试验是在地面和飞行状态下,测量发动机的推力和耗油率等性能指标,以及空气流量、压力、温度和各部件的性能。适用性试验测定发动机工作特性对油门杆和进气流场条件变化的响应,重点是进气道-发动机-喷管的匹配。耐久性试验包括低循环疲劳寿命、应力断裂或蠕变寿命、抗外来物破坏和包容能力等机械结构强度的试验。环境试验是检验发动机及其附件在不同环境推进下的工作适应性以及环境对发动机影响的试验,包括:恶劣大气条件(高低温、潮湿、霉菌、电磁、核辐射)试验,吞咽(风、烟、鸟、冰、水、沙、尘、机械硬件)试验,噪声试验,排气发散试验和特征信号(红外信号和雷达截面积)试验。环境试验可以在地面设备、模拟高空试车台或专门的户外试验设备上进行。

3. 飞行试验

飞行试验(简称试飞)是指飞机、发动机、机载设备及机上各系统在真实的飞行条件下进行的各种试验。通过试飞可获得实际试验数据和知识,探索未知的飞行现象,验证航空新技术、方案和原理,鉴定航空产品是否满足规定的战术技术要求或适航标准。

飞行试验按其性质可分为研究性飞行试验和型号飞行试验。

(1) 研究性飞行试验

研究性飞行试验是探索未知领域、研究新技术、检验新理论和为研制新飞机提供数据的飞行试验,一般侧重于基础理论和应用技术的探索、验证,有时也针对某新一代型号要求进行特定的专门技术的研究。研究性飞行试验取得的一些重大成果往往能对航空科学、航空事业的发展产生历史性影响。

历史上有不少重大航空技术是由专用的研究性飞行试验突破的。例如,美国利用 X-1 研究机突破了声障,从而使人类跨入了超声速飞行的新纪元;面积律、变后掠翼、三角翼理论,以及电传操纵、推力矢量技术等,都是通过研究性试飞才得以进入实际使用。

世界上航空发达国家对研究性试飞都极为重视,专门设置有研究性试飞机构,如美国航空航天局的德莱顿飞行研究中心、英国皇家航空研究院的飞行试验部等。研究性试飞的主要工具是研究机和试验机。研究机和试验机通常是专门研制或用现役飞机改装而成。

(2) 型号飞行试验

型号飞行试验是以型号产品(飞机、发动机、机载设备和机上各系统)为试验研究对象,侧重于其性能和可靠性的试验与鉴定。

型号飞行试验按其任务、时机不同又可分首飞、调整试飞、鉴定试飞、使用试飞、出厂试飞、验收试飞,以及作战飞机的飞行试验及民用飞机的适航审定试飞等。

① 首飞。新研制型号的原型机首次升空的飞行称为首飞。

② 调整试飞。调整试飞又称发展试飞。首飞后,鉴定试飞前,为调整飞机、发动机及机上各系统、机载设备,使其符合鉴定试飞飞机移交状态而进行的飞行试验,目的是暴露设计和制造的缺陷,排除故障,使新机达到设计的基本要求或达到预定的性能,为型号鉴定试飞做准备。

③ 鉴定试飞。鉴定试飞又称验证试飞,俗称定型试飞,是对经调整试飞后已处于定型状态的新研制飞机、发动机及机载设备等,为获取性能数据,并全面鉴定其是否达到战术技术指标和使用要求而进行的试飞,目的在于为型号定型投产提供试飞依据。鉴定试飞应按主管部门批准的试飞大纲进行,主要试验内容包括:全面鉴定飞机、发动机及机载设备等性能参数是否满足战术技术指标和使用要求;评定飞机系统、动力装置、机载设备的匹配性、适应性、可靠性和维修性;确定与型号配套的地面辅助设施、随机设备和工具、随机备件和资料的适用性。

对于民用飞机来说,其鉴定试飞又称型号合格审定试飞,是指由适航当局批准和监控进行的民用飞行器审定试飞,旨在通过此类试飞,确定该型号产品是否已达到民用航空条例和有关专用条件所规定的设计标准,以确保其在规定的各种飞行条件下安全可靠地使用,并最终获得型号合格证。

④ 使用试飞。使用试飞是在鉴定试飞后,由使用方对型号飞机在各种拟定的使用条件下,考核是否满足使用要求而进行的试飞,主要任务与内容如下:在实际使用条件下全面考核飞机使用性能,研究有效的使用方法、最佳作战方案和训练方案;为编写和修订飞机飞行手册、条令、条例、规程等技术文件获取必需的补充数据;确定新飞机维护人员的组织编制和技术训练要求;确定外场的后勤保障条件(通信、导航、航材、油料、地面设备、定检及维修等);进行飞行和机务训练,培养飞行员和机务人员;同时也为进一步暴露和发现设计缺陷,为改进改型提供线索与依据。只有在使用试飞后,新研制的飞机才能正式装备部队或投入航线使用。这类试飞一般由飞机使用部门利用各自的试验基地或指定的部门,在多种实际条件下进行。为保证试飞结果具有代表性,通常需要投入一定批量的飞机进行使用试飞,如作战飞机一般投入 10~20 架,民用飞机则为几架。

⑤ 出厂试飞。出厂试飞是经国家批准定型投产的批生产飞机,按照订货方和制造厂签订的

合同,为检验飞机生产质量而进行的试飞,可分为交付试飞和抽查试飞两种。前者主要考核每架飞机各系统和重要部件、机载设备的工作可靠性,评定飞机工艺质量,确定飞机是否符合交货合同规定的技术指标,能否提供订货方使用;后者主要检查一批飞机生产质量的稳定性,通常从同一批次飞机中抽出一定比例的飞机,检查若干特定的项目,检查飞机能否保证达到规定的设计指标。出厂试飞一般由飞机制造厂组织实施,订货方代表现场监督。

⑥ 验收试飞。验收试飞是根据订货合同规定的验收项目,订货方(部队或航空公司等)对飞机及其系统和机载设备的基本性能和质量进行验收考核而实施的试飞。通常由订货方派人到制造厂实施。有些国家将出厂试飞和验收试飞合并进行,订货方只在飞机转场前作检查性试飞。

⑦ 作战飞机的飞行试验及民用飞机的适航审定试飞。现代战斗机飞行试验的内容主要包括空气动力和性能、推进系统、飞行控制和飞行品质、结构、着陆系统、机械系统、燃油系统、航空电子系统、武器系统、电气系统及生命保障和环控系统。

民用飞机的适航审定试飞需按照有关适航标准进行。民用飞机飞行试验包括性能试飞和飞行品质试飞两大部分。性能试飞内容包括总、静压系统校准,失速性能,起飞性能,爬升性能,巡航性能和着陆性能。飞行品质试飞是验证飞机稳定性、操纵性和机动性与有关适航标准相符合的唯一有效手段,包括操纵性和机动性、配平、稳定性、失速特性、地面和水面操纵性、抖振、高速特性以及失配平特性等八大飞行品质指标。对飞机飞行品质的评定,大多数取决于试飞员的亲身体验核定性判断,而试飞过程中所记录的数据实质上仅起到证实的作用。

A380是空客公司发展的巨型民用客机,2005年4月27日实现首次飞行,随后开始了飞行试验项目。项目共有5架飞机参加,整个A380试验计划累计超过2 500飞行小时,于2006年12月14日获得美国联邦航空局(FAA)和欧洲航空安全局(EASA)的型号合格证。

1.3.4 航空器维修

航空器维修的目的是维持和恢复航空器的技术状态以满足使用要求。从飞机问世之日起,航空器的维修思想经历了一系列的变化,特别是近30多年以来,随着飞机制造技术的提高,先进的维修手段不断出现,维修经验不断增加,飞机维修理论和维修思想也不断完善。在20世纪60年代,世界航空维修业进行了全球性的变革,指导飞机维修活动的航空维修观念发生了巨大的变化,逐步形成了一种新的现代航空维修思想。

航空维修中的几个重要概念包括可靠性、故障、失效等。可靠性是指技术装置(器件、构件、部件、系统)在规定的使用条件下和预期的使用时间内保持其规定功能的能力;故障是指技术装置的主要性能指标部分或全部超出规定的范围,故障率(某个时刻发生故障的概率)越高则可靠性越低;失效是指技术装置发生不可修复的故障。

航空器的维修类型包括预防性维修、恢复性维修和改进性维修。

预防性维修是通过对机件的检查、检测,发现故障征兆以防止故障发生,使其保持在规定状态所进行的各种维修活动。预防性维修包括擦拭、润滑、调整、检查、更换和定时翻修等。预防性维修是在设备发生功能故障(影响正常使用功能的故障)前预先进行的,通过查看、检测、诊断判明航空器及其装备的技术状况是否良好,及时发现并排除失常(缺陷)和潜在故障,并采用更换到寿件等措施,保证航空器的可靠性。这种维修主要用于故障后果会危及安全和影响任务完成,或导致较大经济损失的情况。

恢复性维修是指设备或其机件发生故障后,使其恢复到规定状态的维修活动,也称排除故障维修或修理。恢复性维修包括:故障定位、故障隔离、分解、更换、调校、检验、修复损伤件等。恢复性维修的依据有机组报告的故障、航空器运行中发生的不正常事件、预定维修中发现的失效和故障等。

改进性维修是指对设备进行改进或改装,以提高设备的固有可靠性、维修性和安全性水平。改进性维修是维修工作的扩展,实质上是修改设备的设计,应属于设计、制造的范畴,但由于维修部门职责是保持、恢复设备的良好状态,因此在设备固有可靠性、维修性和安全性水平不足时,改进性维修是进行有效预防性维修和恢复性维修工作而采用的一种补充手段,也是设备改进循环中的一个必要环节。

1. 现代航空维修思想

现代航空维修思想是以可靠性为中心的维修思想,是建立在综合分析航空器可靠性基础上,根据不同零部件的不同故障模式和后果,采用不同维修方式和维修制度的科学维修思想。现代维修思想的实质就是采用最经济有效的维修,对航空器的可靠性实施最优控制。

以可靠性为中心的维修思想是相对于传统维修思想而言的。传统维修思想也称为以定时维修为主的维修思想。它基于这样一个概念,即设备的每个机件工作时就会出现磨损,磨损就会引起故障,有故障就存在不安全性。因而每个机件的可靠性与使用时间有直接的关系,都有可以找到一个定时拆修间隔期,即"到寿"必须拆修,以确保安全性,并且认为定时维修工作做得越多,可靠性就越高,为此常常靠缩短拆修间隔期的办法来预防故障的发生。然而出乎意料的是,不管怎样缩短拆修间隔期,或加大拆修范围及拆修深度,很多故障仍然不能防止或有效减少。频繁的维修,不仅降低了设备的可用率,而且消耗了大量的人力和物力,增加了维修费用。

20世纪50年代末,美国航空公司的维修费用约占使用总费用的30%。频繁维修形成了"买得起,用不起"的现象,由此使人们对多做维修工作能预防故障的效果产生了怀疑。1960年,美国联合航空公司首先提出"我们懂得飞机维修基本理论吗?"和"我们懂得为什么要做所做的事吗?"这两个问题。

1960年,美国联邦航空局与航空公司双方的代表组成一个工作小组,对可靠性与拆修间隔期之间的关系进行研究。1961年颁布了《联邦航空局/航空工业可靠性大纲》。该大纲指出:"过去人们过分强调控制拆修间隔期以达到满意的可靠性水平,然而经过深入研究后我们深信,可靠性和拆修间隔期的控制并无必然的直接联系,这两个问题需要分别考虑。"这个研究成果对于传统维修观念(机件两次拆修间隔期的长短是影响可靠性的重要因素)是一个直接的挑战。

1966年,美国航空运输协会成立了一个维修指导小组(Maintenance Steering Group, MSG),专门研究各型航空器的维修指导思想和制定预防维修大纲的方法。

1968年,美国航空运输协会编写出《MSG-1维修手册》,用于制订波音747飞机预防性维修大纲。这是以可靠性为中心的维修理论的第一次成功应用。例如,对该型飞机每飞行2万小时所做的结构大检查只需6.6万工时,而按照传统方法,对于一架小得多的不怎么复杂的DC-8飞机进行同样的结构检查需要400万工时,相差60倍。

1970年,形成了MSG-2并用于制订洛克希德L-1011和道格拉斯DC-10飞机的初始维修大纲,结果很成功。按传统的维修大纲,需要对DC-8飞机的339个机件进行定时拆修,而基于MSG-2的DC-10飞机维修大纲中只有7个需要定时拆修的机件,甚至涡轮喷气发动机也不属于定时拆修的机件。这样不仅大大节省了劳动力和降低了器材备件的费用,而且使送厂拆修所需的备份发动机库存量减少了50%以上。这种费用的降低是在不降低可靠性的前提下达到的。

1978年,美国联合航空公司诺兰等受国防部的委托出版了专著《以可靠性为中心的维修》,

使以可靠性为中心的维修理论又向前迈进了一大步,从此人们把制订预防维修大纲的逻辑决断分析方法统称为 RCM(Reliability-Centered Maintenance)。1980 年,西方民航界吸收了 RCM 法的优点,将 MSG-2 修改为 MSG-3。目前 MSG-3 已成为世界民用航空界共同认可的民用航空器维修原则,各国航空管理当局也都推荐用 MSG-3 制订飞机的维修大纲。

以可靠性为中心的维修思想的基本原理如下:

① 定时拆修对复杂设备的故障预防几乎不起作用,但对简单设备的故障预防有作用。

② 提出潜在故障的概念,可使设备在不发生功能故障的前提下得到充分的利用,提高了经济性。

③ 检查并排除隐蔽功能故障是预防多重故障严重后果的必要措施。

④ 有效的预防性维修工作能够以最小的资源消耗来保持设备的固有可靠性水平,但不可能超过这个水平,要想超过这个水平,只有重新设计设备。

⑤ 预防性维修能降低故障发生频率,但不能改变故障的后果,只通过设计才能改变故障后果。

⑥ 预防性维修工作是根据故障的后果和所做的维修工作既要技术可行又要有效来确定的,否则,不做预防性维修工作,而是要考虑更改设计方案。

⑦ 设备使用前的初始预防性维修大纲制订后,需要在使用期间收集使用数据资料,不断修订,逐步完善。

⑧ 预防性维修大纲只有通过飞机使用维修部门和飞机研制部门长期共同协作才能逐步完善。

2. MSG-2 维修分类

以 MSG-2 为设计指导思想的航空器维修工作是按维修方式进行分类的,这些维修方式包括定时维修、视情维修和状态监控。定时维修是指给机件规定一个时限,该机件使用到这个时限,就采取一定的措施(翻修或更换);视情维修是指有计划地定期检查机件的技术状态,根据机件本身的实际技术状况,确定翻修或更换的时机以及翻修工作的内容(一般情况下,当机件的视情检查参数超出了规定的限制值时,则要进行翻修或更换);状态监控是指不进行预防性工作,当机件发生故障后再作修复或更换。

(1) 定时维修

定时维修的目的是预防故障的发生,特别是预防有安全性后果或重大经济性后果的故障发生。定时维修的适用条件如下:

① 机件的功能故障具有耗损特性,即故障率随时间递增,但又不具有视情检查条件的机件,其故障对飞行安全产生直接有害的影响或有重大经济性后果;

② 机件的可靠性水平随工作时间(工龄)而衰减。

定时维修的优点是工作明确,管理简单,风险小;缺点是工作量大、效率低、浪费大。只要定时维修的机件达到它的使用时限,不管其本身实际技术状况如何(也许还相当完好),都要进行翻修或更换,往往不能充分利用它的可用寿命,还可能增加维修后的早期故障甚至产生人为故障。

定时维修方式在数十年中都曾是航空器预防性维修的唯一方式。当这种方式所体现的传统维修思想变革为现代维修思想后,定时维修方式依然保存下来。今日的定时维修方式已经消除了过去的经验性(凭经验确定时限)而被赋予了科学的内容。例如,一些限寿件仍按固定的时限更换,但是它的安全寿命和经济寿命都是用科学的方法制定的。

(2) 视情维修

视情维修的目的是发现潜在故障状态和故障状态的变化趋势,及时采取措施,预防功能故障发生。

视情维修的适用条件:有能够代表机件技术状况的检测参数;要有客观的、科学的参数判断标准;要有一定的检测手段;航空器设计的同时就要考虑到视情维修的要求,进行视情设计,可达性和适检性要好;机件的功能故障的发生是渐变性的,从缺陷发展到功能故障有一个较缓慢的时间过程。

视情维修的优点是能够充分利用机件的寿命,维修针对性强,检查工作量小,效率高,不需要分解检查,而采用原位或离位检查、测试的方法,可以缩短定期检查工作的时间,提高飞机的利用率;缺点是维修管理复杂,实行视情维修需要一定的条件,需要购置检查测试设备,风险较大。

(3) 状态监控

状态监控的特点是对机件不规定使用时限,也不作视情检查,采用的是发生故障后的事后处理方法,积累故障发生的信息,进行故障后果和趋势分析,制定标准,必要时采取纠正措施,从总体上监控这些机件的可靠性水平。

状态监控的适用条件:当机件发生故障时,对飞行安全没有直接有害的影响;机件没有隐蔽,其故障对机组人员来说是明显的。

状态监控的优点是能够最充分地利用机件的寿命,使平时维修工作量达到最低限度;缺点在于,实行这种维修方式,首先必须利用设计和试验资料,做机件的故障模式、影响和危害性分析,必须确保机件故障不影响安全和使用,而且维修人员的排故水平要高。

现代大型运输飞机大约5%的项目采用定时方式,20%的项目采用视情方式,75%的项目采用状态监控方式。三种基本维修方式之间既没有明确的分界线,也没有绝对的方法来确定哪种方式适用哪种项目。这三种方式没有等级上下之分,也没有任何隐含的重要性排序。正确的维修方式首先取决于航空技术装备的设计,其次由航空公司的安全性和经济性要求来决定。由于各航空公司的机队规模、工作环境、航线结构、维修经验和数据分析能力的不同,强制规定某个维修项目统一归于某种方式是不可能的。

3. MSG-3 维修分类

对于以 MSG-3 为指导思想的航空器,维修工作是按维修任务来分类的,主要包括:润滑及勤务,施以润滑或检查及更换必要的液体;清洁,清除飞机及其设备外部和内部的各种污染物;空勤组监控,监控某个项目的使用,发现潜在故障;隐患(使用性)检查,检查隐蔽功能项目的故障;检查,对照特定的标准来检验某个项目;功能检查,确定某个项目的一项或多项功能是否在规定的限度内完成;恢复,使项目返回到特定标准的必需的工作,以清理或单个零件的更换直至完全的翻修;报废,在寿命时限内将某个项目拆下,并永远不再使用。

思考题

1. 简述飞行器在研制过程中需要完成的主要地面试验。
2. 简述飞行器在研制过程中需要完成的主要飞行试验。
3. 简述飞行器设计的主要方法。
4. 与一般的机械制造相比,飞行器制造有哪些特点和特殊要求?
5. 简述 MSG-2 和 MSG-3 的不同之处。

第 2 章　飞行器的飞行原理

飞行器研制所要解决的首要问题是如何使其可控地飞行。本章将介绍飞行的基本原理，包括升力与阻力的产生以及飞行器的控制等。

2.1　飞行环境概述

飞行器的飞行活动与其所处的环境有着密不可分的关系。对于不同的飞行环境，飞行器的结构、材料、动力装置等是不同的，相应的飞行原理也有显著差别。因此，在了解飞行原理前，了解飞行器的飞行环境非常重要。对于航空器而言，飞行的主要环境为地球表面的大气层；对于航天器，除了地球大气层之外，还要在临近空间、星际空间乃至其他星球的表面飞行。

2.1.1　大气飞行环境

大气层是指包围地球的空气层，是航空器唯一的飞行环境，也是导弹与航天器飞行的重要环境。大气层没有明显上限，其总质量的90%集中在地球表面15 km高度以内，99.9%集中在50 km高度以内；2 000～3 000 km以上，大气极其稀薄，接近星际气体密度，通常将这一高度作为大气层顶界。大气层的各种特性沿铅垂方向上的差异非常显著，例如空气密度和压强都随高度增加而减小。在10 km高度，空气密度相当于海平面空气密度的1/3，压强约为海平面压强的1/4；而在100 km高空，空气密度是地面空气密度的千万分之四，压强是地面的千万分之三。大气密度随高度的变化如图2.1所示。

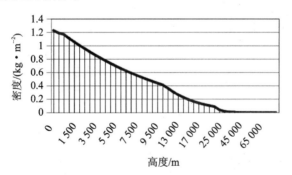

图 2.1　大气密度随高度的变化

以大气中温度随高度的分布情况为主要依据，可以将大气层划分为对流层、平流层、中间层、电离层（热层）和散逸层五个层次，如图2.2所示。对流层和平流层是目前航空器的主要飞行环境。

1. 对流层

对流层是贴近地球表面的一层，底界是地球表面，顶界则随地球纬度、季节等情况而变化。对流层的顶界，在赤道区平均为17～18 km，在中纬度地区平均为10～12 km，在南北极地区平均为8～9 km；也就是说，由赤道向南北极，随着纬度的增加，对流层顶界逐渐降低。就季节而

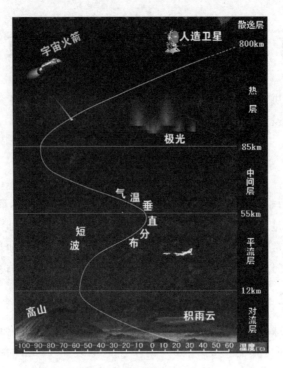

图 2.2 地球大气的分层

言,夏季的对流层的顶界高于冬季。

对流层有以下特点:

① 气温随高度的升高而降低。在对流层内,平均每升高 100 m,气温下降 0.65 ℃,所以又叫变温层。该层的气温主要靠地面反射太阳的红外辐射而加热,所以离地面越近,空气就越热,气温随高度的增加而逐渐降低。爬过高山的人都知道山上比山下冷,就是这个道理。如以海平面的平均温度 15 ℃为起点,到 11 000 m 高空,气温将下降到 −56.5 ℃。

② 有云、雨、雾、雪、雹等天气现象。地球上的水受太阳照射而蒸发,使大气中聚集大量各种形态的水蒸气,而它们几乎都集中在对流层内,因而在不同的气温等条件下,对流层会形成云、雨、雾、雪、雹等天气现象。

③ 空气上下对流激烈。由于地面有山川、湖泊、沙漠、森林、草原、海洋等不同的地形和地貌,因此造成垂直方向和水平方向的风,即空气发生大量的对流。例如森林吸热少、散热慢,而沙漠吸热多、散热快,因而沙漠上面的空气被加热得快,温度较高,向上浮升,四周的冷空气填入所离开的空间,因而造成上升气流和水平方向的风。

2. 平流层

平流层位于对流层之上,顶界伸展到 50~55 km,空气稀薄,所包含的空气质量约占整个大气质量的 1/4。在平流层内,空气没有上下对流,只有水平方向的风。这种水平风的形成,是由于高空中空气稀薄,摩擦力减小,当空气随着地球自转而运动时,上层空气落后于下层空气,就形成了与地球自转方向相反,方向一定的水平风。

平流层在 25 km 高度以下,因受地面温度的影响较小,气温基本保持不变,平均温度为 −56.5 ℃,所以又叫同温层。高度超过 25 km,气温随高度增加而上升,这是因为该层存在着臭氧,会吸取太阳辐射热。

3. 中间层

中间层在平流层之上,离地球表面 50~85 km。在这一层内,气温先是随高度增加而升高,在 53 km 高度处气温约为 10 ℃;然后又随着高度的增加而降低,在 80 km 高度处降低到约 −40.5 ℃。在此高度层内空气非常稀薄,质量仅占整个大气质量的 1/3 000。

4. 电离层

电离层从中间层顶延伸到 800 km 高空。这一层的特点是空气极为稀薄,仅占总大气质量的 0.5%。在这一高度,大气中的氮、氧分子由于受到宇宙高能粒子的冲击和照射,被电离成为离子和自由电子。在地球两极出现的"极光"现象,就是由于空气被电离而形成的。电离层中的大气具有很强的导电性,能吸收、发射和折射无线电波,因而某些频率的无线电波可以通过在电离层的折射和反射后沿地球的曲面传送,这对远距离无线电通信起着很大的作用。

电离层的另一特点是温度随高度的增加而增加,这是由于电离层中宇宙尘能吸收太阳热量,并且空气在电离时释放出很多热量,所以电离层又称为热层。

5. 散逸层

散逸层又称外层,是地球大气的最外层,其边缘和极其稀薄的星际气体没有明显的分界,一般认为在 2 000~3 000 km 的高度。由于远离地面,受地球引力作用小,因而大气分子不断向星际空间逃逸。

2.1.2 空间飞行环境

空间飞行环境是航天器飞行的主要环境,包括自然环境和诱导环境。前者包括真空、电磁辐射、高能粒子辐射、等离子体以及微流星体的冲击等;后者指航天器或其某些系统工作时诱发的环境,如失重、振动、冲击以及感应磁场等。

空间飞行环境又分为地球空间环境、行星际空间环境以及恒星际空间环境。

1. 地球空间环境

地球空间环境包括地球高层大气环境、电离层环境和磁环境。高层大气的密度和压强均随高度增加以指数形式下降,最后接近真空。

在距离地球表面 600~1 000 km 的高空,存在一个磁层,其顶层与地面的距离约为地球半径的 8~11 倍。在磁层中,存在着密集的高能带电粒子辐射带,称为"范·艾伦辐射带",如图 2.3 所示。该辐射带对于航天器的飞行、航天员的安全以及通信有很大的威胁。

2. 行星际空间环境

行星际空间是指太阳系中围绕太阳和行星的空间范围,是一个广阔的高真空度、低温、失重的空间,存在着太阳连续发射的电磁辐射、爆发性的高能粒子辐射和稳定的等离子体流(太阳风)。这里的环境除了受太阳活动的影响之外,还受到来自银河系和微流星等的影响。

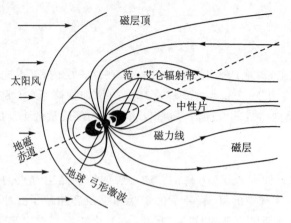

图 2.3 磁层与范·艾伦辐射带

3. 恒星际空间环境

恒星际空间是指太阳系以外的各恒星之间的空间范围,接近完全真空环境,十分广袤,人类至今对它的认识少之又少。1977年,美国发射了深空探测器"旅行者"1号,经过了30余年的飞行,于2014年被科学家证实并确认其飞出了太阳系,成为人类历史上第一个飞出太阳系的飞行器。

2.1.3 临近空间飞行环境

从航空航天工程对资源利用的角度来讲,大气层从低到高可分为航空层(20 km 以下)、临近空间层(20~100 km)和空间层(100 km 以上)。其中临近空间是高于一般飞机的飞行高度,又低于卫星的运行轨道,是迄今人类尚未很好开发利用的空间。

临近空间纵跨平流层、中间层和部分热层,空气比较稳定,大气以水平运动为主,平均速度10 m/s,层内干燥,水汽、杂质较少,湿度接近于零,温度几乎不变,适合超高空长航时飞行平台(如超高空气球、飞艇)等以及采用吸气式动力的飞行器平稳飞行。但较高的臭氧浓度,紫外线的影响以及较低的空气密度和高度电离的空气也给飞行器带来了新的挑战。

随着科学技术水平的不断发展,临近空间平稳规律的风场、高的太阳能利用效率、新的通信资源等均为临近空间飞行器的发展创造了有利条件。

思考题

1. 大气分为几层?各层有什么特点?
2. 对大型客机来说,在大气的哪一层中飞行最为理想?为什么?
3. 对于航天器而言,飞行环境产生的不良影响有哪些?

2.2 气体流动的基本规律

流体绕流物体时,它的各个物理量,比如速度、压力和温度等都会发生变化。这些变化必须遵循质量守恒定律、牛顿运动三定律、热力学第一定律(能量守恒与转换定律)、热力学第二定律等基本物理定律。用流体流动过程中的各个物理量描述的基本物理定理是理论分析和计算的出发点,也是获得飞行器空气动力特性与规律的基础。

2.2.1 大气的物理性质

1. 大气的状态参数和状态方程

大气的状态参数是指它的压强 p、温度 T 和密度 ρ。对一定数量的气体,这三个参数即可决定其状态。它们之间的关系可以用气体状态方程表示,即

$$p = \rho RT \tag{2-1}$$

式中,T 为大气的热力学温度(K);R 为大气气体常数,其值为 287.05 J/(kg·K)。

大气状态参数随飞行高度的变化而变化,不仅对作用在飞机上的空气动力有影响,还对飞机发动机产生的推力有很大的影响。

2. 连续性

气体由大量分子组成。在气体中,分子之间的联系非常微弱,气体能充满其所处的空间,且没有固定外形。由于空气中的飞行器外形尺寸远远大于气体分子的自由行程(一个空气分子经一次碰撞后到下一次碰撞前平均走过的距离),因此在研究飞行器和大气之间的相对运动时,可将气体看作连续的介质,忽略分子间的距离,这就是连续性假设。连续性假设不仅为描述流体的物理属性和流动状态带来了便利,而且是使用数学工具开展理论研究的基础。

在航天器所处的高空大气层和外层空间,空气稀薄,分子间平均自由行程很大,在这种情况下,大气就不能看作连续介质了。

3. 黏 性

大气的黏性是其在流动时表现出的一种物理性质。

首先看一个能表现出大气黏性的实验。假设有一股直匀流动气流(气流是直线的;速度 v_∞ 在每一层均一),在气流里顺着气流放置一块无限薄的平板,用尺寸十分微小的测量风速的仪器去测量平板附近沿平板法线方向气流速度的分布情况,测量结果如图 2.4 所示。气流在没有流到平板之前是均一的,流到平板上后,贴着板面的那层气流速度降为零;沿平板的法线向外,气流速度由零逐渐变大,直到离平板一定距离的地方流速才和原来的流速 v_∞ 没有显著的差别。这个实验体现了气流速度会受到临近物体的牵制,而产生这种牵制作用的原因就是黏性。

为了便于说明黏性的产生原理,我们设想把流动空气划分为若干层,取出其中相邻的两层流动气体来研究,如图 2.5 所示。当相邻两层气流速度不一致时,分子间的内聚力,层间空气分子会相互牵制,阻止两层空气的相对运动。另外,空气分子存在不规则运动,从图中可以看出,当下层流动快的空气分子由于不规则运动而侵入上层时,就会将动量带给上层空气,促使其加速。同样,如果上层流得慢的空气分子进入下层,则会降低下层空气的动能,使其减速。所以说,分子间的内聚力以及空气分子的不规则运动,都造成了大气的黏性。但由于空气分子之间距离相对较大,内聚力较小,因此空气分子的不规则运动是大气产生黏性的主要原因。

相邻大气层相互牵扯的作用力叫作大气的黏性力,或称大气的内摩擦力。大气流过物体所产生的摩擦阻力也与大气的黏性有关。

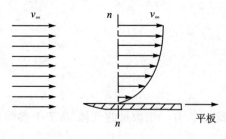
图 2.4　空气黏性实验示意图

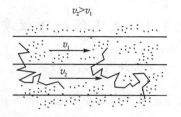
图 2.5　流速不同的两相邻大气层

4. 可压缩性

气体的可压缩性是指当气体的压强改变时,其密度和体积也会发生改变。不同状态下物质的可压缩性也不同。液体对于这种变化的反应很小,因此通常将液体看作是不可压缩的;而气体对这种变化的反应很大,因此通常认为气体是可以压缩的。

当大气流过飞行器表面时,由于飞行器相对大气的压缩作用,大气压强会发生变化,密度也随之变化。当气流速度较小时,压强变化量较小,其密度变化也很小,因此在研究大气低速流动的相关问题时,通常不考虑大气的可压缩性。但当大气流动的速度较高时,这种性质变得不可忽略,因此高速飞行与低速飞行时的空气动力有着显著区别,有些方面甚至会发生质的变化。

5. 声　速

声速是指声波在物体中传播的速度。声波是由一个振动的声源在介质中传播时产生的机械波。比如敲击鼓面时,鼓面的振动对附近的空气产生了压缩或者扰动,空气的密度和压强发生了变化,这种变化在空气中传递形成了扰动波,这是空气被压缩和膨胀的结果。这种扰动波传递并作用到人的耳膜上,人就感觉到了声音,这就是声波的传递过程。

声速的大小和传播介质有关。实验表明,在海平面标准状况下,空气中的声速为 341 m/s。而在水中,声速约为 1 440 m/s。这是因为水比空气更难压缩。介质的可压缩性越小,声速越大。空气的密度和压强会影响其可压缩性,因此,不同密度和压强下的空气中声速不同。例如,在 11 000 m 的高度下,由于空气密度下降,压强降低,空气更容易被压缩,因此此处的声速将降低至约 296 m/s。

6. 国际标准大气

如前所述,大气的物理性质(温度、密度、压强等)随着地理位置、季节和高度的变化而变化,这样就使得航空器上产生的空气动力也发生变化,从而使航空器的飞行性能发生变化。为了在进行航空器设计、试验和分析时所用大气物理参数不因地而异,必须建立一个统一的标准,即所谓的标准大气。国际标准大气是国际权威性机构或组织,依据实测资料,用简化方程近似表述大气温度、密度、压强、声压等参数的平均铅垂分布的一种"模式大气"。按照上述方程计算出的大气参数沿高度的变化,排列成表,即标准大气表,见表 2.1。从表中可以很方便地查出各个高度上的标准大气状态参数。

国际标准大气的规定:

① 大气被看成完全气体,即服从状态方程。

② 以海平面的高度为零。在海平面上,大气的标准状态为:气温 $T=15$ ℃;压强 p 为 1 个

标准大气压(101 320 N/m²);密度 $\rho=1.225\,0$ kg/m³;声速 $a=341$ m/s。

表 2.1　国际标准大气简表

H/km	T/K	$p\times 10^{-4}$/Pa	ρ/(kg·m⁻³)	a/(m·s⁻¹)	$\mu\times 10$/(N·s·m⁻²)
0	288.15	10.132 52	1.225 05	340.29	1.789 4
1	281.65	8.987 58	1.111 68	336.43	1.757 8
2	275.15	7.949 56	1.006 46	332.53	1.726 0
3	268.65	7.010 87	0.909 13	328.58	1.693 7
4	262.15	6.164 07	0.810 13	324.58	1.661 1
5	255.65	5.401 99	0.736 12	320.53	1.628 1
6	249.15	4.718 08	0.659 69	316.43	1.594 8
7	242.65	4.106 04	0.589 50	312.27	1.560 9
8	236.15	3.560 01	0.525 17	308.06	1.526 8
9	229.65	3.074 29	0.466 35	303.79	1.492 2
10	223.15	2.643 58	0.412 70	299.46	1.457 1
11	216.65	2.263 18	0.363 91	295.07	1.421 6
12	216.65	1.933 09	0.310 83	295.07	1.421 6
13	216.65	1.651 05	0.265 49	295.07	1.421 6
14	216.65	1.410 20	0.226 75	295.07	1.421 6
15	216.65	1.204 45	0.193 67	295.07	1.421 6
16	216.65	1.028 72	0.165 42	295.07	1.421 6
17	216.65	0.878 67	0.141 28	295.07	1.421 6
18	216.65	0.750 48	0.120 68	295.07	1.421 6
19	216.65	0.641 00	0.103 07	295.07	1.421 6
20	216.65	0.547 49	0.088 03	295.07	1.421 6
21	217.65	0.467 79	0.074 87	295.75	1.427 1
22	218.65	0.399 97	0.063 73	296.43	1.432 6
23	219.65	0.342 24	0.054 28	297.11	1.438 1
24	220.65	0.293 05	0.046 27	297.78	1.443 5
25	221.65	0.251 10	0.039 46	298.46	1.449 0
26	222.65	0.213 31	0.033 69	299.13	1.454 4
27	223.65	0.184 74	0.028 78	299.80	1.459 8
28	224.65	0.158 63	0.024 69	300.47	1.465 2
29	225.65	0.136 29	0.021 04	301.14	1.470 6
30	226.65	0.117 19	0.018 01	301.80	1.476 0
31	227.65	0.100 82	0.015 48	302.47	1.481 4
32	228.65	0.086 80	0.013 23	303.13	1.486 8

2.2.2 相对运动原理及稳定气流

1. 相对运动原理

假设飞机在静止的大气中(无风状态)作水平等速直线飞行,若观察者在高空气球(定位在空气中的某一位置)上来描述飞机在静止大气中做水平等速直线飞行这一运动状态,则飞机将以速度 v_∞ 向左飞行,并扰动周围的空气使之产生运动,如图 2.6(a)所示。按照牛顿力学第三定律(力的作用与反作用原理),运动的空气同时将在飞机的表面产生空气动力。

若另一观察者在飞机上,观察到的将是另一个情景:远前方空气(连同前一个观察者及乘坐的气球)将以速度 v_∞ 流向静止不动的飞机,但方向相反,如图 2.6(b)所示。远前方气流流过飞机表面时,空气的流动速度 v、压强 p 等都将发生变化并产生空气动力。

由上面的例子分析可见,作用在飞机上的空气动力不会因观察者角度的变化而变化,无论是飞机在静止的空气中飞行还是气流流过静止的飞机,只要两者的相对运动速度相等,飞机上所受的空气动力就完全相等。这就是"相对运动原理"。

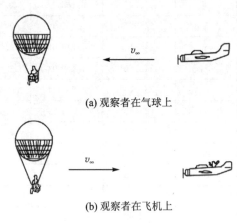

(a) 观察者在气球上

(b) 观察者在飞机上

图 2.6 相对运动原理

利用相对运动原理,无论从实验研究角度还是从理论研究角度看都会带来很大的便利,所以被广泛地应用于航空、航天、航海以及交通运输等。"风洞实验"就是基于这个原理进行的。

2. 稳定气流

要研究空气动力,首先要了解气流的特性。气流特性是指空气在流动中各点的流速、压力和密度等参数的变化规律。稳定气流是指空气在流动时,空间各点上的参数不随时间而变化。当空气流动时,空间各点上的参数随时间而改变,这样的气流称为不稳定气流。

在稳定气流中,空气微团流动的路线叫作"流线"。流体流过物体时,由许多流线组成的图形叫作"流线谱",如图 2.7(a)~(c)所示。流线谱真实地反映了空气流动的全貌,可以看出空间各点空气流动的方向,也可以比较出空间各点空气流动速度的快慢。

因为空气微团总是沿着流线流动,所以在流线一边的空气不会流到流线的另一边。如果在空间中指定"一束"流线,那么包围这束流线的流线就形成了一个"管道",管道内的空气不会流出管道,而管道外的空气也不会流入管道,管道内的空气就好像沿管中流动一样。通常把像这样由流线所组成的管子叫作"流管",如图 2.7(d)所示。

若流线稠密,则流线之间的距离缩小,流管变细;相反,若流线稀疏,则流线之间的距离扩大,流管变粗。

如果流动是稳定的,由于同一流线上的空气微团都以同样的轨道流动,则流管的形状就不随时间而变化。这样,在稳定流动中,整个气流可以认为是由许多单独的流管组成。

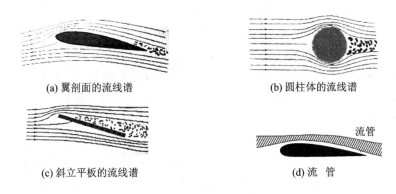

图 2.7 流线、流线谱及流管

2.2.3 连续性定理和伯努利定理

流体绕流物体时它的各个物理量(比如速度、压力和温度等)均发生变化。这些变化遵循的基本物理定律有质量守恒定律、牛顿运动第三定律、热力学第一定律(能量守恒与转换定律)和热力学第二定律等。用流体流动过程中的各个物理量描述的基本物理定律组成的空气动力学的基本方程组是理论分析和计算的出发点,也是解释用实验方法获得飞机空气动力特性与规律的基础。

1. 连续性定理

当流体连续不断且稳定地流过一个粗细不等的流管时,在管道粗的地方流速比较慢,在管道细的地方流速比较快,如图 2.8 所示。这是由于管中任一部分的流体既不能中断也不能堆积,因此在同一时间,流进任一截面的流体质量和从另一截面流出的流体质量应该相等。这就是质量守恒定律。

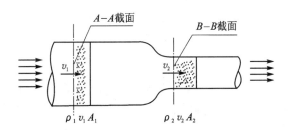

图 2.8 气流在不同管径中流速的变化

在单位时间内,流过任一截面的流体体积等于流体流过该截面的速度乘以该截面的面积,而体积与流体密度相乘是单位时间内流过该截面的流体质量,即

$$m = \rho v A \qquad (2-2)$$

式中,m 为单位时间内流过任一截面的流体质量(kg/s);ρ 为流体密度(kg/m³);v 为流体流速(m/s);A 为所取截面面积(m²)。

在单位时间内,通过截面Ⅰ和截面Ⅱ的流体质量应相等,即

$$m_1 = m_2 = c \quad (常数)$$
$$\rho_1 v_1 A_1 = \rho_2 v_2 A_2 = c \quad (常数) \qquad (2-3)$$

这就是质量方程或连续方程。它说明通过流管各横截面的质量流量必须相等。

对于不可压缩流体，$\rho_1 = \rho_2 = c$（常数），则上式变为

$$v_1 A_1 = v_2 A_2 \qquad (2-4)$$

由式（2-4）可知，对于不可压缩流体来说，通过流管各横截面的流量必须相等。它表明流管横截面变小，平均流速增大；反之，流管横截面变大，平均流速减小，否则将违背质量守恒定律。也就是说流体流速的快慢与管道截面的大小成反比，这就是"连续性定理"。

2. 伯努利定理

当空气流速发生变化时，其压力也将发生相应的变化，我们可以在日常生活中观察到许多这样的现象。例如向两张纸片中间吹气，两纸不是彼此分开，而是互相靠拢。这说明吹气使得两纸中间的空气压力小于纸片外的空气压力，两张纸在压力差的作用下靠拢。又如河中并排行驶的两条船，会互相靠拢。这是因为河水流经两船中间，因水道变窄会使流速加快而降低压力，但河水流过两船外边，流速和压力的变化不大，这样两船中间同船外边形成水的压力差，使两船靠拢。

从上述现象可以看出流速与压力之间的关系，即流体在流管中流动，流速快的地方压力小，流速慢的地方压力大。这就是伯努利定理的基本内容，是研究气流特性以及在飞行器上产生空气动力的物理原因及其变化的基本定理之一。

下面从能量的角度来讨论上述现象，即根据能量守恒定律，能量既不会消失，也不会无中生有，而只能从一种形式转化为另一种形式。在低速流动的空气中，参与转换的能量有两种：压力能和动能。一定质量的空气具有一定的压力，能推动物体做功，称为压力能。压力越大，压力能也越大。此外，流动的空气还具有动能，流速越大，动能也越大。实验结果表明，在稳定气流中，对于一定质量的空气而言，如果没有能量消耗，也没有能量加入，则其动能和压力能的总和保持不变，即流速加快，动能增大，压力能减小，压力降低；流速减慢，压力能升高。它们之间的关系可用静压、动压和全压的关系来说明。

静压是空气作用于物体表面的压强，例如大气压强就是静压，是压力能的体现。动压则以动能的形式蕴藏于流动的空气之中，不施加于物体表面；只有当气流流经物体，流速发生变化时，动能转化为压力能，动压才能转换为静压，从而作用在物体表面。当逆风前进时，我们感到迎面有压力，就是这个原因。空气的动压大小与其密度成正比，与气流速度的平方成正比，也就是说，动压等于单位体积空气的动能。

全压是空气流过任何一点时所具有的静压和动压之和。根据能量守恒定律，飞机飞行时，相对气流中的空气全压，就等于当时飞行高度上的大气压加上相对气流中飞机前方的空气所具有的动压。用数学表达式表示为

$$P + \frac{1}{2}\rho v^2 = C \quad （常量） \qquad (2-5)$$

式中，P 为静压；$\frac{1}{2}\rho v^2$ 为动压；C 为全压。

应当注意，上述定理在满足下列条件时才成立：
① 气流是连续的、稳定的；
② 流动中的空气与外界没有能量交换；
③ 气流中没有摩擦或摩擦很小，可以忽略不计；
④ 空气的密度没有变化或变化很小，可以认为不变。

由式（2-5）可以看出，全压一定时，静压和动压可以互相转化；当气流的流速加快时，动压增

大,静压必然减小;当流速减慢时,动压减小,静压增大。

综合连续性定理和伯努利定理可以获得如下结论:流管变细的地方,流速大,压力小;反之,流管变粗的地方,流速小,压力大。

2.2.4 气流的流动特点

1. 低速气流的流动特点

低速气流在流动的过程中,由于其密度变化不大,可以近似认为是不可压缩的,即密度 ρ 为常数。低速气流在变截面管道中的流动情况如图2.9所示。当管道收缩时,$A_2 < A_1$,由不可压缩流体的连续方程(2-4)可知,气流的流速将增加,$v_2 > v_1$;由伯努利方程(2-5)可知,气流的静压将减小,$p_2 < p_1$,如图2.9(a)所示;反之,当管道扩张时,$A_2 > A_1$,气流的流速将减小,即 $v_2 < v_1$,而气流的静压将增加,即 $p_2 > p_1$,如图2.9(b)所示。

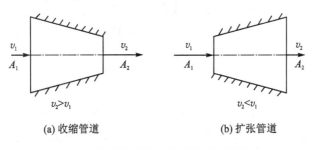

(a) 收缩管道　　　　　　　　(b) 扩张管道

图 2.9　低速气流在变截面管道中的流动

2. 高速气流的流动特点

气流的性质会随着流速的变化而显著变化。在气流流速低于声速的阶段,这种影响仅限于量的差别;而气流流速超过声速后,空气的压力和密度发生显著变化,气流特性相对于低速情况就有了质的差别。例如,高速气流会产生压力突然升高的激波,气流在流管变细的地方不会加速反而减速等现象。

(1) 空气的压缩性与流速的关系

前面讲过,空气的压缩性在低速时体现的不明显,而在高速时对气流造成的影响将不可忽略。因此,高速气流之所以与低速气流在流动规律上有差别,究其原因是空气具有可压缩性。

在飞行过程中,空气流过飞行器各处的速度和压力会发生变化。由于空气的可压缩性,这些变化会引起空气密度的变化,而这种密度变化在低速和高速下有着显著区别。

空气密度变化的程度可以用空气密度变化的百分比 $\Delta\rho/\rho$ 表示,$\Delta\rho$ 是空气密度的变化量,ρ 是空气原来的密度。表2.2列出了在标准大气条件下,不同流动速度下空气密度增加的百分比。

表 2.2　空气密度随气流速度变化的关系

气流速度/(km·h^{-1})	200	400	600	800	1 000	1 200
空气密度增加的百分比($\Delta\rho/\rho$)	1.3%	5.3%	12.2%	22.3%	45.8%	56.5%

从表2.2中可以看出,在速度不超过 400 km/h 的低速流动时,空气密度的变化程度很小,可以忽略不计。在高速飞行中,空气密度的变化较大,必须考虑空气压缩性的影响。

在衡量空气的被压缩程度时,可以用物体的运动速度和声速的比值来表示,这个比值被称为

马赫数(Mach Number),通常以 Ma 来表示,即

$$Ma = \frac{v}{a} \tag{2-6}$$

式中,v 表示在一定高度时飞行器的飞行速度,a 表示该处的声速。

显然,飞行器的飞行速度越大,Ma 就越大,飞行器前面的空气就被压缩得越厉害。因此,马赫数 Ma 的大小可作为判断空气受压缩程度的指标。

根据马赫数 Ma 的大小,可以把飞行器的飞行速度划分为以下区域:
- 低速飞行:$Ma \leqslant 0.4$;
- 亚声速飞行:$0.4 < Ma \leqslant 0.85$;
- 跨声速飞行:$0.85 < Ma \leqslant 1.3$;
- 超声速飞行:$1.3 < Ma \leqslant 5.0$;
- 高超声速飞行:$Ma > 5.0$。

随着飞行速度的增加,当气流速度接近或大于声速时,气流受到强烈的压缩,压力、密度和温度均发生显著的变化,气流流动特性会出现一些与低速气流不同的质的差别,这也是高速气流特性与低速气流特性不同的根本所在。

(2) 压力、密度、温度、速度随流管截面变化的规律

根据能量守恒原理,气流流速与压力的关系为流速增加,压力降低;流速减小,压力增高,此结论在低速和高速气流下都是成立的。但在高速飞行时,随着气流流速的增加,空气的压缩和膨胀的变化越来越显著,流速改变时,不仅压力的变化显著,密度和温度也有明显变化,这对飞行器上的空气动力必然产生影响。因此,要了解飞行器上的空气动力在高速飞行中的变化规律,还需要了解高速气流中空气的密度、温度与流速之间的关系。

图 2.10 所示为超声速气流在变截面管道中的流动情况。与低速气流相反,收缩管道将使超声速气流减速、增压;而扩张管道将使超声速气流增速、减压。这是因为横截面面积变化引起的密度变化比其引起的速度变化快得多,密度的变化占主导地位。对于超声速气流,由于密度不再是常数,因此应遵循可压缩流体的连续方程。管道横截面面积的减少或增加,要求密度和速度的乘积也相应地增加或减小,而此值的增加或减小又是通过密度的迅速增大和流速的缓慢减小,或者密度的迅速减小和流速的缓慢增加来实现的。对于超声速气流,在图 2.10 中的变截面管道中,若 $A_2 < A_1$,则有 $\rho_2 > \rho_1, v_2 < v_1, p_2 > p_1$;反之,若 $A_2 > A_1$,则有 $\rho_2 < \rho_1, v_2 > v_1, p_2 < p_1$。

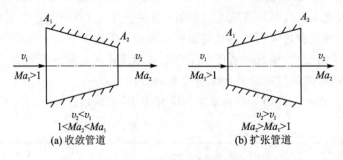

图 2.10 超声速气流在变截面管道中的流动

也就是说,在亚声速气流中,流管截面积减小,流速增大;而在超声速气流中,流管截面积增大,流速增大。利用这种原理可以设计流管的横截面积,使亚声速气流变成超声速气流,这就是著名的拉瓦尔喷管。这种喷管沿着气流流动方向先收缩后扩张,如图 2.11 所示。这种喷管中直

径最小的地方称为喉道,当 $Ma<1$ 的亚声速气流进入管道时,首先在喉道的左半部分气流随着管道横截面积的减小而加速,马赫数不断增加,在喉道处达到 $Ma=1$,之后在喉道的右半部分随着管道扩张继续加速,变为 $Ma>1$ 的超声速气流。

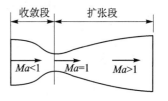

图 2.11　拉瓦尔喷管

对超声速气流来说,流速加快,压力降低,必然引起体积膨胀,从而使密度减小;反之,在流速减慢、压力升高的同时,空气受压缩,体积缩小,密度必然增大。此外,空气体积的膨胀还会使温度降低。归纳起来,高速气流的规律是:流速加快,则压力、密度、温度都一起降低;流速减慢,则压力、密度、温度都一起升高。

超声速气流的加/减速规律与亚声速气流不同,亚声速气流随着流管截面积的变化而逐渐加/减速;而超声速气流通常会产生名为"激波"和"膨胀波"的气流现象,气流往往通过激波和膨胀波突然减速或加速。激波和膨胀波是超声速气流独有的现象,有关概念将在2.3.4小节中详细讲解。

思考题

1. 大气的状态参数有哪些?
2. 什么是大气的黏性?
3. 什么是国际标准大气?
4. 什么是飞行相对运动原理?
5. 伯努利方程的适用条件是什么?
6. 举例说明连续性定理和伯努利定理在自然界中的表现或在日常生活中的应用。
7. 高速气流和低速气流的流动特点是什么?
8. 拉瓦尔喷管的原理是什么?

2.3　飞机的飞行原理

要了解飞机的飞行原理,需要先掌握一些有关飞机外形的术语和几何参数。现代飞机的几何外形必须保证满足空气动力性能和其他功能性要求。飞机的几何外形也称飞机的气动外形。

2.3.1　飞机的主要组成部分和功能

飞机的主要部件包括机身、机翼、尾翼、起落架和动力装置,如图 2.12 所示。

1. 机　身

机身的主要功能是装载乘员、旅客、武器弹药、货物以及各种设备,同时将飞机的其他部件如机翼、尾翼、发动机、起落架等连接成一个整体。

2. 机　翼

机翼的主要功能是产生升力,从而支持飞机在空中飞行,同时也起到一定的操纵与稳定作用。机翼的后缘外侧有一对可动面,用来控制飞机进行滚转(绕机身纵轴进行的旋转运动),称为副翼。机翼后缘内侧通常安装有可移动面,称为襟翼。襟翼是一种增加升力的装置,这一点在 2.3.3 小节中将详细介绍。

3. 尾翼

尾翼由水平尾翼(简称平尾)、升降舵以及垂直尾翼(简称垂尾或立尾)和方向舵组成,如图 2.13 所示。水平尾翼和垂直尾翼主要用来增加飞机的稳定性,升降舵用于调节和控制飞机的俯仰运动(飞机的抬头、低头),方向舵用于控制飞机的偏航运动(左右转向)。大部分飞机在升降舵与方向舵上安装有可动的调整片,可以通过调整片的偏转对飞机姿态与平衡进行微调。

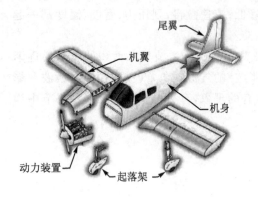

图 2.12 飞机的主要组成部分

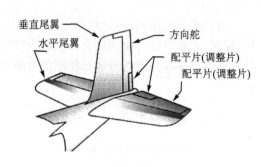

图 2.13 尾翼

4. 起落架

起落架通常由减震装置、转向装置以及机轮等,用以支持飞机起飞、降落、滑跑以及在地面停放。

5. 动力装置

动力装置提供飞机前进的动力,以及为飞机上的用电设备提供电力,为液压与气压设备提供压力。动力装置有多种类型,具体的内容将在第 4 章中详细讲解。

2.3.2 飞机的气动布局和几何参数

1. 飞机的气动布局

不同类型、速度的飞机有不同的气动布局。飞机的气动布局,广义上讲是指飞机主要部件的数量以及它们之间的相互安排。图 2.14 所示为飞机的主要气动布局类型。

按机翼和机身连接的上下位置关系可分为上单翼、中单翼和下单翼,如图 2.14(a)所示。
按机翼弦平面有无上反角可分为上反翼、无反翼和下反翼,如图 2.14(b)所示。
按立尾的数量可分为单立尾、双立尾和无立尾式,如图 2.14(c)所示,无立尾时平尾变成 V 形,也称 V 形尾。
按气动布局可分为正常式、鸭式和无尾式,如图 2.14(d)所示。
不同的气动布局形式对飞机的飞行性能、稳定性和操纵性有着重大影响。

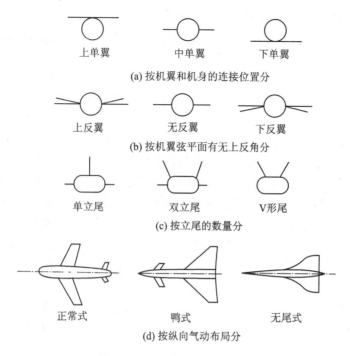

图 2.14 飞机气动布局的类型

2. 飞机的几何参数

(1) 机翼平面形状的几何参数

在研究机翼平面形状时,通常使用"毛机翼"的概念。毛机翼指包括穿过机身部分但不包含辅助部件的机翼,其穿过机身的部分通常由左右机翼的前后缘延长线相交包围而成。机翼的平面形状指毛机翼的俯视平面形状。根据机翼平面形状的不同,机翼可分为平直翼、后/前掠翼和三角翼三种基本类型,如图 2.15 所示。

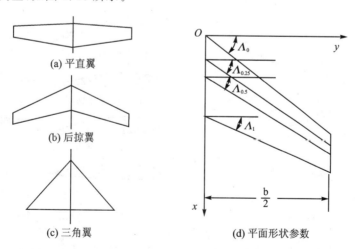

图 2.15 机翼的平面形状

表示机翼平面形状的主要参数有机翼面积、翼展、展弦比、梯形比和后掠角等。

机翼面积:毛机翼的俯视投影面积,用 S 表示。

翼展:机翼左、右轮廓线最外端之间的距离称为机翼的展长,简称翼展,用 b 表示。

展弦比:机翼的翼展与其平均几何弦长(机翼面积 S/翼展 b)之比,用 A 表示,即

$$A = \frac{b^2}{S} \tag{2-7}$$

梯形比:机翼翼梢(最外端)弦长与中心弦长之比,称为机翼的梯形比,又称尖削比,有时也称梢根比,用 λ 表示。

后掠角:描述翼面特征线与参考轴线相对位置的夹角称为后掠角。机翼上有代表性的百分比弦线连线同垂直于机翼对称面的直线之间的夹角称为机翼后掠角,用 Λ 表示。通常用 Λ_0 表示前缘后掠角,$\Lambda_{0.25}$ 表示 1/4 弦线后掠角,$\Lambda_{0.5}$ 表示中弦线后掠角,Λ_1 表示后缘后掠角。后掠角表示机翼各剖面在纵向的相对位置,即表示机翼向后倾斜的程度。后掠角为负表示翼面有前掠角。

若无特别说明,后掠角通常指 1/4 弦线后掠角。平直翼的 1/4 弦线后掠角大约在 20°以下,多用于亚声速飞机;后掠翼的 1/4 弦线后掠角大多在 25°以上,用于高亚声速以及超声速飞机;三角翼的 1/4 弦线后掠角约为 60°,后缘通常无后掠,多用于超声速飞机。

(2) 机翼翼型的几何参数

翼型是指机翼、尾翼、导弹翼面、直升机和旋翼机旋翼叶片以及螺旋桨叶片沿气流流动方向的剖面形状。如图 2.16 所示,飞机机翼的翼型就是将机翼顺着飞行方向切开后的侧切面形状。对于某些机翼而言,不同位置的翼型形状不同。

翼型具有各种不同的形状,如图 2.17 所示。图(a)为平板翼型剖面,其空气动力特性不好,是最原始的翼型。随着人们的飞行实践,发现将翼型做成拱形的单凸翼型(剖面见图(b))可以有效提高升力特性。随着航空技术的发展,又出现了凹凸翼型(剖面见图(c))、平凸翼型(剖面见图(d))、双凸翼型(剖面见图(e))、S 形翼型(剖面见图(f))等多种翼型。不同的翼型适用于不同的使用情况,因此飞行器设计师通常根据飞行器的功能、速度以及翼型所使用的位置等选择不同的翼型。

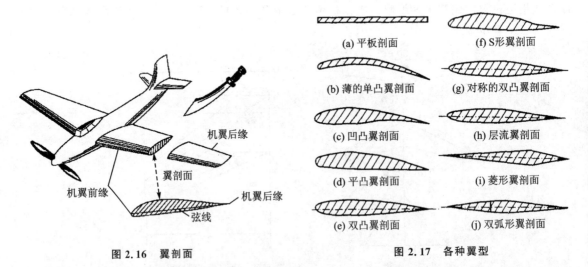

图 2.16 翼剖面   图 2.17 各种翼型

翼型的主要几何参数有弦长、相对厚度、最大厚度位置等,如图 2.18 所示。

连接翼型前缘(翼型最前面的点)和后缘(翼型最后的点)的线段称为翼弦(或弦线),其长度就是弦长,用 c 表示。翼型的厚度是指垂直于弦线的翼型上下表面之间的直线段长度。翼型的最大厚度 $t_{\max}$ 与弦长 c 之比称为翼型的相对厚度 t/c 或 $\bar{t}$,并常用百分数表示,即

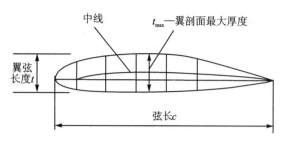

图 2.18 翼型特征参数

$$\bar{t} = t/c = \frac{t_{\max}}{c} \times 100\%$$

低速飞机的翼型相对厚度通常为 12%～18%，亚声速飞机的翼型相对厚度通常为 10%～15%，超声速飞机机翼的相对厚度更小，通常为 3%～5%。

(3) 机翼上反角

机翼平面与垂直于飞机对称平面之间的面夹角称为机翼的上反角 Γ，如图 2.19 所示。当 Γ 为正时称为上反，反之称为下反。上反角与下反角可以改变飞机的稳定性与操纵性。通常，上反角可以增加飞机的稳定性，但在一些强调机动性的军用战斗机上，通常采用下反角来降低稳定性，提高机动性。

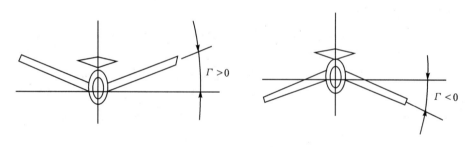

图 2.19 上反角

上述翼型和机翼的几何参数对飞机的空气动力特性有着重大影响。如何合理地选择这些参数，保证获得良好的空气动力特性，是飞机设计的一项重要任务。

尾翼的几何外形及参数与机翼类似，不再赘述。

(4) 机身的几何外形

机身的主要功能是装载乘员、旅客、武器弹药、货物以及各种设备，与飞机的其他部件如机翼、尾翼、发动机、起落架等连接形成一个整体。与机翼相比，机身的几何形状要复杂得多。

表示机身几何特征的参数主要包括以下 3 个：

机身长度 L——机身前端到后端的长度；

最大当量直径 D——把机身看作当量旋成体，其横截面积相对应的当量旋成体的直径称为机身当量直径，其中最大横截面积对应的当量旋成体的直径称为机身最大当量直径；

长细比 λ——机身长度与机身最大当量直径之比。

机身产生的升力很小，主要产生阻力，因此机身设计的关键是减小阻力。

2.3.3 飞机的升力及阻力

1. 飞机的升力

(1) 机翼升力的产生原理

机翼升力的具体产生方式与翼型及飞行状态有关。总体而言,机翼是由空气动力产生升力的,也就是说,升力的施力物体是空气,受力物体是机翼。根据牛顿第三定律,既然空气给了机翼一个向上的升力,那么机翼必然也给空气施加一个向下的反作用力。因此,也可以说,只要机翼能够给空气一个向下的力,就可以产生升力。

空气流过翼型的流线谱如图 2.20 所示。从图中可以看出,空气流到翼型前缘分成两股,分别沿上、下表面流过,在流过翼型后,其速度方向均有向下的偏折。根据牛顿第二定律可知机翼给了空气向下的力,带来了向下的加速度,才导致了气流速度方向的改变,而这个力的反作用力就是升力。

事实上,纸飞机、风筝以及一些航模飞机都是采用了如图 2.20(a)所示的平板翼型。这种翼型仅通过下表面对气流产生偏转,而上表面的作用不大,从而产生的升力有限,并且大大增加了阻力。现代飞机多采用如图 2.20(b)所示的带有弧度的翼型,在黏性的作用下,上表面的气流将沿着机翼表面流动,平滑地向下偏转,可以产生更大的升力。

通常,由于机翼上表面凸起的影响,上表面流管变细,根据连续性定理和伯努利定理,流管细处流速快,压力低;而下表面流管相对上表面粗,流速较慢,压力较大,机翼上、下表面产生了压力差。垂直于相对气流方向的压力差的总和等于升力。

机翼表面上各点的压力大小,可以用箭头的长短来表示,如图 2.21 所示。箭头方向朝外,表示比大气压力低的吸力(负压力);箭头指向机翼表面,表示比大气压力高的正压力,简称压力。把各个箭头的外端用平滑的曲线连接起来,就是用向量表示的机翼压力分布图。图上吸力用"—"表示,压力用"+"表示。B 点的负压力最大,称为最低压力点。A 点的压力最小,位于前缘,这里的流速为零,动压全部变成静压,这一点称为驻点。

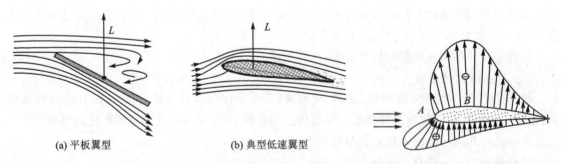

(a) 平板翼型　　(b) 典型低速翼型

图 2.20　气流流过平板翼型以及典型低速翼型的流线谱　　图 2.21　用向量法表示机翼压力分布

机翼表面所受总压力的作用点也就是升力的作用点,即升力作用线与翼弦的交点,叫作压力中心。

(2) 机翼的迎角与失速现象

如图 2.22 所示,翼弦与相对气流方向(飞机运动方向)所夹的角,叫作迎角(攻角),用 α 表示。

飞机在飞行过程中,会有不同的飞行姿态。飞行姿态不同,迎角的正负、大小一般也不同。

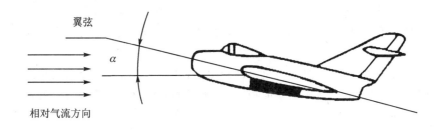

图 2.22 机翼的迎角

判断迎角的正负、大小,应当根据迎角本身的含义,即相对气流方向和翼弦平面下表面的夹角为正迎角,相对气流方向和翼弦平面上表面的夹角为负迎角。机翼的迎角改变后,流线谱会改变,压力分布也随之改变,压力中心发生前后移动,如图 2.23 所示。有关迎角和升力的关系,后面有进一步的讨论。

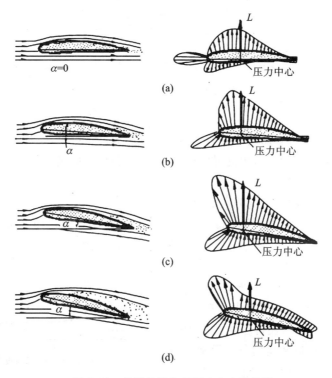

图 2.23 机翼的迎角与压力中心的位置

2. 飞机的阻力

阻力是与飞机运动方向相反的空气动力,是阻碍飞机前进的作用力。低速飞机的阻力根据其产生原因的不同可分为摩擦阻力、压差阻力、诱导阻力和干扰阻力。

(1) 摩擦阻力

飞机在空气中飞行时,空气的黏性将产生阻碍飞机飞行的力,称为摩擦阻力。空气流过飞机时,贴近飞机表面的地方,由于空气黏性的影响,有一层气流速度逐渐降低的空气流动层叫作边界层,也称附面层。从图 2.24 可以看出,边界层的底部速度为零,往外速度逐渐增大,到边界层的边界时速度不再变化,和边界层外主流的速度一致。边界层的厚度随着气流在机翼上流动距离的加大而增加,在机翼前缘驻点,边界层厚度为零;离前缘越远,边界层越厚。边界层内压力沿法线方向不变且等于法向的主流压力。图 2.24 中 P_1 点的压力与边界层边界上 Q_1 的压力是相等的。

摩擦阻力的大小与空气的黏性、飞机表面的粗糙程度、飞机表面与空气的接触面积有关。为了减小摩擦阻力,应尽量减小飞机的表面积,并把飞机的表面做得平整光滑,例如机体表面采用埋头铆钉或整体壁板。

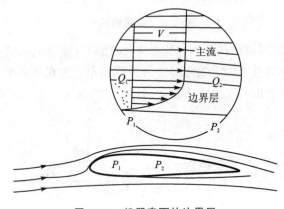

图 2.24　机翼表面的边界层

(2) 压差阻力

运动的物体因前后压力差而形成的阻力称为压差阻力。飞行中,空气流过机翼时,在机翼前缘受到阻挡,流速减慢,压力增大;在机翼后缘,由于气流分离形成涡流区,压力减小,因此形成压差阻力。

现在来分析机翼后缘出现气流分离的原因。

在黏性摩擦的作用下,边界层气流的速度比主流的速度小得多。而在机翼上表面最低压力点之后直到后缘,主流速度逐渐减小,而压力逐渐增大。这对边界层气流也起到了阻滞作用,使其速度进一步减小,以致停滞下来而无力继续向后缘流去。这种沿途递增的压力,甚至迫使机翼后部的边界层中出现逆流。边界层中逆流而上的空气与顺流而下的空气顶碰,使得边界层气流脱离机翼表面而卷进主流,形成漩涡的气流分离现象。气流脱离机翼表面的位置,叫作分离点(图 2.25)。

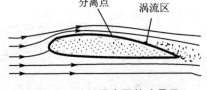

图 2.25　机翼表面的边界层

机翼表面的气流分离形成涡流区以后,压力为什么会减小?一方面是因为漩涡区速度大,压力小。另一方面空气迅速旋转,发生摩擦,气流中部分能量变成热能而散失,因而涡流区的全压比机翼前部的全压小,这也是产生压差阻力的原因。高速行驶的汽车后面之所以会扬起尘土,就是由于车后涡流区的空气压力小而使灰尘被吸起。

压差阻力和物体的形状有很大关系。把一块圆形的平板垂直地放在气流中,由于平板前面的气流受到阻挡,速度降低,压强增大,后面产生大量漩涡,压强减小,因而前后形成很大的压差阻力,如图 2.26(a)所示。如果在平板的前面加一个圆锥体,压差阻力可减小 80%,如图 2.26(b)所示。如果前后都加圆锥体,压差阻力将会进一步降低 95%,如图 2.26(c)所示。这说明物体的形状越"流线型"越好,对气流的阻挡作用越小,后部的涡流区也越小,所产生的压差阻力也越小。

现代飞机采用了很多措施使飞机各部分保持流线型。

(3) 诱导阻力

诱导阻力是随升力的产生而产生的,如果没有升力,也就不存在诱导阻力。飞机的诱导阻力主要来自机翼。由图 2.27 可以看出,当机翼产生升力时,下表面的压力比上表面的大,下表面的空气就会绕过翼尖向上表面流去,从而在翼尖部分形成旋转的翼尖涡流。

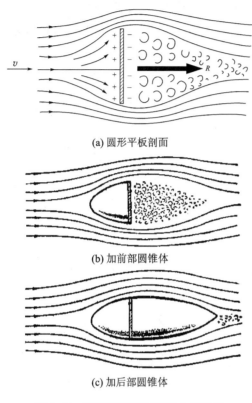

图 2.26 物体形状对压差阻力的影响

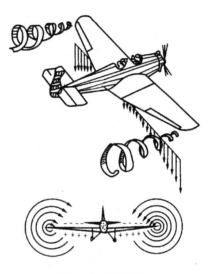

图 2.27 翼尖涡流

翼尖涡流使流过机翼的空气产生下洗速度 w。流过机翼的空气,沿着相对气流速度和下洗速度的合速度方向流动,向下倾斜形成下洗流,如图 2.28 所示。气流方向向下的倾斜角度叫下洗角。

我们经常可以看到,飞行中的飞机翼尖处拖着两条白雾状的涡流索。这是因为旋转着的翼尖涡流范围内压力低,如果空气中所含水蒸气因膨胀冷却,就会凝结成水珠,显示出了翼尖涡流的踪迹。

在日常生活中,也可以观察到翼尖涡流的现象。例如大雁南飞,常排成人字或斜一字形,领头的大雁排在中间,小雁位于外侧。这便于后雁利用前雁翅梢处所产生的翼尖涡流中的上升气流,节省体力。

下面利用图 2.29 来分析产生诱导阻力的原因。升力是和相对气流方向垂直的。空气流过机翼的速度 v 与下洗速度 w 合成后的洗流速度 v_1 的方向下倾角 ε,机翼升力也相应向后倾斜同一角度。这时,升力 L' 垂直于飞行速度方向的分力 L 实际起着升力的作用,但平行于飞机速度方向的分力 D 则起着阻力的作用。这个附加阻力就是诱导阻力,是由于气流下洗使原来的升力偏转而引起的。

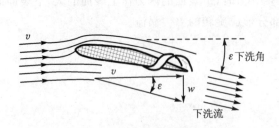
图 2.28　机翼的下洗

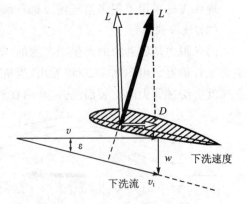
图 2.29　诱导阻力的产生

诱导阻力的大小与机翼的平面形状、展弦比和升力等因素有关。

机翼的平面形状不同,诱导阻力也不同。在其他因素相同的条件(如速度和升力)下,椭圆形机翼的诱导阻力最小,矩形机翼的诱导阻力最大,梯形机翼的诱导阻力居中。椭圆形机翼虽然诱导阻力最小,但制造复杂,一般多使用梯形机翼。

机翼面积相同,而展弦比不同的两架飞机在相同升力的情况下,其诱导阻力的大小也不同。展弦比大,则诱导阻力小;展弦比小,则诱导阻力大(图 2.30);原因是小展弦比产生的下洗速度 w 较大,升力的倾斜也大,从而产生较大的诱导阻力。大展弦比产生的下洗速度较小,升力倾斜的也小,所以诱导阻力比较小。

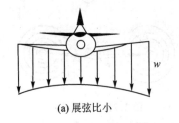

(a) 展弦比小　　　　　　　　(b) 展弦比大

图 2.30　展弦比不同的机翼的下洗速度

翼尖挂有副油箱或在机翼上装翼梢小翼(图 2.31),气流绕翼尖的上下流动受到限制。这相当于增大了机翼展弦比,也可以减小诱导阻力。

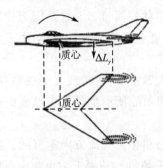
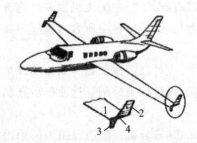

1—机翼;2—上梢小翼;3—下梢小翼;4—机翼翼梢剖面

(a) 翼尖带副油箱　　　　　　　　(b) 翼梢小翼

图 2.31　减小诱导阻力的措施

(4) 干扰阻力

飞行中,整体飞机的阻力往往大于机翼、机身、尾翼及其他部件在同样气流中的阻力的总和。这种因为各部分气流互相干扰所引起的阻力叫干扰阻力。

机身与机翼、尾翼的结合部,机翼下面悬挂的副油箱或发动机吊舱均会产生干扰阻力。例如,机身与机翼连接处的中部,由于机身和机翼的表面都向外凸出,流管变细,流速增大,压力减小。而在后部由于机翼和机身表面都向内弯曲,流管变粗,流速减小,压力增大。这种后面压力大,前面压力小的变化,就促使气流的分离点前移并使翼根后部的涡流区扩大。它所产生的阻力要比机身和机翼两者阻力之和大。这个多出来的阻力就是干扰阻力,如图2.32所示。

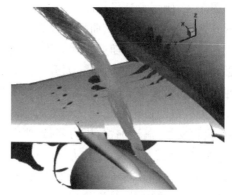

图 2.32 机翼和机身之间的气流干扰

为了减小干扰阻力,通常在机身与机翼、尾翼的连接部位安装整流包皮,以避免流管过分扩张而产生气流分离。

低速飞机的四种阻力中除诱导阻力外,摩擦阻力、压差阻力和干扰阻力都与升力大小无关,统称为废阻力。

3. 影响升力与阻力的因素

(1) 升力和阻力的表达式

升力和阻力是在飞机与空气之间的相对运动(相对气流)中产生的,影响升力和阻力的基本因素有:机翼在气流中的相对位置(迎角)、气流的速度和空气密度(空气的动压)以及飞机本身的特点(表面粗糙度、机翼形状、机翼面积等)。

综合以上基本因素,升力 L 和阻力 D 的计算公式可写为

$$L = C_L \frac{1}{2}\rho v^2 S \tag{2-8}$$

$$D = C_D \frac{1}{2}\rho v^2 S \tag{2-9}$$

式中,L 为升力(N);D 为阻力(N);ρ 为空气密度(kg/m³);v 为飞行速度(m/s);S 为参考面积(m²);C_L 为升力系数;C_D 为阻力系数。

式(2-8)和式(2-9)中,$\frac{1}{2}\rho v^2$ 为空气的动压,与飞行速度以及空气密度有关。S 是参考面积,在飞机设计中常使用机翼面积来作为参考面积;而在火箭与导弹设计中,此面积常为弹/箭的横截面积。参考面积表示了飞行器的尺寸对于总升力的影响。升力系数 C_L 以及阻力系数 C_D 属于气动力系数,表示不考虑飞行器尺寸大小与气流动压之外的其他因素对于飞行器升力和阻力的影响,量纲为1,与迎角、飞行速度以及飞行器本身的外形特点有关。

在科研以及工程中,可使用计算流体力学(CFD)方法或实验方法得出飞行器的在有限个飞行状态(迎角、飞行速度、空气密度等)点下的升力和阻力。但飞行器的飞行状态是千变万化的,因此工程上通常使用计算流体力学方法或试验方法得出一些具有代表性特征点的气动力,再根据动压以及参考面积反算出气动力系数。以这些状态下的气动力系数再通过插值方法近似得到

其他飞行状态下的气动力系数,进而计算出任意状态下的气动力。

(2) 迎角对升力和阻力的影响

1) 迎角对升力的影响

图 2.33 所示为某飞机的升力系数与迎角的关系曲线。图中横坐标表示迎角的大小,纵坐标表示升力系数的大小。从曲线可以看出,在其他条件不变的状态下,升力系数随迎角增大而逐渐增大到某一值后,开始随迎角增大而减小。我们将曲线与横轴交点对应的迎角叫作零升迎角,顾名思义,此时的升力系数为零,而升力系数最大时所对应的迎角叫作临界迎角。当迎角增大到临界迎角时,如果迎角继续增大,升力系数不但不再增大,反而会迅速减小,这种现象叫作失速。

升力系数随迎角变化规律产生的原因是:迎角增大时,一方面在机翼上表面前部,流线更为弯曲,流管变细,流速加快,压力降低,吸力增大;与此同时,在机翼下表面,气流受到阻挡,流管变粗,流速减慢,压力增大,使升力增大;另一方面,迎角增大时,由于机翼上表面最低压力点的压力降低,因此后缘部分的压力比最低压力点的压力大得更多,于是在上表面后部的边界层中,空气向前倒流的趋势增强,气流分离点向前移动,涡流区扩大,破坏空气的平顺流动,从而使升力降低。在中、小迎角时,增大迎角,分离点前移缓慢,涡流区只占机翼后部不大的一段范围,这对机翼表面空气的平顺流动影响不大,前一方面起着主要作用,因此在小于临界迎角的范围内,迎角增大,升力是增大的,到临界迎角,升力达到最大。超过临界迎角后,迎角再增大,分离点迅速前移,涡流区迅速扩大,严重破坏空气的平顺流动,机翼上表面前段,流管变粗,流速减慢,吸力降低。从分离点到机翼后缘的涡流区内,压力大致相同,比大气压力稍小。在靠近后缘的一段范围内,吸力虽稍有增加,但很有限,补偿不了前段吸力的降低。所以,超过临界迎角以后,迎角再增大,升力反而减小。

改变迎角,不仅升力大小要发生变化,压力中心也要发生前后移动。迎角由小逐渐增大时,由于机翼上表面前段吸力增大,压力中心前移。超过临界迎角以后,机翼前段和中段吸力减小,而机翼后段吸力稍有增加,所以压力中心后移(参见图 2.23)。

2) 迎角对阻力的影响

图 2.34 所示为某飞机阻力系数与迎角的关系曲线。可以看出,在小迎角下,迎角增大,阻力系数增大得较慢;在大迎角下,迎角增大,阻力系数增大得较快。

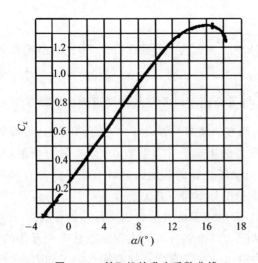

图 2.33 某飞机的升力系数曲线

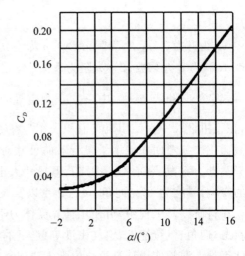

图 2.34 某飞机的阻力系数曲线

在低速飞行时,机翼的阻力有摩擦阻力、压差阻力和诱导阻力。在不同迎角下,各种阻力在飞机总阻力中所占的比重也有所不同。在小迎角下机翼的升力和涡流区都不大,所以诱导阻力和压差阻力都很小,摩擦阻力和干扰阻力是主要的组成部分。在大迎角下升力大,诱导阻力占主要比重。超过临界迎角后,升力减小,诱导阻力随之减小,这时压差阻力占主要比重。

实验表明,迎角增大,摩擦阻力一般变化不大。

迎角增大,分离点前移,机翼后部的涡流区扩大,压力减小,机翼前后的压力差增加,故压差阻力增加。迎角增大到超过临界迎角以后,由于分离点迅速前移,涡流区迅速扩大,压差阻力将急剧增加。

小于临界迎角,迎角增大时,由于机翼上、下表面的压力差增大,使翼尖涡流的作用更强,下洗角增大,导致实际升力更加向后倾斜,故诱导阻力增大。超过临界迎角,迎角增大,由于升力降低,故诱导阻力随之减小。

综上所述,在小迎角的情况下增加迎角时,由于升力的增加和涡流区的扩大都很慢,故压差阻力和诱导阻力增加都很少,这时机翼的阻力主要是摩擦阻力,因此整个机翼阻力增加不多。当迎角逐渐变大以后,再增大迎角时,由于机翼升力的增加和涡流区的扩大都加快,故压差阻力和诱导阻力的增加也随之加快,特别是诱导阻力在大迎角时随着迎角的增大而增加更快。因此,整个机翼的阻力随着迎角的增大而增加较快,这时诱导阻力是机翼阻力的主要部分。超过临界迎角以后,虽然诱导阻力要随着升力的降低而减小,但由于压差阻力的急剧增加,结果使整个机翼阻力增加更快。

简单地说,迎角增大,阻力增大;迎角越大,阻力增加越多;超过临界迎角,阻力急剧增大。

(3) 飞行速度和空气密度对升、阻力的影响

1) 飞行速度的影响

从式(2-8)和式(2-9)可以看出,飞行速度越大,升力和阻力也越大,并且升力、阻力与飞行速度的平方成正比。

飞行速度增大,为什么升力、阻力会随之增大呢?因为在同一迎角下,机翼流线谱,即机翼周围的流管形状基本上是不随飞行速度而改变的。由前文升力产生的原理可知,飞行速度愈大,向下偏折的气流速度越大,改变其方向所需的加速度就越大,升力也相应增大。

从阻力产生的分析可知,飞行速度增大时,摩擦阻力和压差阻力都要增大,所以总阻力也就随着飞行速度的增大而增大。

2) 空气密度的影响

从式(2-8)和式(2-9)也可看出,升力和阻力与空气密度成正比。因为空气密度增大,当空气流过机翼的速度发生变化时动压变化也大,作用在机翼上表面的吸力和下表面的正压力也都增大,所以机翼的升力和阻力随空气密度的增大而增大。显然,随着高度增加,空气密度减小,升力和阻力也随之减小。

(4) 机翼面积、飞行器气动外形和表面质量对升、阻力的影响

1) 机翼面积

机翼面积大,上下表面压力差的总和增大,升力增加,同时与空气摩擦的面积也大,因而阻力也增大。实验证明,升力、阻力同机翼面积成正比。

2) 飞行器气动外形以及表面质量

飞行器的气动外形对升、阻力系数的影响很大且影响原理非常复杂。通常,厚度、弯度较大的翼型和较大机翼展弦比的飞行器在低速下具有更高的升力系数,而流线型的外形以及较小的

迎风面积能带来更小的阻力系数。

此外,飞机表面光滑与否对摩擦阻力影响较大。飞机表面越粗糙,边界层越厚,黏性摩擦加剧,摩擦阻力增大。因此,保持飞机表面光滑,就能减小飞机阻力。

(5) 升阻比

升力和阻力互相联系又互相影响。研究飞机的飞行性能,不能仅从升力或仅从阻力一个方面分析,有必要把二者结合起来,即研究升力和阻力之间的关系。二者的关系通常用升阻比来表示,即

$$K = \frac{L}{D} = \frac{C_L \frac{1}{2}\rho v^2 S}{C_D \frac{1}{2}\rho v^2 S} \tag{2-10}$$

或

$$K = \frac{C_L}{C_D} \tag{2-11}$$

升阻比 K 就是在同一迎角下升力与阻力之比,也就是升力系数与阻力系数之比。升阻比大,说明在取得同一升力的情况下阻力比较小。

升阻比的大小主要随迎角而变化,与空气密度、飞行速度和机翼面积的大小无关,因为这些因素变化时,升力和阻力都按同一比例变化,不影响二者的比值。

图 2.35 给出了升阻比随迎角变化的规律。从中可以看出,升阻比随迎角增大先增大后减小,最大升阻比所对应的迎角,称为有利迎角。

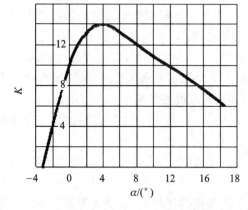

图 2.35 某飞机的升阻比曲线

4. 增升装置

在飞机设计时,一般根据其最常用的飞行状态来确定飞机的气动布局及相关参数。通常,飞机以高速或巡航状态飞行。在这种状态下,由于速度很大,以较小的迎角飞行依然可以维持足够的升力。但是在低速飞行(特别是起飞和降落)时,由于速度很低,需要以较大的迎角飞行来保持升力。然而,通过增加迎角来增加升力的方法是有限度的,在迎角超过临界迎角后,升力反而会下降,造成失速。因此,需要专门设计装置使其在较低速度下也可产生足够升力,正常飞行。

增升装置的原理通常可归纳为以下两类:改变机翼剖面形状,增大翼型弯度,增大机翼面积;控制机翼上的边界层以推迟气流的不利分离。根据这些原理所设计出的常见增升装置通常包括襟翼、缝翼、边界层控制装置等。

(1) 襟 翼

襟翼是安装在机翼前后缘上的一种可动装置,可通过改变机翼的几何形状达到增加其低速飞行时升力的作用。襟翼有多种设计形式,根据安装位置不同通常可分为前缘襟翼和后缘襟翼。常见的襟翼形式如下:

① 简单式襟翼(图2.36)。简单式襟翼通过铰链安装在机翼后缘,放下后可以改变翼型的形状,增加弯曲程度,从而增加翼型的最大升力系数。

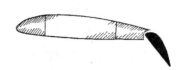

图2.36 简单式襟翼

② 开裂式襟翼(图2.37)。开裂式襟翼放下后对于机翼上表面气流影响不大。一方面,增加了下表面的弯曲程度,提高升力系数;另一方面在襟翼和机翼下表面后部形成低压涡流,吸引上表面空气,延缓边界层分离。

③ 开缝式襟翼(图2.38)。在简单襟翼的基础上在襟翼前缘与机翼后缘之间增加了缝隙,放下后,下表面高压气流通过缝隙流向上表面,增加了上表面边界层的能量,延缓了气流分离。

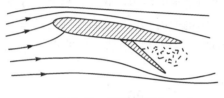

图2.37 开裂式襟翼

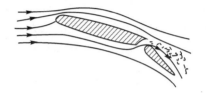

图2.38 开缝式襟翼

④ 后退式襟翼(图2.39)。其结构更加复杂。襟翼在打开的同时向后退,不仅增加了机翼剖面的弯曲度,还增大了机翼面积,可大幅提高其低速时的升力。

⑤ 富勒式襟翼(图2.40)。一种双开缝或三开缝的后退式襟翼,以发明者富勒的名字命名。它既改变了机翼形状,增加了机翼面积,又有开缝式襟翼的作用,增升效果更好。现代大型、高速飞机多采用这种襟翼形式。

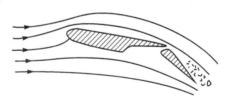

图2.39 后退式襟翼

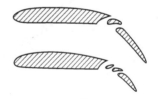

图2.40 富勒式襟翼

(2) 缝翼与其他边界层控制装置

如图2.41所示,缝翼安装在机翼前缘,通过打开在机翼前缘形成一道缝隙,使机翼部分下表面气流流到上表面,增加上表面边界层能量,可延缓前缘气流分离,增加低速时的升力。在实际应用中,前缘缝翼打开在翼面形成缝隙的同时,通常也会改变机翼几何形状以达到襟翼的作用,而后缘襟翼也通常做开缝设计,目的是也是将下表面气流引入上表面,增加上表面边界层的能量,延缓气流分离。因此前缘缝翼以及开缝的襟翼在某种程度上也属于一种边界层控制装置。

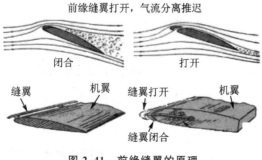

图2.41 前缘缝翼的原理

除此之外,还出现了其他形式的边界层控制装置,如用来自发动机或者飞机迎面而来的冲压气流吹除机翼后部因能量削弱而堆积的边界层,或采用空气泵吸除这些速度过低的边界层,以达到延缓气流分离的作用。边界层控制装置可以带来更大的增升效果,在现代飞机中已广泛采用。

(3) 边界层控制装置

机械式增升装置可使飞机的最大升力系数得到很大的提高,但高速飞机的机翼展弦比小,后掠角大,会削弱增升装置的效果;同时,由于翼型相对厚度较小,也会使最大升力系数减小。此外,增升装置的构造复杂,会导致飞机质量增加太多,降低飞机的基本可靠性。为了克服这些不利因素,出现了边界层控制增升装置。

图 2.42 所示的吹气式襟翼就是这样一种边界层控制装置,已经应用于部分现代飞机上。其基本原理是利用从涡轮喷气发动机引出的压缩空气或燃气流,通过机翼后缘的缝隙沿整个翼展向后下方高速喷出,形成一片喷气幕,起到类似于襟翼的增升作用。吹气式襟翼一方面改变了机翼周围的流场,提高了上下翼面的压力差,增加了机翼的升力;另一方面,喷气的反作用力在垂直方向上的分力也使机翼的升力有所增加,水平方向的分力则可以增加飞机的推力,因此,这种装置的增升效果非常明显。

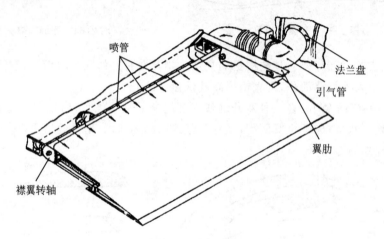

图 2.42 吹气式襟翼

还有一种用于增升的涡流发生器(图 2.43),虽然构造简单,但防止分离及增升效果都比较好。涡流发生器是一些导向叶片,垂直安装在机翼上翼面的适当位置上,每个叶片的流动像半个小机翼,利用产生翼梢旋涡将翼面边界层外的气流带入边界层内,增加边界层内气体的能量,提高了气流克服逆压梯度的能力,延缓气流分离,起到增升的作用。

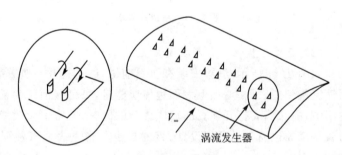

图 2.43 机翼上的扰流片

此外,采用边条翼、鸭翼布局以及前置扰流片等设计,也可以显著地提高飞机的低速升力,起到增升的效果。

2.3.4 高速飞机的空气动力及外形特点

在飞机的发展史上,声速曾经是一道不可跨越的障碍。曾有人断言,飞行器的速度无法超过声速。这是因为当飞机尝试超过声速时,会发生剧烈的抖振、失控、阻力急剧增大等现象,人们将其称为"声障"。后来经过研究发现,声障现象来源于超声速飞行时飞机特殊的气动特征。

1. 激波与波阻

(1) 弱扰动波的传播

飞行器在飞行中对周围的空气产生作用,使空气的密度、压强、速度等参数发生变化,也就是对空气产生了扰动。空气是可压缩的弹性介质,一处受到扰动,这个扰动就会通过空气相互作用,向四面八方传播。当这种扰动对于空气的参数影响很小时叫弱扰动,声音就是一种由弱扰动传播而形成的弱扰动波。弱扰动波以声速向四面八方传播。下面根据扰动源运动的速度,分四种情况讨论弱扰动的传播。

1) 扰动源静止($v=0$)

如图 2.44(a)所示,扰动源 O 引起的扰动,1 s 后波阵面达到半径为 c 的球面;2 s 后波阵面达到半径为 $2c$ 的球面……时间越久,扰动传播得越远。

2) 扰动源以亚声速运动($v<c$,c 为声速)

图 2.44(b)表示扰动源以亚声速运动时扰动的传播。为方便研究,取 $v=0.5c$。扰动源当前位置为 O。1 s 前它在 O_1 处引起的扰动此时形成了以 O_1 位圆心,半径为 c 的波阵面;2 s 前它在 O_2 处引起的扰动此时形成了以 O_2 为圆心,半径为 $2c$ 的波阵面……从图中可以看到,虽然扰动源运动前方的波阵面比后方的波阵面密,但是扰动总是可以传播到扰动源的前面去。

3) 扰动源以声速运动($v=c$)

图 2.44(c)表示扰动源以声速运动时扰动的传播。由图可以看出,由于扰动源的运动速度与扰动波的运动速度一致,因此它在任意时刻发出的扰动波波阵面都在扰动源处相切。由此可见,运动速度和声速相等时,扰动就无法传播到扰动源的前面去,也就是说,扰动源引起的扰动不可能使 O 点运动方向前方的空气性质产生变化,只能影响后方的空气。

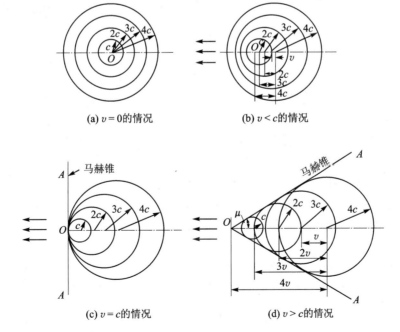

图 2.44 弱扰动波的传播

4) 扰动源以超声速运动（$v>c$）

如果扰动源的速度大于声速，如图 2.44(d)所示，若此时扰动源在 O 点处，那么由于其运动速度大于扰动波传播速度，因此它之前发出的扰动波均在 O 点之后。扰动虽然以球面形式传播，但其传播范围将被限制在一个以 O 点为顶点的圆锥内，所有的受扰动球面均相切于该圆锥。这个圆锥通常称为马赫锥或扰动锥。扰动源以超声速运动时，它只能影响马赫锥内的空气，使其压力、密度有所变化。可以看出，速度相比声速越高，马赫锥越尖。

飞行器上与气流接触的每一个点，都是一个扰动源。因此，如果飞行器的飞行速度小于声速，它所引起的扰动可以传到飞行器的前面去；而如果飞行速度等于或大于声速，则扰动就不能传到飞行器的前面去，只能在飞行器后面的一定范围内传播。飞行速度比声速大得越多，这个范围就越小。在雷达发明之前，英国人通过在海岸边设置监听设备探测来犯的敌机，如果是现代超声速飞机的话，在监听设备侦测到敌机之前，敌机早已飞临头顶了。

(2) 激波与膨胀波

前面谈到，在超声速飞行时，扰动不能传到飞机的前面去。因此，像飞机头部和机翼前缘，迎面而来的空气就不像在亚声速飞行那样在飞机来到之前早已逐渐地感受到飞机的扰动，而是事先丝毫没有受到飞机扰动的影响。飞机突然来到跟前，空气来不及让开，因而突然遭到强烈的压缩，其压力、密度和温度都突然升高，相对于飞机的流速则突然降低。这个压力、密度、温度和流速从无变化到突然发生变化的分界面叫作激波（图 2.45）。

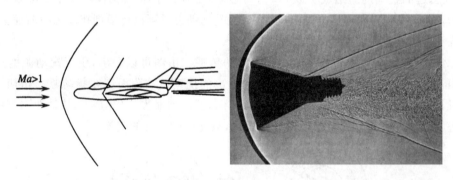

图 2.45 激 波

飞机在空中以超声速飞行时，相当于气流以超声速流过飞机，因此在机身和机翼前部气流受到阻滞，即不断受到压缩而形成激波。飞机外形与飞行马赫数不同，激波形状也是不同的。

图 2.46(a)和(b)中的激波称为脱体激波，(c)中的激波称为附体激波。

激波面与运动方向垂直的部分称为正激波，如图 2.46(a)和(b)中的激波前部为正激波，与运动方向不垂直的部分称为斜激波。

激波可以是平面的（图 2.46(c)），也可以是曲面的（图 2.46(a)和(b)）。气流通过正激波时，压力、密度都会突然升高，流速由超声速降为亚声速，气流方向不变。通过斜激波的空气压力、密度、温度的升高没有正激波那样强烈，通过斜激波后的流速有可能降为亚声速，也有可能仍为超声速。

同样地，如果流管突然扩大，那么气流将产生突然膨胀，在转折处也会产生扰动波，通过这道扰动波的气流膨胀，压力、密度降低，速度增加，叫作膨胀波，如图 2.47 所示。

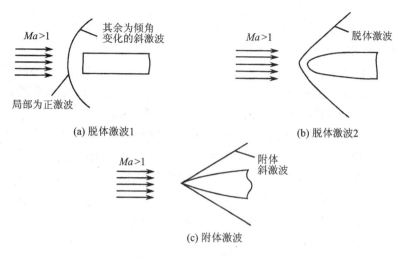

图 2.46　不同种类的激波

(3) 临界马赫数和局部激波

当气流绕过机翼时,由于翼面上各处气流速度、压强不同,因此翼面各处的声速也不尽相同。由于流速越高压强越低、声速越小,因此整个翼面上压强较低地方的气流马赫数较高。随着远前方来流速度不断增加,机翼上各点的流动速度也在增加,那么翼面上压强最低的点上的气流将首先达到声速。此时,远前方气流的马赫数就称为临界马赫数。此时翼面上达到声速的地区就会出现局部激波,如图 2.48 和图 2.49 所示。

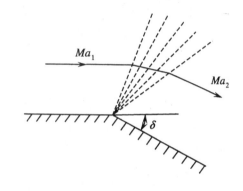

图 2.47　膨胀波的产生

通常,上翼面的气流速度比下翼面的大,压强较小,会首先达到当地声速,因此局部激波通常首先出现在上翼面。随着速度的增加,下翼面也会出现局部激波,且当速度进一步增加时,机翼上下表面的局部激波会向后移动,并且下翼面的局部激波移动速度更大,可能一直移动到机翼后缘,同时激波强度也将增大,激波阻力将增大。

为了推迟局部激波的出现,减小阻力,应当尽量提高临界马赫数。

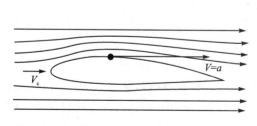

图 2.48　局部激波

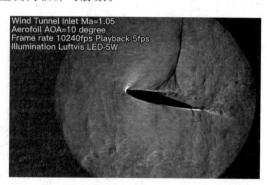

图 2.49　机翼上局部激波的照片

2. 高速飞行时的空气动力

(1) 超声速飞行时的升力

在超声速飞行时，机翼上会产生激波与膨胀波。如图 2.50(a)所示，在小的正迎角下，超声速气体流过翼剖面时，由于其对空气进行压缩，在机翼前缘的上下表面均形成激波。同时由于迎角的存在，下表面对于空气的偏折相比上表面更大，产生的激波也更强。因此气流通过激波后，上表面的气流压强升高程度低，下表面气流压强升高程度高，从而有了上下表面的压强差，形成升力。在相对较大的迎角下，机翼上表面不但没有对空气进行压缩，反而形成了扩张流管，从而产生膨胀波，气流通过膨胀波后压强减小；而下表面依然对空气进行压缩而产生激波，气流通过激波后压强升高，上下表面产生压强差，产生升力。

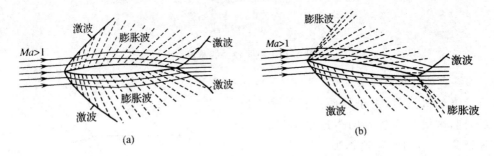

图 2.50 超声速飞行时机翼上下表面的激波和膨胀波

低速飞行时，机翼升力系数的大小几乎只取决于其迎角和形状，与飞行速度关系不大；但在高速飞行中，升力系数不仅取决于迎角和形状，还取决于飞行马赫数。图 2.51 所示为升力系数随飞行马赫数 Ma 的变化曲线。在低速阶段，升力系数基本不随马赫数变化；在亚声速阶段，升力系数随马赫数升高而升高；在跨声速阶段，随着马赫数增大，升力系数变化剧烈，有时升高，有时降低；在超声速阶段，升力系数则随着马赫数的增大而下降。

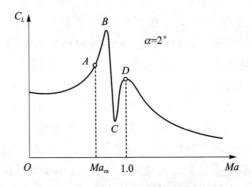

图 2.51 升力系数随 Ma 数的变化

由于升力的大小与速度平方成正比，因此虽然在超声速阶段升力系数随马赫数升高而降低，但升力却仍然在增加。

(2) 高速飞行时的阻力

因为气体的部分动能在通过激波时被转化成了热能，造成了气体能量的损失，飞机会因此而产生一个附加的阻力，这就是常说的激波阻力，简称"波阻"。

波阻的高低主要取决于激波的强度，而决定激波强度的因素主要是波面的角度和飞行器的飞行马赫数。很明显，马赫数越大，激波越强，波阻也就越大。而在飞行马赫数不变的情况下，激波的形状又主要取决于飞机的形状，特别是头部的形状。就激波的形状而言，由于通过正激波的气流性质变化更加强烈，因此正激波的波阻比较大，而斜激波的波阻要小得多。超声速飞行时，钝头飞行器会产生正激波，正激波沿着上下两端逐渐倾斜，而在远处成为斜激波，最后逐渐减弱成为弱扰动的边界波。尖头飞行器多产生斜激波，到末端逐渐减弱进而转化为边界波。正是为了降低超声速飞行时的激波阻力,超声速飞机的前部设计的特别尖,机身也比较细长。

图 2.52(a)所示为阻力系数随马赫数变化的曲线。在翼型和迎角不变的条件下,阻力系数随飞行马赫数变大的一般趋势如下:在临界马赫数以前,阻力系数受飞行马赫数影响很小;达到临界马赫数时,阻力系数稍有增加然后随马赫数增加而急剧增大;在马赫数大于 1 后,阻力系数逐渐下降。

图 2.52(b)所示为阻力随马赫数变化的曲线。阻力的大小不仅与阻力系数成正比,还与飞行速度的平方成正比。所以从临界马赫数到马赫为 1 数这一阶段,由于阻力系数陡增,阻力随马赫数增长而增长得非常迅速。

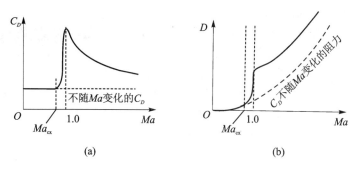

图 2.52 飞行阻力系数与阻力随 Ma 数的变化

(3) 气动加热

在超声速飞行时,由于高速空气与机体摩擦会产生大量热量,从而使飞机表面被加热,这种现象叫作气动加热,随着马赫数的提高,气动加热会使温度急剧升高。例如:在同温层飞行时,当飞行马赫数为 0.5 时,飞机头部温度约为 10 ℃;当飞行马赫数提高到 2 时,飞机头部温度可提高到 100 ℃;当飞行马赫数提高到 6 时,飞机头部温度将达到 1 360 ℃,远超一般航空材料的熔点。气动加热给飞行器设计带来了又一难题,人们把这种因为气动加热而使飞行器的速度难以进一步提升的情况称为"热障"。

解决热障的方法主要有两类,一类为主动防热,另一类为被动防热。

被动防热的方法主要是采用耐高温材料制造飞行器上面的主要被加热部分,或者为其制造隔热层。比如航天飞机在返回大气层的过程当中,为了抵御气动加热带来的高温,为主要承受气动加热的机腹铺设了一层由耐高温陶瓷材料制成的隔热瓦。2003 年 2 月 1 日,美国"哥伦比亚"号航天飞机在返回大气层时,正是由于部分隔热瓦脱落,机体结构无法承受气动加热而烧毁。

主动防热方式包括使用冷却液对受热部分进行降温,或者在受热部分喷涂高温下会挥发的材料,依靠其挥发吸收热量。

(4) 超声速飞行"声爆"现象

在飞行过程中,机翼的前缘、后缘各产生一道激波。同理,超声速飞行的飞机在做超声速飞行时,也会在头、尾各产生一道激波。这两道激波传播到地面时,地面上的人就会听到巨大的响声,这种现象叫作"声爆"。由于激波对于空气压强的影响很大,因此传播到地面的激波会造成大的破坏,轻者损伤人员听力,重则震碎玻璃,破坏建筑物。实验表明,某型飞机在 7 500 m 高度以马赫数 1.22 平飞时,航线下方的建筑物玻璃将被震碎。因此,在和平时期,通常限制超声速飞机在低空进行超声速飞行。

3. 高速飞机的外形特点

高速飞机通常指高亚声速飞机和超声速飞机。在高亚声速飞机上，由于飞行速度可能超过临界马赫数，因此可能产生局部激波。在超声速飞机上，必然会产生激波。这两类飞机最大的设计难点之一是解决由于飞行速度提高产生的激波而导致阻力增大的问题。解决的方法除了采用推力足够大的喷气式发动机之外，还要求飞机的气动外形能适应高速飞行的要求。

（1）高速飞机的翼型特点

对于高亚声速飞机，要着重提高临界马赫数，以推迟飞机上局部激波的出现，从而达到提高飞行速度和飞行效率的目的，也就是使飞机的速度更接近声速而又不至于在机翼上过早地出现局部激波以及波阻。现代民航客机大量采用的超临界翼型（图 2.53），就是通过翼型设计使得临界马赫数提高，临界马赫数越大，飞机就可以飞得越接近声速而不产生波阻。比如，波音

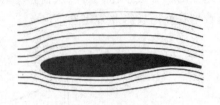

图 2.53 超临界翼型

787 的最大飞行马赫数可达 0.98，这意味着虽然其飞行速度已经接近声速，但机翼上依然没有形成显著的局部激波。

对于超声速飞机，由于其产生升力原理的特殊性，大多采用厚度小的对称翼型或接近对称翼型，其最大厚度靠近弦线中间，且翼型前缘曲率半径小，翼剖面外形轮廓变化比较平缓。这种翼型有利于提高临界马赫数，延缓局部激波的形成，而且在超声速之后，机翼前缘所形成的也是斜激波，有利于减小波阻，使阻力系数增长更平缓。比如美国的 F-104 战斗机，其前缘半径非常小，甚至可以用"锋利"来形容，其机翼前缘甚至割破过机务人员的手。

研究表明，在超声速飞行中，双弧形、菱形、楔形和双菱形翼型波阻较小，如图 2.54 所示。

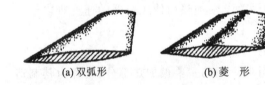  

(a) 双弧形　　　　　(b) 菱形　　　　　(c) 楔形　　　　　(d) 双菱形

图 2.54 几种超声速翼型

（2）高速飞机机翼平面形状特点

超声速飞机常采用大后掠翼、三角翼、小展弦比平直翼等，如图 2.55 所示。

1）后掠翼

高速飞机一般都采用后掠机翼。这种机翼在以接近声速飞行时，能提高临界马赫数，而在超过临界马赫数以后，阻力系数增加比较缓慢，波阻较小。

后掠翼与平直翼相比，之所以能推迟局部激波的产生，提高临界马赫数，主要是降低了机翼上的有效速度。当气流以速度 v 流过平直机翼时，v 是产生升力的有效速度，如图 2.56(a)所示；而气流以相同速度流过后掠机翼时，由于后掠角的影响，气流速度 v 只有一部分速度 v_n 产生升力，该速度称为有效速度，而另一部分速度 v_t 沿着翼展方向流动，对升力的产生不起作用，如图 2.56(b)所示。

然而 v_n 是 v 的一部分，总小于 v，因此流过后掠翼的有效速度相较于来流速度减小了。这样，当气流以速度 v 流过平直机翼时若达到临界速度，而以同样速度流过后掠翼时还达不到临

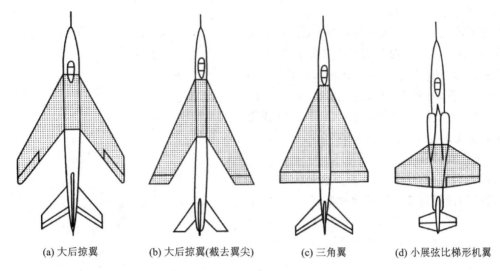

(a) 大后掠翼　　(b) 大后掠翼(截去翼尖)　　(c) 三角翼　　(d) 小展弦比梯形机翼

图 2.55　几种超声速机翼平面形状

界速度。要使后掠机翼达到临界速度,就必须提高流速 v。因此,后掠机翼也就提高了临界马赫数,推迟了局部激波的产生。机翼后掠角越大,相同流速的有效速度就越小,临界马赫数也就越大。后掠机翼在超过临界马赫数以后,其阻力随马赫数增大的趋势比较缓和,因为后掠翼的空气压力分布是由有效分速度 v_n 决定的,如图 2.57 所示。激波所引起的阻力 D_n 不是真正阻碍飞机前进的阻力,只有将 D_n 分解到平行于飞行方向的阻力 D,才是后掠翼的阻力。由此可见,在同一马赫数数下,后掠翼阻力也较平直翼阻力增加缓和。后掠角一般在 $35°\sim 60°$ 之间,有的可达 $75°$。

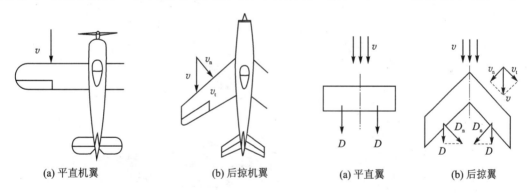

(a) 平直机翼　　(b) 后掠机翼　　　　(a) 平直翼　　(b) 后掠翼

图 2.56　流过平直机翼和后掠机翼的气流速度　　图 2.57　平直翼的阻力与后掠翼的比较

由于机翼后掠会带来机翼上表面边界层向翼尖方向流动,增加了翼尖边界层的厚度,故致使大迎角下翼尖气流提前分离而造成翼尖失速(翼尖升力减小)。为阻止大后掠角翼边界层向翼尖流动,可采取以下几种措施:后掠翼上安装一定高度的金属薄片(翼刀),利用翼刀阻止边界层展向流动;某些高速飞机前缘做成锯齿形或缺口,利用锯齿形和缺口产生的涡流来阻挡边界层向翼尖流动,并增加边界层内气流的动能,如图 2.58 所示。

2) 三角翼

采用三角形机翼减小阻力的程度更大,其减阻原理和后掠角机翼相似。另外,还因为三角翼的翼弦较后掠角机翼的长,减小了翼型的相对厚度,从而减小了阻力。

3) 小展弦比梯形机翼

对于低速飞机来说,为了减小诱导阻力,机翼应具有较大的展弦比。对于超声速飞机来说,为了减小波阻,反而要求具有小展弦比机翼,如图 2.55(d)所示。由于激波是沿翼展前后缘产生的,因此翼展缩短后,激波阻力就会减小。目前,超声速飞机的小展弦比机翼的展弦比一般在 2.5 以下。

4) 变后掠翼

机翼的后掠角越大,对于超声速越有利。但是,大后掠角使得机翼的展弦比和翼展都很小,在亚声速飞行时气动性能不佳,机动性变差,起降性能变坏。因此,部分飞机采用了变后掠机翼设计,其机翼后掠角可以变化,兼顾了高速和低速性能。不过,变后掠翼需要有动作机构,大大增加了飞机的质量和结构复杂度。图 2.59 所示为 F-14 战斗机采用的变后掠翼设计。

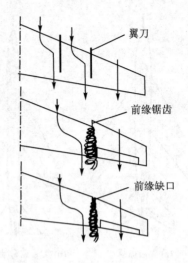

图 2.58 后掠翼的翼刀、前缘锯齿及缺口的作用

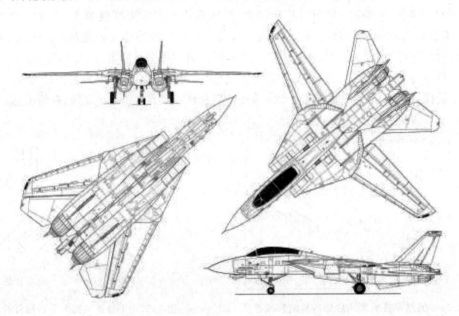

图 2.59 F-14 战斗机采用的变后掠翼设计

(3) 尾翼的特点

高速飞机尾翼的外形一般和机翼相同。其特点是:某些高速飞机采用全动式尾翼,即整块水平尾翼、垂直尾翼都可以转动(全舵面),用来改变尾翼的空气动力特性,以提高高速飞行时的操纵性。因为在这一阶段尾翼上也产生激波,若操纵舵面偏转只能改变舵面上的压力,而不能影响波前的压力分布,从而大大削弱了高速飞行的操纵效果,所以某些高速飞机部分(水平尾翼)会设计成全动式尾翼,如图 2.60 所示。

(4) 机身的外形特点

机身头部的形状也与波阻大小有密切的关系。在超声速飞行时,机头越钝,在机头就会有更大的部分产生正激波,正激波的强度较斜激波更大,因此波阻也更大;反之,头部越尖,主要产生的是斜激波,因此波阻相对较小。超声速飞机的机头通常尖而细,就是这个原理。高速飞机的机身长细比也比较大,与采用相对厚度小的机翼原理类似,其作用是提高机身的临界马赫数,减小波阻。此外,美国科学家惠特科姆于1952年首次提出了"面积率"理论。这种理论认为,飞行器的波阻取决于其垂直于来流的横截面积沿流向的分布函数,而截面积分布突变将引起较大的激波阻力。因此,现代超声速飞机通常将与机翼结合处的机身做成中间细、两头粗的形状,即蜂腰机身,以使飞机横截面积变化缓慢柔和,减小激波阻力,如图2.61所示。

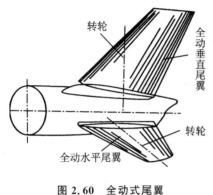

图2.60 全动式尾翼

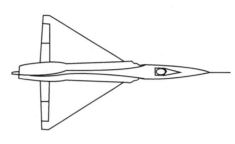

图2.61 蜂腰机身

2.3.5 空气动力的计算与实验简介

飞机的升力和阻力的大小及其相对关系,对于飞机性能有很大的影响。要提高飞机的飞行性能,应使升力大、阻力小,使飞机的空气动力特性良好。目前,工程上确定飞机升力和阻力的大小及变化的方法主要有两种,一种是计算流体力学仿真,另一种是风洞试验。

1. 计算流体力学仿真

计算流体力学(computational fluid dynamics,CFD)是20世纪50年代以来,随着计算机的发展而产生的一个介于数学、流体力学和计算机之间的交叉学科,主要是通过计算机和数值方法来求解流体力学的控制方程,对流体力学问题进行模拟和分析。

计算流体力学的基础是理论流体力学。理论流体力学经过数百年的发展,有了长足的发展,但也只能计算部分形状与流动情况比较简单的问题。20世纪初,有学者提出了使用数值解法计算复杂流场的流体动力学问题,这种方法将复杂的流场空间用有限个形状和流动情况相对简单的流场空间(网格)来近似表示,分别进行计算,以得到整个空间的流体力学特性,如图2.62所示。从图中可以看出,网格数量越多,网格尺寸越小,近似后的空间越接近现实的流场空间。为了计算结果接近现实,此方法需要进行大量的计算,人力无法完成,在计算机诞生之前,这种方法并没有实际价值,也没有受到人们关注。自电子计算机问世以来,用

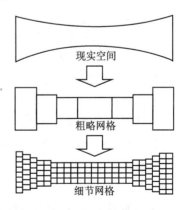

图2.62 用网格表示现实空间

电子计算机进行数值模拟和计算才成为现实。1963年,美国的F·H·哈洛和J·E·弗罗姆用当时的IBM7090计算机,成功地解决了二维长方形柱体的绕流问题,并给出尾流涡街的形成和

演变过程,受到了普遍重视。1965年,哈洛和弗罗姆发表《流体动力学的计算机实验》一文,对计算机在流体力学中的巨大作用做了引人注目的介绍。时至今日,计算流体力学仿真已经成为航空航天领域必不可少的研究手段。

2. 风洞试验

风洞实际上是一个人工产生的气流通过的洞道,也就是一种利用人造风来进行试验的工具。根据相对运动原理,只要飞机与空气之间的相对速度相同,无论是飞机静止、空气运动,还是飞机运动、空气静止,在飞机上所产生的空气动力是一样的。使用风洞,就是利用人造风吹过飞机或机翼的模型来研究模型上产生的空气动力大小及其变化。

(1) 低速风洞

图2.63所示是一种结构简单的直流式低速风洞。风洞的人造风是由风扇旋转产生的,风扇由电动机带动,调整电动机的转速即可改变风扇的转速,从而改变风洞中气流的流速。人造风首先通过收敛段,使气流收缩,速度增大;气流通过整流格,使涡流减少,气流平滑,然后再以平稳的速度通过试验段,飞机或机翼模型放置在这里。气流从试验段流过扩散段,使流速降低,能量的损失减小。最后气流通过防护网流出风洞。防护网的作用是保护风扇的叶片。

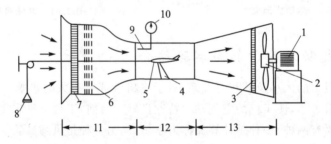

1—电动机;2—风扇;3—防护网;4—支架;5—飞机模型;6—钢丝网;7—整流格;
8—空气动力天平;9—空速管;10—空速表;11—收敛段;12—试验段;13—扩张段

图2.63 直流式低速风洞

低速风洞中还有一种回流式风洞,它的工作情况与直流式风洞相同。回流式风洞的特点是气流在回路中循环流动。与直流式相比,在二者的试验段尺寸和电机功率相等的情况下,回流式风洞试验段中的气流速度要大一些,对试验也更有利些。

烟风洞也是一种低速风洞,主要用于气流流动画面的显示。它的特点是有一套发烟装置,并在试验段进口截面上布置好排烟管嘴等。它的主要作用是形象地显示出环绕试验模型的气流流动情况,使观察者可以清晰地看出模型的流线谱,或者拍摄出流线谱的照片。

(2) 高速风洞

高速风洞包括亚、跨、超以及高超声速风洞。风洞的尺寸和速度的加大,使风洞所需的动力随之加大。超声速风洞的特点是人造风的速度是超声速的,超声速气流则由拉瓦尔喷管产生。超声速风洞按照工作时间的长短,可分为"暂冲式"(又称"间歇式")和"持续式"两种。

图2.64是一座直流暂冲式超声速风洞示意图。这种风洞是靠高压空气和大气之间的压力差来工作。如图所示,先用电动机1带动空气压缩机2对空气加压力,然后把高压空气储存在储气罐3中备用。风洞开始工作时,先打开快速阀门9让高压空气迅速流过稳定段中的整流格4后,进入产生超声速气流的拉瓦尔喷管5,飞机模型7放在实验段6中进行试验。流过模型的超声速气流再经过扩压段8来降低气流速度。试验段出口超声速气流先在收缩管道中减速,在喉

道处(俗称第二喉道)变为声速气流,然后又在扩张管道中加速变为超声速气流,再通过一道正激波减速变为亚声速气流,继续减速直到流出风洞。这类风洞的工作时间比较短,连续维持实验段中定常流动的时间一般只有几分钟或者更短时间。原因是储气罐再大,其储存的高压空气量也是有限的,故称暂冲式风洞。

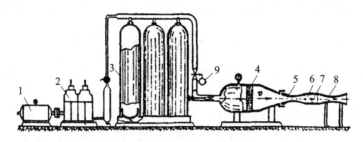

1—电动机;2—空气压缩机;3—储气罐;4—整流格;
5—超声速喷管;6—实验段;7—模型;8—扩压段;9—快速阀门

图 2.64　暂冲式超声速风洞

持续式超声速风洞虽没有工作时间短的缺点,可是它需要很大的功率。它主要是靠多级压气机来提供超声速气流,气流在一个封闭回路中循环,它的超声速喷管喉道的尺寸可以调节,以便改变气流的马赫数。

思考题

1. 试说明升力和阻力产生的原因。
2. 试说明阻力的分类及产生的原因。
3. 激波和膨胀波产生的物理原因是什么?
4. 什么是临界马赫数?提高临界马赫数可采取哪些措施?
5. 飞机的气动布局形式有哪些?
6. 机翼的几何参数有哪些?
7. 什么是局部激波?
8. 什么是超声速飞行的声爆和热障?如何消除热障?
9. 超声速飞机的外形特点有哪些?如何减小超声速飞机的激波阻力?

2.4　飞机的飞行性能

2.4.1　飞机的基本飞行性能

飞机的基本飞行性能是衡量一架飞机的重要指标,一般包括飞行速度、航程与航时、升限、起飞着陆性能以及机动性能等。

1. 飞行速度

在飞机的飞行性能中,飞行速度是最重要的性能之一。飞行速度一般包括最大平飞速度、最小平飞速度以及巡航速度等。

(1) 最小平飞速度

最小平飞速度 V_{min} 是指飞机在一定高度下能够维持水平直线飞行的最小速度。根据升力

的表达式,水平直线飞行时飞机的升力应等于其重力,即

$$L = G \tag{2-12}$$

$$L = C_L \frac{1}{2}\rho v^2 S \tag{2-13}$$

由于一定高度的空气密度可看作是一定的,因此式中的 ρ 是定值,故飞机的最小平飞速度为

$$V_{min} = \sqrt{\frac{2G}{\rho C_{L\,max} S}} \tag{2-14}$$

式中,G 为飞机此时的重力,$C_{L\,max}$ 为飞机的最大升力系数。

从式(2-14)也可看出,在相同的其他条件下,飞机的重力越大,最小飞行速度越大;而飞行高度越高,由于密度减小,最小飞行速度也会增加。而在前面讲过的增升装置,通过提高升力系数以及增加翼面积等方式,可以降低最小平飞速度,使飞机有能力在更低的速度下飞行。

(2) 最大平飞速度

最大平飞速度 V_{max} 是指飞机水平飞行状态下在一定的飞行距离内能达到的最大飞行速度。它是一架飞机可以飞多快的指标。要提高飞机的最大平飞速度,一方面要减小飞机的飞行阻力,另一方面需要提升发动机的推力。

最大平飞速度一般由动力装置提供的推力等于飞机的阻力这一条件来决定。高度越高,由于空气稀薄,空气的阻力越小,然而稀薄的空气又会使航空发动机的功率降低,所以飞机的最大平飞速度与飞行高度有密切关系。一般喷气飞机的最大平飞速度是在 11 000 m 高度处达到的,这是因为此处的空气比较稀薄,阻力小,而又没有显著降低发动机的功率。

(3) 巡航速度

巡航是指飞机可以长时间进行的定常飞行状态。在这种飞行状态下,飞机飞行单位距离的燃油消耗量较小,对于飞机和发动机本身的损耗也较小,这种状态下的速度就是巡航速度。第四代战斗机的超声速巡航性能,就是指可以在发动机相对省油的情况下长时间以超声速飞行的性能。

2. 航程与航时

最大航程指的是在一定条件下,飞机可以飞越的最远距离,是一架飞机能飞多远的指标。轰炸机以及运输机的设计中,航程是最重要的指标之一。而最大航时指飞机在一定条件下在空中停留的最长时间,是一架飞机能飞多久的指标。对于一些需要在特定空域停留较长时间进行侦察和监视的航空器而言,最大航时是其重要设计指标。

增加最大航程和最大航时,一方面要提升发动机的燃油效率,另一方面可以通过减小结构质量,增加载油量,并提升飞机的升阻比来实现。

3. 静升限

升限是表示一架飞机能飞多高的指标。飞机的静升限是指飞机能做水平飞行的最大高度。随着飞机飞行高度的增加,发动机的推力逐渐下降,当飞机上升到某一极限高度时,发动机的功率已不足以使飞机高度进一步增加,飞机仅能以这一速度做水平直线飞行,这就是飞机的极限飞行高度,也就是静升限。静升限是一个理论值,实际上飞机通常在稍低于理论静升限的高度上飞行,以便具有一定的推力储备和良好的操纵性。一般规定,对于垂直上升速度为 5 m/s 的最大平飞高度作为实际飞行的最大高度,此高度称为飞机的实用升限。

2.4.2 飞机的起飞与着陆性能

几乎所有的飞行都是以起飞开始,以着陆结束。起飞和着陆性能的好坏会直接影响到飞机的飞行安全。

1. 飞机的起飞性能

飞机的起飞过程是一种加速飞行的过程,包括地面加速滑跑和离地并爬升到安全高度两个阶段。图 2.65 所示为飞机的起飞过程。

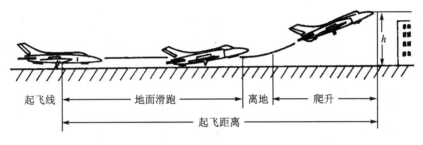

图 2.65 飞机的起飞过程

飞机起飞时,驾驶员加大油门使飞机加速滑跑。当加速到一定速度时,驾驶员操纵飞机抬头增加迎角,进而增加飞机的升力使飞机飞离地面,此时的速度为离地速度。随着升力的进一步增加,飞机加速上升,当飞机上升到安全高度时,起飞过程结束,此时飞机所飞越的地面距离为飞机的起飞距离。

起飞距离是一项重要的起飞性能,显然该距离越短越好。为了缩短飞机的起飞距离,可以采用增升装置增加升力,也可以通过增加附加推力来加速,比如采用助推火箭,缩短加速所需时间。对于航母舰载机而言,可以采用弹射起飞的方式缩短起飞距离。

2. 飞机的着陆性能

飞机的着陆过程是一个速度和高度逐渐下降的过程,包括下滑、拉平、平飞减速、飘落触地和滑跑几个阶段。图 2.66 所示为飞机的着陆过程。

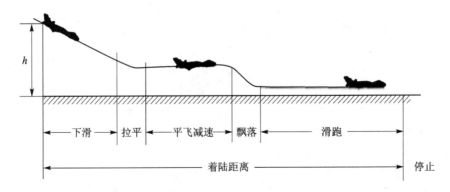

图 2.66 飞机的着陆过程

飞机从一定高度开始下滑,在靠近地面处拉平、减速,最后落地滑跑。飞机的着陆性能通常包括着陆距离、接地速度以及着陆滑跑距离。着陆距离是指从飞机下降到某一高度开始算起到最终停下来所通过的地面距离。这一高度对于民用飞机而言通常是 15 m 左右。接地速度是指飞机在接触地面时的速度,而滑跑距离指飞机从接地到完全停止所需的距离。

显然,飞机的最小飞行速度越小,飞机的接地速度越小,就越容易停下来,着陆距离和着陆滑跑距离也就越小,因此现代飞机在着陆时都会使用增升装置以降低着陆时的速度。此外,飞机还会使用多种方式缩短着陆滑跑距离,除了在起落架设置刹车外,还有通过机构使发动机产生反向推力实现减速,或是打开飞机机翼或机身上的扰流板增加阻力实现减速。军用飞机有时会在着陆后打开减速伞进行减速;航空母舰上可供飞机进行着陆滑跑的距离非常短,因此会在跑道上设置拦阻索,飞机在降落时用尾钩钩住拦阻索而迅速停止。

3. 飞机的机动性

飞机的机动性是指飞机改变自身飞行状态的能力。对于飞机机动性的要求取决于飞机的设计目的。对于战斗机而言,要求有极高的机动性,对于运输机和客机而言,一般不要求在空中做剧烈机动动作,机动性要求较低。

根据牛顿第二定律,飞机改变自身飞行状态需要获得加速度,也就是需要获得额外的力,这些力是由气动力提供的。也就是说,飞机在作机动飞行时会受到比匀速平飞时更大的气动力,因此在设计飞机时,必须考虑到飞机结构在各种飞行情况下所承受的外载荷。

在飞机设计中,一般用过载(或载荷系数)来描述飞机所做机动飞行的程度。飞机的过载是指飞机所受到的除了重力之外的外力与飞机自身重力之比。除特殊情况外,通常只考虑垂直方向上的过载,即升力与飞机重力的比值,即

$$n_y = \frac{L}{G} \tag{2-15}$$

飞机的机动性设计要求越高,可用过载就要求越大。高机动性要求的飞机可用过载高达 9 左右,而一般的民航客机可承受的过载为 2.5。

飞机自身飞行状态不断发生改变的飞行方式叫作机动飞行。运输机与民航客机需要通过盘旋来转向,战斗机则可以完成筋斗、跃升、战斗转弯等战术动作以进行空中格斗。随着飞行性能的提高和推力矢量技术的出现,还出现了过失速机动动作,即在失速状态下完成的可控机动动作。

(1) 盘　旋

飞机在水平面内做等速圆周飞行叫作盘旋飞行,如图 2.67 所示。通常坡度(坡度即指飞机倾斜的程度)小于 45°时,叫作小坡度盘旋;大于 45°时,叫作大坡度盘旋。盘旋和转弯的操纵动作完全相同,只是转弯的角度不到 360°而已。

盘旋一周所需的时间越短,盘旋半径越小,方向机动性就越好。在作战时,希望盘旋半径越小越好,这时就要尽量

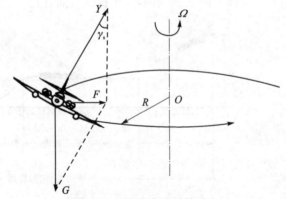

图 2.67　飞机盘旋时的受力

使飞机加大坡度,以增大使飞机做曲线运动的向心力。在盘旋中,为了保持在垂直方向上升力与重力的平衡,维持高度不变,当改变坡度时,需要相应地改变升力的大小;坡度越大,所需的升力也就越大,飞机的过载也就越大。例如当飞机以 80°的坡度盘旋时,升力增大到飞机所受重力的

5.76 倍,此时飞机结构和飞行员所受的力也相应增大。由于载荷系数的限制,飞机速度越大,盘旋半径也将越大。比如,美国的 SR-71 侦察机,当飞行速度为 3 529 km/h 时,其盘旋半径可达 193 km。

(2) 俯　冲

俯冲是飞机将位能转化为动能、迅速降低高度、增大速度的机动飞行,作战飞机常借此来提高轰炸和射击的准确度。

俯冲过程分为进入、直线和改出俯冲三个阶段,如图 2.68 所示。在急剧俯冲时,为防止速度增加过快和超过相应高度的最大允许速度,必须减小发动机推力,有时需放下减速板。改出俯冲后的高度不应低于规定的安全高度。从俯冲中改出时,飞行员应柔和地拉杆,增大迎角,使升力大于重力第一分力,构成向心力,迫使飞机向上做曲线运动,这时的过载系数非常大,甚至会达到 9～10。所以,俯冲速度不应过大,改出不应过猛,以免造成飞机结构损坏或飞行员晕厥的事故。

图 2.68　飞机俯冲过程

(3) 筋　斗

筋斗是指飞机在铅垂平面内所做的一个轨迹为近似椭圆,航迹方向改变 360°的机动动作,如图 2.69 所示。

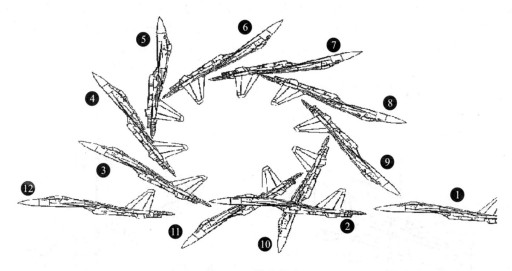

图 2.69　筋斗机动

筋斗飞行由爬升、倒飞、俯冲、平飞等动作组成。进行筋斗飞行时,飞行员应加速,然后使飞机曲线上升,飞到顶点后,减小油门,飞机开始曲线俯冲,最后改为平飞。

(4) 过失速机动

过失速机动指的是飞机在超过失速迎角的状态下对飞机姿态进行调整,改变机头指向的机动。"眼镜蛇"机动就是一种典型的过失速机动动作。

"眼镜蛇"机动由俄罗斯飞行员普加乔夫驾驶苏-27 战斗机在 1989 年的巴黎航展上第一次展示,这一惊艳的动作震撼了整个世界。机动过程为:飞机机头上仰至 110°～120°范围,保持短暂的平飞状态后,下压机头恢复水平状态,其飞行过程中飞机的高度几乎没有变化。这个动作的实战意义在于,当敌机离自身尾部很近并准备攻击时,飞行员可通过这个动作突然减速,将敌机"让"到前面,转守为攻。

随着发动机推力的不断增加以及推力矢量技术的出现,在失速状态下,可以通过偏转发动机喷口的方式改变推力方向,从而控制飞机姿态,战斗机可以进行各种过失速动作。

2.4.3 飞机的稳定性和操纵性

稳定性与操纵性是飞行器的重要性质。在过去的100年中,稳定性和操纵性领域的发展是航空技术的最大进步之一。稳定性是指如果飞行器受到扰动偏离原平衡状态,在扰动消除后,自动恢复原有状态的特性。操纵性则是指飞行器改变其自身飞行状态的能力。

在远古时期,人类就发现了改善飞行中物体稳定性的方法。他们利用细长的箭身和箭尾的羽毛增强箭支在空中飞行的稳定性以提高命中率。自飞行器诞生之后,工程师们一直致力于改善飞机的稳定性与操纵性,而直到第二次世界大战之后,定量的方法才被用于飞行器设计中,大量飞行力学理论的基础使得这一阶段的飞机从气动外形上获得了较强的稳定性。后来,随着计算机技术和自动控制技术的不断进步,已经可以在保证飞机稳定飞行的前提下,获得极高的操纵性,从而使飞机具有超强的机动能力。

1. 机体坐标系

在任何力学问题中,首先要明确坐标系,在飞行力学的研究中也是一样。为了描述飞机的运动,科研人员会使用不同的坐标系。这城里为了描述飞机的平衡与稳定,首先介绍机体坐标系。

机体坐标系以飞机质心为原点,以穿过质心平行于飞机机身轴线指向前方的坐标为 x 轴,穿过飞机质心垂直于飞机对称面指向机身右侧的坐标为 z 轴,垂直于 xz 平面指向上方的坐标为 y 轴,如图2.70所示。

飞机在空中飞行,可以产生俯仰运动、偏航运动和滚转运动。如图2.71所示,飞机绕横轴 Oz 的运动为俯仰运动,绕立轴 Oy 的转动为偏航运动,绕纵轴 Ox 的转动为滚转运动。

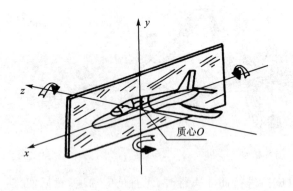

图 2.70 机体坐标系

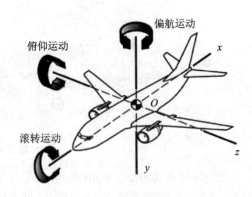

图 2.71 飞机三个方向的运动

2. 飞机的稳定性

想要理解飞行器的稳定性,首先要理解什么是"稳定"。在生活中,可以比较容易地判断一些常见简单系统的稳定性。比如,如果将一根筷子立在桌面上,那么一阵微风吹过,或者一点小小的振动,筷子就会倒下,我们就会说这种状态是"不稳定的";如果将筷子平放在桌面上,微风或者微小的振动就不能轻易地改变它的状态,我们就说这种状态比刚才的状态"稳定"。从这个例子可以看出,稳定性是指物体保持自身状态的能力。接下来,我们了解一下产生稳定性的原理,从而判断系统的稳定性。

(1) 静稳定性

如图 2.72 所示,最左侧的小球偏离原位置后,所受的重力与支持力的合力会使其回到原位置,这样的系统具有正的静稳定性。在这个系统中,将重力与支持力的合力,即使得系统恢复原状态的力称为稳定力。最右侧小球,偏离原位置后,重力与支持力的合力会

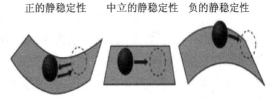

图 2.72 静稳定性

使其继续偏离原来的位置,这样的系统具有负的静稳定性。而如果小球是在一个平面上,那么在其偏离原位置后,重力和支持力的合力为零,既不会使其远离原位,也不会使其返回,这样的系统具有中立的静稳定性。

(2) 动稳定性

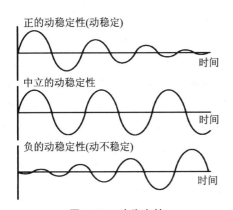

图 2.73 动稳定性

在图 2.72 的例子中,如果最左侧的弧面与小球之间没有摩擦(阻尼),那么虽然当小球偏离初始位置后会自动回到原位,但它并不会停在原来位置,而是会继续前进,朝反方向偏移,最终形成围绕原平衡位置的持续震荡,这是因为这个系统不具有动稳定性。动稳定性事实上指的是系统中的阻尼,也就是使系统最终停留在平衡位置的能力。如图 2.73 所示,如果系统的震荡能够逐渐减小,最终停留在平衡点,那么这样的系统具有正的动稳定性;如果系统的震荡越来越大,则这样的系统具有负的动稳定性;如果系统的震荡幅度既不增大,也不减小,则具有中立的动稳定性。对多数飞机而言,都能通过空气的阻尼来获得动稳定性。

综上所述,系统的稳定性分为两个方面,一是使得系统能够回到平衡状态的性质叫作静稳定性,二是使得系统能够最终停留并保持在平衡状态的性质叫作动稳定性。飞行器在空中飞行时,既需要具有静稳定性,也需要具有动稳定性。

根据飞机绕机体轴的运动形式,飞机飞行时的稳定性可分为纵向稳定性(俯仰运动方向)、方向稳定性(偏航运动方向)和横向稳定性(滚转运动方向)。

(3) 飞行器稳定性的产生原理

飞行器的稳定性可以由其本身气动性能产生,也可以由自动驾驶仪来产生。无论哪一种产生方式,从根本上讲都是在飞行器偏离原状态时产生使其恢复稳定状态的稳定力,同时具有足够的阻尼,使得飞行器不致绕稳定状态震荡。

接下来,将从俯仰、偏航、滚转三个方向研究飞机稳定性的产生。

1) 飞机的纵向稳定性

飞机俯仰方向的稳定性称为纵向稳定性。在飞行过程中,作用于飞机的俯仰力矩主要是机翼力矩和水平尾翼力矩。当飞机的迎角发生变化时,在机翼和尾翼上都会产生一定的附加升力,

这个附加升力的合力作用点称为飞机的焦点,如图 2.74 所示。

当飞机受到扰动而机头上仰时,机翼和水平尾翼的迎角增大,产生一个向上附加升力。如果飞机质心位于焦点位置的前面,则此向上的附加升力会对飞机产生一个下俯的稳定力矩,如图 2.75(a)所示,使飞机趋向于恢复原来的飞行状态。反之,当飞机受扰动而机头下俯时,机翼和水平尾翼的迎角减小,会产生向下的附加升力,此附加升力对质心形成一个上仰的稳定力矩,也使飞机趋向于恢复原来的稳定状态。因此,飞机的纵向稳定性主要取决于飞机质心的位置。只有当飞机的质心位于焦点之前时,飞机才是纵向稳定的。如果飞机的质心位于焦点之后,飞机则是纵向不稳定的,如图 2.75(b)所示。虽然重心前移可以增加飞机的纵向静稳定性,但并不是静稳定性越大越好。例如,静稳定性过大,升降舵的操纵力矩就难以使飞机抬头。因此,由于质心前移使稳定性过大,会导致飞机的操纵性变差。

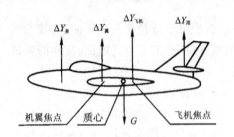

图 2.74 飞机的焦点

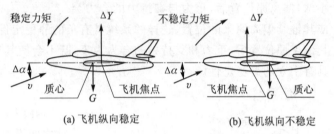

图 2.75 飞机质心位置和纵向定型之间的关系

飞机质心位置会随飞机载重的分布情况发生变化。当质心位置后移时,将削弱飞机的纵向稳定性,所以在配置飞机载重时,应当注意妥善安排各项载重的位置,不使飞机质心后移过多,以保证质心位于所要求的范围之内。

2) 飞机的方向稳定性

偏航方向的稳定性称为方向稳定性,其产生原理与俯仰方向一样,只是产生稳定力与阻尼力的部件是垂直尾翼以及腹鳍。方向稳定力矩是在侧滑中产生的。飞机的侧滑飞行是一种既向前、又向侧方的运动,此时飞机的对称面和相对气流方向不一致,如图 2.76(b)所示。飞机产生侧滑时,空气从飞机侧方吹来,这时相对气流方向和飞机对称面之间产生一个侧滑角 β。相对气流从左前方吹来叫左侧滑,相对气流从右前方吹来叫右侧滑。

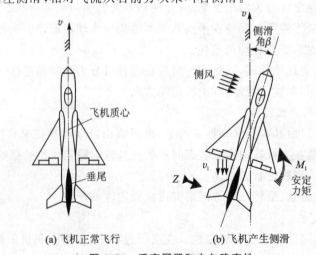

图 2.76 垂直尾翼和方向稳定性

在飞行过程中,飞机受微小扰动,机头右偏,出现左侧滑,空气从飞机的左前方吹来作用在垂直尾翼上,产生向右的附加侧力 Z。此力对飞机质心形成一个方向稳定力矩,该力矩使机头左偏,消除侧滑,使飞机趋向于恢复方向平衡状态,因此飞机具有方向稳定性。

相反,飞机出现右侧滑时,就形成使飞机向右偏转的方向稳定力矩。由此可见,只要有侧滑,飞机就会产生方向稳定力矩,并使飞机消除侧滑,恢复到原来的平衡状态。

随着飞行马赫数的增大,特别是超过声速以后,立尾的侧力系数迅速减小,产生侧力的能力急速下降,使飞机的方向静稳定性降低。因此在设计超声速战斗机时,为了保证在平飞最大马赫数下仍具有足够的方向静稳定性,往往把立尾的面积做得很大,有时还需要选用腹鳍以及采用双立尾来增大方向稳定性。

3) 飞机的横侧稳定性

飞机的滚转运动通常伴随着偏航运动,因此一般将这两种运动方向上的稳定性放在一起,称为横侧稳定性。飞机受扰动以致横侧向平衡状态遭到破坏,而在扰动消失后,若飞机自身产生一个恢复力矩,使飞机趋向于恢复原来的平衡状态,则飞机具有横侧向稳定性。反之,不具备有横侧向稳定性。在飞行过程中,使飞机自动恢复原来横侧向平衡状态的滚转力矩主要是由机翼上反角、机翼后掠角和垂直尾翼的作用产生的。

如图 2.77 所示,当扰动使飞机的左翼抬起,右翼下沉,飞机受扰动而产生向右的倾斜,使飞机沿着合力的方向沿右下方产生侧滑。此时,因上反角的作用,右翼迎角增大,升力也增大,左翼则相反,迎角和升力都减小。左右机翼升力之差形成的滚转力矩,力图减小或消除倾斜,进而消除侧滑,使飞机具有自动恢复横侧向平衡状态的趋势。也就是说,飞机具有横侧向稳定性。

机翼后掠角也使飞机具有横侧向稳定性。如图 2.78(a) 所示,一旦因外界干扰使飞机产生了向右的倾斜,飞机的升力也跟着倾斜,飞机将沿着合力 R 的方向产生侧滑。由于后掠角的作用,飞机右翼的有效速度 v_1 大于左翼的有效速度 v_3,如图 2.78(b) 所示,所以在右边机翼上产生的升力将大于左边机翼上产生的升力,

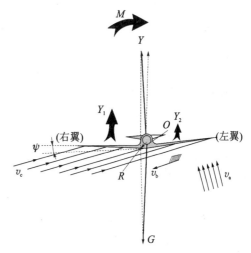

v_a—阵风速度;v_b—侧滑速度;v_c—相对风速;
O—飞机质心;M—恢复力矩;ψ—上反角

图 2.77 机翼上反角和横侧向稳定性

两边机翼升力之差形成滚转力矩,力图减小或消除倾斜,使飞机具有横侧向稳定性。

跨声速或超声速飞机为了减小激波阻力,大都采用后掠角比较大的机翼,因此后掠角的横侧向静稳定作用可能过大,以至于当飞机倾斜到左边后,在滚转力矩的作用下,又会倾斜到右边来。于是,飞机左右往复摆动,形成飘摆现象。为了克服这种不正常现象,可以采用下反角的外形来削弱后掠机翼的横侧向静稳定性。

低、亚声速飞机大都采用梯形直机翼,为了保证飞机的横侧向静稳定性,大多具有上反角。此外,如果机翼和机身组合采用上单翼布局形式,也会起到横侧向静稳定作用。相反,采用下单翼布局形式,则会起到横侧向静不稳定作用,这一点在选择上反角时也应综合考虑。

垂直尾翼也能产生横侧向稳定力矩。这是因为出现倾侧以后,垂直尾翼上产生附加侧力($\Delta Z_尾$)的作用点高于飞机质心一段距离 L,此力对飞机重心形成横侧向稳定力矩,如图 2.79 所

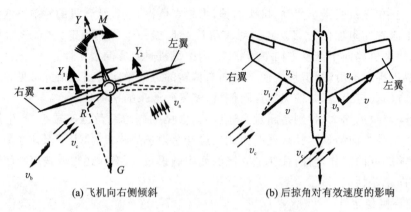

(a) 飞机向右侧倾斜　　　　(b) 后掠角对有效速度的影响

v_a—阵风速度；v_b—侧滑速度；v_c—相对风速；M—恢复力矩

图 2.78　机翼后掠角与横侧向稳定性

示,力图消除倾侧和侧滑,使飞机恢复横侧向平衡状态。

3. 飞机的操纵性

飞机的操纵性是指驾驶员通过操纵设备来改变飞机飞行状态的能力。一般来说,飞行员主要通过驾驶杆和脚蹬来对飞机上的不同气动舵面进行操纵,使其偏转产生气动力,从而控制飞机进行俯仰、滚转、偏航等动作。

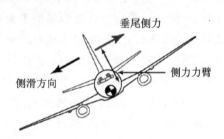

图 2.79　垂直尾翼产生的横侧向稳定力矩

(1) 飞机的纵向操纵

当飞行员前后操纵驾驶杆时,升降舵会偏转,从而使飞机产生俯仰运动。对于正常式布局的一般飞机而言,当飞行员向后拉杆时,升降舵后缘向上偏转,产生向上的空气动力,使飞机抬头,如图 2.80(a)所示；当飞行员向前推杆时,升降舵后缘向下偏转,产生向下的空气动力,使飞机低头,如图 2.80(b)所示。

现代的超声速飞机,多以全动式水平尾翼代替了只有升降舵可以活动的水平尾翼。全动式水平尾翼的操纵效能比升降舵的操纵效能高得多,可以大大改善超声速飞机的纵向操纵性。

(2) 飞机的横向操纵

当飞行员左右操纵驾驶杆时,副翼会发生差动,即一边向上偏转,一边向下偏转,从而使飞机产生滚转运动。对于一般飞机而言,当飞行员向左压杆时,飞机左侧副翼向上偏转,产生向下的气动力,右侧副翼向下偏转,产生向上的气动力,从而使整个飞机向左滚转,如图 2.80(c)所示。向右压杆则产生向右的滚转。

(3) 飞机的方向操纵

在飞机飞行过程中,操纵方向舵,飞机则绕立轴转动产生偏航运动。飞行员向前蹬左脚蹬,方向舵向左偏转,在垂直尾翼上产生向右的附加侧力,此力使飞机产生向左的偏航力矩,使机头向左偏转,如图 2.80(d)所示；向前蹬右脚蹬,飞机产生向右的偏航力矩,使机头向右偏转。

应当指出,飞机的稳定性虽然是飞机本身的一种特性,但它与飞机的操纵性有密切的关系,二者需要协调统一。稳定性高的飞机,操纵往往不灵敏；操纵很灵敏的飞机,则往往不太稳定。一般来说,对于军用歼击机,操纵应当很灵敏,随着现代飞行控制及电传操纵的出现和普及,工程

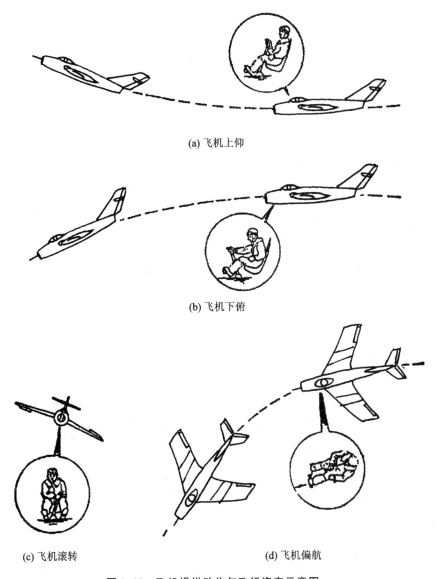

图 2.80 飞机操纵动作与飞行姿态示意图

师开始放宽其气动稳定性,用飞行控制与电传操纵系统使飞机稳定,从而追求更高的操纵性。而对于民用飞机,则应有较高的稳定性。稳定性与操纵性应综合考虑,以获得最佳的飞机性能。

思考题

1. 飞机的飞行性能包括哪些方面?各与飞机的哪些主要参数有关?
2. 最大平飞速度和最小平飞速度各受到什么因素限制?什么是静升限?
3. 衡量飞机起飞着陆性能的指标有哪些?如何提高飞机的起飞着陆性能?
4. 飞机作定常盘旋应满足哪些条件?怎样操纵飞机才能实现定常盘旋?
5. 什么是飞机的机动性?什么是飞机的过载?
6. 飞机的稳定性可分为哪几方面?各是由何种部件或因素保证的?
7. 什么是飞机的操纵性?驾驶员是如何操纵飞机进行俯仰、偏航和滚转运动的?

2.5 旋翼飞行器的飞行原理

前文所讲的飞机是固定翼飞行器,即机翼与机身固定在一起,依靠前进时空气流过机翼而产生升力,因此这种飞行器需要一定的速度来保持飞行。顾名思义,旋翼飞行器的翼可以通过旋转使气流流过其表面而产生升力。这意味着即使旋翼飞行器本身没有向前的速度或速度很小,也可以产生足够的升力,以实现原地垂直起飞与降落。

公元前 500 年左右,中国人制成了竹蜻蜓(如图 2.81 所示),并在 18 世纪传到欧洲,启发了人们的思路。被誉为"航空之父"的英国人乔治·凯利一辈子都对竹蜻蜓着迷。他的第一项航空研究就是在 1796 年仿制和改造了"竹蜻蜓",并由此悟出螺旋桨的一些工作原理。他的研究推动了飞机研制的进程,并为西方的设计师带来了研制直升机的灵感。到了近代,随着内燃机的发明和空气动力学的发展,人们逐渐克服各种问题,设计出了许多直升机。20 世纪 30 年代,西科斯基设计的 VS300 直升机第一次采用尾桨,真正奠定了现代直升机的雏形,如图 2.82 所示。

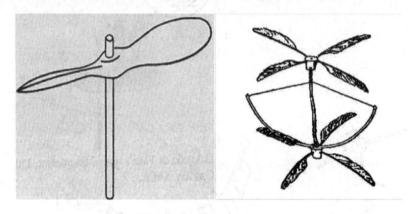

图 2.81 中国古代的竹蜻蜓

图 2.82 西科斯基设计的 VS300 直升机

除了直升机之外,旋翼飞行器还包括多旋翼飞行器、旋翼机、倾转旋翼机等。本节介绍最具代表性的直升机与多旋翼飞行器的飞行原理。

2.5.1 直升机飞行原理

直升机旋翼提供升力的原理与固定翼飞机相似,只是将平飞的固定翼换成了旋转的旋翼。直升机发动机驱动旋翼提供升力,把直升机举托在空中。单旋翼直升机的主发动机同时也输出动力至尾部的小螺旋桨,机载陀螺仪能侦测直升机回转角度并反馈至尾桨,通过调整小螺旋桨的螺距来抵消大螺旋桨产生的不同转速下的反作用力。双旋翼直升机通常采用旋翼相对反转的方式来抵消旋翼产生的不平衡升力。

直升机在地面停放时桨叶会由于自身重量的作用呈自然下垂状态,如图2.83(a)所示。直升机飞行时,旋翼的桨叶会形成一个带有一定锥度的底面朝上的大锥体,即"桨盘平面",而旋翼上产生的总拉力垂直于桨盘平面,如图2.83(b)所示。

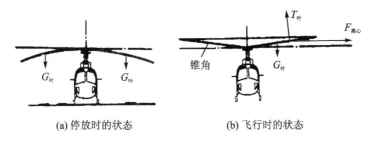

(a) 停放时的状态　　　(b) 飞行时的状态

图 2.83　直升机旋翼产生升力的示意图

如图2.84所示,当向上的拉力大于直升机自重,直升机上升,小于自重直升机下降,相等时直升机悬停。通过控制桨盘平面向前、后、左、右等各方向的倾斜,以改变旋翼的拉力指向,从而实现直升机向前、后、左、右不同方向的飞行。

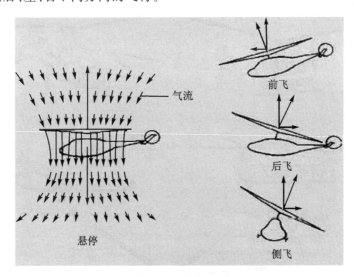

图 2.84　直升机机动飞行示意图

旋翼向前倾斜,在产生升力的同时也产生前行的推力。但是如何使旋翼前倾呢?将传动轴或发动机向前倾斜是不现实的,因为这样会使机械结构复杂,可靠性降低。因此,直升机多采用旋转斜板,使桨盘平面向各个方向倾斜,如图2.85所示。

上旋转斜板紧贴下旋转斜板滑动(或在接触面上安装滚珠,减少摩擦阻力),其倾斜角度由下旋转斜板决定。上旋转斜板随旋翼转动，由于前低后高，连杆和支点的作用迫使旋翼上升下降，最后按斜板的角度旋转，达到旋翼倾斜旋转。下旋转斜板不随旋翼转动，但倾斜角度可以由飞行员通过机械连杆或液压作动筒控制，以控制旋翼的倾斜角度。下旋转斜板不仅可以前低后高，还可以左低右高，或向任意方向偏转。这就是直升机旋翼可以向任意方向倾斜的道理。这个改变旋翼在每个旋转周期内角度的控制称周期变距控制，用来控制行进方向。

依据牛顿第三定律，直升机驱动旋翼旋转，旋翼必然会对机体产生一个反作用力，如图 2.86 所示。如果只有一个旋翼，那么直升机就会进入不受控的机体自旋。

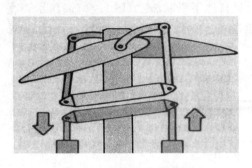

图 2.85 旋翼的旋转斜板

图 2.86 直升机旋翼产生的反作用力矩

因此，多数直升机都在尾部装有尾桨，给机身一个自旋力矩，以抵消主旋翼的反作用力矩，如图 2.87(a)所示。此外，如果装有两个大小一样、转速相反的旋翼，不论是左右并排还是前后纵列，或者是同轴上下，更或者交换互切，都可以抵消相互的反作用力矩，使直升机机体保持平稳。因此，直升机的布局还包括共轴双旋翼、横列双旋翼、纵列双旋翼以及横列交叉双旋翼形式。

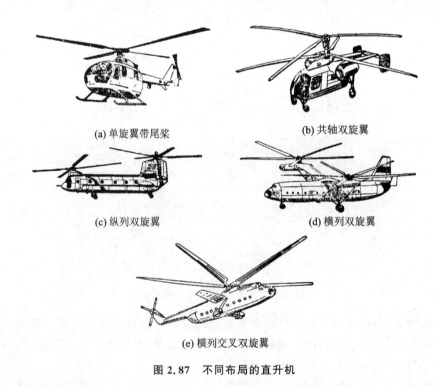

图 2.87 不同布局的直升机

2.5.2 多旋翼飞行器的飞行原理

多旋翼飞行器是指具有两个以上旋翼的飞行器,目前在小型无人机上应用最为广泛。多旋翼飞行器的升力由旋翼旋转提供,通过改变各个旋翼的转速对飞行器的姿态进行控制。

下面以四旋翼飞行器为例介绍多旋翼飞行器的操纵原理。

图 2.89 所示为四旋翼飞行器的布局示意图。四个螺旋桨中,1、2 号螺旋桨逆时针转动,3、4 号螺旋桨顺时针转动。当它们转速相同时,反作用力矩相互抵消。当四个螺旋桨同时加速时,升力大于重力,飞行器上升;当四个螺旋桨同时减速时,升力小于重力,飞行器下降;当升力与重力相等时,飞行器保持悬停。

当 2、4 号螺旋桨加速,1、3 号螺旋桨减速时,飞行器将向前倾,使得升力向前偏转,升力向前的分力将驱动飞行器向前运动,如图 2.90 所示。同理,飞行器也可以向后和侧向运动。飞行器绕纵轴的旋转也是通过改变旋翼转速来实现的,当 3、4 号螺旋桨加速,1、2 号螺旋桨减速时,由于 3、4 号螺旋桨产生的反作用力矩大于 1、2 号螺旋桨所产生的反作用力矩,四个螺旋桨所产生的反作用力矩之和将使飞行器绕纵轴逆时针旋转,反之,飞行器将绕纵轴顺时针旋转。

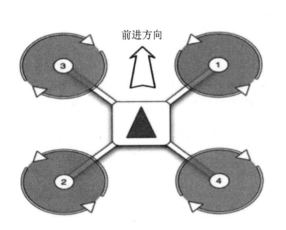

图 2.89 四旋翼飞行器布局

图 2.90 飞行器前向与侧向运动

思考题

1. 直升机有何特点?
2. 直升机旋翼的功用是什么?试说明直升机旋翼的工作原理。
3. 单旋翼直升机为什么要有尾桨?
4. 直升机有哪些布局形式?各有什么特点?
5. 多旋翼飞行器是怎样飞行的?

第3章 飞行器的基本结构

　　航空器的外形千差万别,但其基本结构主要是机体结构、推进装置和机载设备等。航空器的机体结构是除去推进装置和机载设备之外的所有结构部件。飞机的机体结构包括机翼、尾翼、机身、操纵面、起落架和操纵系统等。直升机的机体结构包括机身、旋翼系统、尾桨、起落装置和操纵系统。

　　航天器的使用环境和飞行方式与航空器有很大不同,航天器的构造与航空器也有较大的差别。航天器从功能的角度可划分为若干个分系统,主要有专用系统和保障系统两大类。专用系统用于直接执行特定的航天任务,保障系统则用于保障专用系统的正常工作。

3.1　飞机结构的基本组成、功用及要求

3.1.1　飞机结构的基本组成及其功用

1. 飞机结构的主要组成部分

　　飞机自诞生以来,其结构形式虽然在不断变化,但到目前为止,除了极少数特殊形式的飞机之外,大多数的结构通常由机翼(包括襟翼、缝翼和副翼等)、尾翼、机身和起落架组成。机翼和尾翼同属于翼面结构形式,基本构造形式类似,而机身可归为筒型结构。

2. 飞机结构的功用

　　(1) 机　翼

　　机翼是飞机的主要气动面,是主要承受气动载荷的部件,主要功用是产生升力,以支持飞机在空中飞行,同时还起到一定的稳定和操纵作用,如当机翼具有上反角时,可为飞机提供一定的横侧稳定性。

　　通常在机翼的后缘布置横向操纵用的副翼、扰流片等操纵面。目前在机翼的前、后缘越来越多地装有各种形式的襟翼、缝翼等增升装置,以提高飞机的起降和机动性能。

　　机翼上常安装有起落架、发动机等部件。现代歼击机和歼击轰炸机往往在机翼下布置多种外挂,如副油箱、导弹、炸弹等军械设备。机翼的内部空间常用来收藏主起落架、燃油箱和其他部件,特别是客机,为了保障乘客安全,很多飞机不在机身内设置燃油箱,而全部设置在机翼内。为了最大限度地利用机翼容积,同时减轻质量,现代飞机的机翼油箱大多采用整体油箱。此外,机翼内常安装有操纵系统和一些小型的设备和附件。图3.1所示为歼-7飞机机翼结构图。

　　(2) 尾　翼

　　尾翼的主要功用是用来保证飞机的纵向和横向平衡与稳定,以及实施对飞机的纵向(俯仰)和航向操纵。一般飞机的尾翼由水平尾翼(平尾)和垂直尾翼(垂尾)两部分组成,如图3.2所示。

　　正常式水平尾翼(如低速飞机、亚声速飞机)包括水平安定面和升降舵。跨声速和超声速飞机为了改善在高速飞行中的纵向操纵性,大多采用全动水平尾翼。垂尾一般由垂直安定面和方向舵组成。现在有不少超声速战斗机,为了增加垂尾面积以加强航向静稳定性,采用双垂尾布置

图 3.1 歼-7 飞机机翼结构

图 3.2 民机尾翼的组成

(图 3.3),如苏-27、F-15、F-18 等飞机。还有一些飞机采用无平尾(图 3.4)或前置鸭翼、V 型尾翼等。

图 3.3 双垂尾布置

图 3.4 无平尾布置

(3) 机　身

机身主要用于装载和传力,主要功用如下:安置空勤人员、乘客,装载燃油、武器、设备和货物等;把机翼、尾翼、起落架及发动机连接在一起,形成一架完整的飞机。这些部件通过固定在机身上的接头,把作用在各部件上的载荷都传到机身,和机身上的其他载荷一起达到全机受力平衡,因此可以说机身是整架飞机的受力基础。

从空气动力学的角度来看,机身并不是必要的。如果机翼很大,能将所有设备和乘客都装入其内,则可取消机身,这样的飞机称为飞翼,如美国格鲁门公司研制 B-2 战略隐身轰炸机就是一种采用了翼身融合方式的无尾飞翼(图 3.5)。目前大多数飞机上的机身依然是机体的主要组成部分。

图 3.5　B-2 战略隐身轰炸机

3.1.2　飞机结构的基本要求

1. 空气动力及设计一体化要求

当飞机结构与气动外形有关时,飞机结构应具有良好的空气动力外形及必要的尺寸准确度和表面质量。飞机的气动外形主要是根据飞机性能和飞行品质(操纵性、稳定性等)要求确定的。如果飞机结构达不到必要的气动要求,会导致飞行阻力增加,升力降低,飞行性能和飞行品质变差等。

为了满足军用飞机对飞行速度、升限和航程以及隐身等要求的不断增加,针对飞机设计提出了综合性和一体化的飞机结构设计新要求。如图 3.6 所示,F-117A 因其隐身要求,其机翼下表面与机身上表面均设计为许多小平面构成的三棱锥面,并采用了不设任何外挂架的埋入式布局,实现了隐身-结构一体化的要求。苏-30MK(图 3.7)所采取的翼-身融合技术,要求机翼机身圆滑过渡融合为一体,并要求机身沿轴向的形状符合面积律规律,从而大大改善了飞机的气动性能,但与此同时也增加了结构的复杂性。

图 3.6　F-117A

图 3.7　苏-30MK

2. 结构完整性要求

所谓结构完整性是指关系到飞机使用安全、使用费用和功能的机体结构强度、刚度、损伤容限及耐久性(或疲劳安全寿命)等飞机所要求的结构特性的总称。

强度是指飞机结构在承受外载荷时抵抗破坏的能力。刚度是指结构在外载荷作用下,抵抗变形的能力。强度不够,会引起结构破坏。刚度不足,不仅会产生过大变形,破坏气动外形,影响飞机的气动特性,而且在一定的飞行速度下会发生危险的振动现象。

3. 最小质量要求

相对于其他地面工程设计来说,飞机结构质量的要求有其特殊的意义。在满足飞机的空气动力要求和结构完整性的前提下,应使结构的质量尽可能轻,即达到最小质量要求。因为结构质量的增加,在总质量不变的情况下,意味着有效载荷的减小或飞行性能的降低。合理的结构布局是减轻结构质量的主要环节。

减轻结构质量是飞机设计和制造人员的重要使命,也是飞机型号研制成败的关键。世界上所有飞机设计和制造部门都有一个共同的口号,即"为减轻飞机的每一克质量而奋斗"。

4. 使用维修要求

飞机的各部分(包括主要结构和装在飞机内的电子设备、燃油系统等各个重要设备、系统)需分别按规定的周期检查、维护和修理,良好的维修性可以提高飞机在使用中的安全可靠性和保障性,并可以有效地降低保障成本。对于军用飞机而言,尽量缩短每飞行小时的维修时间和再次出动的时间,还可保证飞机及时处于临战状态,提高战备完好性。

5. 工艺要求

要求飞机结构有良好的工艺性,便于加工、装配。这些需求要和产品的数量、机型、需要的迫切性与加工条件等综合考虑。对于复合材料等新材料,还应重视材料结构的研制和结构修理的工艺性。

6. 经济性要求

以往的经济性要求主要是指生产和使用成本。近年来提出了飞机全寿命成本的概念。全寿命成本是指飞机的概念设计、方案论证、研制、生产以及使用与保障5个阶段直到退役和报废期间所付出的一切费用之和。其中生产、使用与保障费用约占全寿命周期费用的85%,而减少生产费用最根本的方法是结构设计的合理性,影响使用和保障费用的关键是可靠性和维护性,也与结构设计直接有关。

3.1.3 飞机结构所采用的主要材料

自飞机诞生以来,航空领域就是先进材料技术展现风采、争奇斗艳的大舞台。1903年莱特兄弟驾驶的第一架飞机是用木头和布做成的。随着飞机需要承受的载荷越来越大,环境越来越严苛,金属材料开始成为机体材料的主流,典型的就是铝合金的使用。直到现在,铝合金仍然是民用航空器的主要材料。随着工业技术的快速进步,钛合金、复合材料也越来越多地应用在航空器上,从军用飞机到民用飞机,从小型直升机到大型固定翼飞机,从小零件到主结构部件无一例外。钛合金、复合材料的大量使用已成为先进飞机的主要标志。

飞机结构所用的材料主要分为金属材料、非金属材料和复合材料三大类。常用的金属材料有铝、铝合金、钛合金、镁合金、碳钢、合金钢、不锈钢等。非金属材料有橡胶、塑料、陶瓷、油漆、木材和纺织品等。复合材料主要有玻璃钢、碳纤维复合材料、陶瓷基复合材料等。

为了减轻飞机的结构质量,除了采用合理的结构形式之外,最有效的方法是选用强度、刚度大而质量轻的材料,通常用材料的综合参数——比强度和比刚度来表示:

$$比强度 = 抗拉强度(\delta_b)/密度(\rho)$$

$$比刚度 = 弹性模量(E)/密度(\rho)$$

在选用结构材料时,应尽量选取比强度和比刚度大的材料。其次,根据飞机不同的飞行条件和工作环境,要求材料有一定的耐高温和抗低温性能,具有良好的耐老化和抗腐蚀能力,有足够的断裂韧性和良好的抗疲劳性能等,同时还要求材料具有良好的加工性能。选用的材料要资源丰富,价格低廉,尽可能立足于国内。

一般情况下,纯金属的力学性能都不太适用于制作飞机和发动机零部件。但如果在纯金属中加入一种或几种其他金属或非金属元素,就会形成合金材料。合金材料具有良好的综合力学性能,被飞机广泛采用。

各种形式的复合材料在飞机上也得到了广泛的应用,在某些先进民用飞机上,复合材料的使用量已经占到飞机总质量的50%以上,从而大大减轻了飞机质量,提高了飞机的机动性能和有效载荷。图3.8所示为B-787飞机复合材料的使用情况。

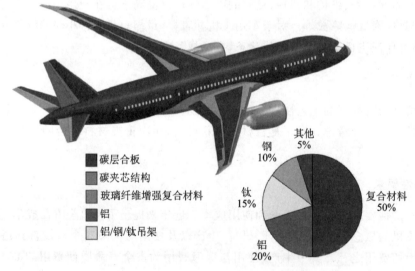

图3.8 B-787飞机复合材料的使用情况

航空工业常用的飞机结构材料主要有以下几种。

1. 铝合金

铝合金是飞机上应用较早、使用最广泛的有色轻质金属材料,主要有铝与铜、镁和锌的合金。铝合金的密度约为 $2.7\ g/cm^3$(约为钢的1/3),具有较高的比刚度、较好的断裂韧性、疲劳强度和耐腐蚀性。铝合金还具有良好的低温性能,在 $-183 \sim 253\ ℃$ 也不冷脆,且来源丰富,价格低廉,一般适用于在 $120\ ℃$ 以下长期工作,而耐热硬铝则可在 $250 \sim 300\ ℃$ 温度范围内长期工作。

2. 镁合金

镁合金的密度在 1.75～1.9 g/cm³ 范围内,密度比铝合金小,比强度和比刚度与铝合金和合金钢大致相同,适宜于制造尺寸大、刚性好的零件。镁合金的机械加工性能优良,但耐腐蚀性较差,必须经过相应的防腐处理,才能长期可靠地工作。

镁合金主要用于制造承力水平较低的零件,一般适用于在 120 ℃ 以下长期工作,而耐热铸造镁合金则可以在 250～350 ℃ 的温度范围内长期工作。

3. 合金钢

合金钢包括高强度结构钢和耐高温、耐腐蚀的不锈钢两大类型。

高强度结构钢具有很高的比强度,加工工艺简单、性能稳定、价格低廉,适合于制造接头、起落架和主梁等承受大载荷的构件,工作温度一般不超过 350 ℃。

不锈钢具有良好的耐腐蚀性,可用作腐蚀性气体和溶液的容器与管道。不锈钢的耐热性好,可以在 480～870 ℃ 范围内长期工作,同时超低温性能优异。

不锈钢中金属铬的含量一般在 12% 以上,还有镍、钼等元素,其价格比结构钢高,而且不同种类的不锈钢,其性能也会有所不同。

4. 钛合金

钛的密度为 4.5 g/cm³,低于钢,但强度接近于合金钢,因此钛合金具有较高的比强度,用它制造的高压气瓶比用钢制的可减小 50% 的质量。钛合金还具有较高的耐热性,工作温度可达 400～550 ℃,在此温度下的比强度明显地优于不锈钢和耐热钢。同时,它具有良好的抗腐蚀性,在潮湿大气和海水中的抗腐蚀能力优于不锈钢。某些钛合金还具有优良的超低温性能。

钛合金的主要问题是加工成型困难,价格比较高。我国的钛矿资源比较丰富,钛合金在航空上有着广阔的发展前途。

5. 复合材料

复合材料是指由两种或两种以上材料复合而成的多相材料。复合材料中起增强作用的材料称为增强体,起黏结作用的材料称为基体。一般增强体为高强度、高模量的纤维,主要有玻璃纤维、芳纶纤维(又称为聚芳酰胺纤维)、硼纤维如碳纤维等;基体材料则是有一定韧性的低模量树脂,主要有环氧树脂、聚酰亚胺树脂以及铝合金、钛合金等。

复合材料的密度低,比强度和比刚度很高,抗疲劳性能、减振性能和工艺成型性能都很好,并很容易按结构性能的要求进行设计与制造。

不同基体的复合材料的耐热性能有所不同。用环氧树脂时,温度不能超过 200 ℃。用聚酰亚胺树脂时,温度在 200～350 ℃ 范围内。用铝合金时,温度可以达到 350～500 ℃。而用钛合金时,则可以承受 500～600 ℃ 的高温。

(1) 玻璃纤维增强塑料

玻璃纤维增强塑料是以玻璃纤维作增强体,以树脂作基体的复合材料,俗称"玻璃钢"。其比强度约为铝合金的 3 倍,但弹性模量较低,约为铝合金的 50%,因而其应用受到限制。

(2) 凯芙拉(Kevlar)-49 复合材料

凯芙拉(Kevlar)-49 复合材料是以凯芙拉-49 纤维(一种芳纶纤维)作增强体,以树脂作基体的复合材料。其密度更小(约为玻璃钢的70%),比强度约为玻璃钢的2倍,比模量约为其2倍,用它制造的发动机壳体比高强度玻璃钢轻35%以上。

(3) 碳-环氧复合材料

碳-环氧复合材料是以石墨纤维作增强体,以环氧树脂作基体的复合材料。它的比强度超过凯芙拉-49复合材料,比模量约为其2倍,用它制造的发动机壳体又比凯芙拉-49复合材料轻20%~30%。

(4) 陶瓷基复合材料

陶瓷基复合材料是以陶瓷为基体的复合材料。常用的增强材料有碳化硅、氮化硅、氧化铝的晶须或纤维。基体与增强材料均具有低密度、高强度、高刚度、耐腐蚀、耐高温等特性。未增强陶瓷材料的主要缺点是韧性差,比较脆,而在复合材料中添加纤维有明显的增韧作用。陶瓷基复合材料在80~1 650 ℃时仍然具有良好的力学性能。

(5) 碳-碳(C/C)复合材料

碳-碳(C/C)复合材料是以碳纤维作为基体的复合材料,是将碳纤维预制件反复浸渍沥青或合成树脂后,再经高温碳化制成,或者用碳氢化合物化学沉积碳制成。在1 000~2 000 ℃的高温下,碳-碳复合材料仍有相当高的强度和韧性,耐热性远高于其他任何高温合金和复合材料。此外,它的热膨胀系数非常低,只有金属的10%~20%,而且导热性能良好,摩擦特性优异,可用于制造空间飞行器再入大气层的头锥及飞机刹车盘等,寿命是钢-烧结材料刹车盘的6~7倍。但这种复合材料也有一个显著的缺点,那就是在高温条件下容易氧化。所以,为了保证碳-碳复合材料能够正常工作,必须在其表面涂覆耐高温防氧化的陶瓷质保护层。

由于复合材料有着非常优越的性能,因此各种飞行器将越来越多地采用复合材料。

思考题

1. 机翼上的操纵面有哪些?
2. 现代战斗机中常用的双垂尾布置的优点是什么?
3. 为什么B-2飞机被称为战略隐身轰炸机?
4. 什么是飞机结构设计一体化要求?
5. 飞机结构中最常用的是哪些系列的铝合金材料?

3.2 飞机机体结构

3.2.1 飞机所受载荷与结构的主要失效形式

1. 飞机承受的载荷

准确地确定一架飞机在设计环境下承受的载荷是飞机结构设计流程中首要的关键任务。飞机所受的载荷可分为飞行载荷和地面载荷两类。

飞行载荷包括惯性载荷和气动载荷,通常指飞机在飞行过程中受到的气动力(包括升力、阻力、侧向力等)、重力、推(拉)力等和各种力矩。惯性载荷与气动载荷大小相等、方向相反,合力为零,如图3.9所示。

地面载荷包括惯性载荷和起落架交点载荷(起落架支反力),通常指飞机在地面受到的地面

支持力 Y、地面摩擦力 f 和地面重力 G 等。惯性载荷与起落架交点载荷大小相等、方向相反，合力为零，如图 3.10 所示。

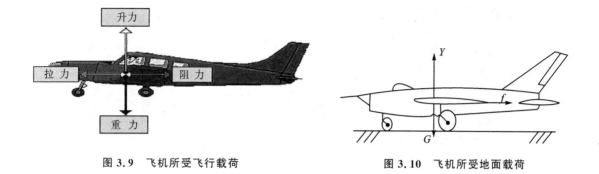

图 3.9　飞机所受飞行载荷　　　　　　　图 3.10　飞机所受地面载荷

　　除此之外，飞机载荷按作用点特征可分为集中载荷和分布载荷。集中载荷是指作用在一点（小面积）上的载荷，分布载荷是指作用在一个面积或长度上的载荷。

　　根据作用的过程特征可分为静载荷、动载荷和疲劳载荷。静载荷指大小和方向不变或以缓慢变化的方式施加的载荷，动载荷指以非常迅速的方式施加的载荷，疲劳载荷指多次重复、反复变化的载荷。

2. 飞机结构的主要失效形式

（1）疲劳损伤和破坏

　　飞机结构承受的载荷主要为交变（疲劳）载荷，疲劳破坏是其主要的失效形式。疲劳是航空工业最为关注的问题之一，因为飞机一旦发生疲劳破坏，常常导致机毁人亡。飞机的每次飞行就是一次从起飞到着陆的周期性交变载荷的作用过程，在这样一个大的周期中，还包含着许多小的交变载荷。随着航空事业的飞速发展，为使所设计的飞机具有较高飞行速度和良好飞行性能，就要求质量尽量小。随着静强度理论计算精度及试验技术水平的提高，飞机的静强度储备越来越少，疲劳强度问题就暴露出来了，甚至不少静强度计算合格的飞机也出现严重的疲劳破坏事故。

　　根据统计，由交变载荷引起的结构疲劳断裂在机械结构的失效总数中占一半以上。由于疲劳破坏没有明显破坏先兆或显著变形，具有很大的危险性和极高的随机性。飞行器结构长期承受交变载荷作用，早期生产的飞机由于存在设计上的结构疲劳强度薄弱部位，容易引起空难，同时由于没有规范寿命指标，也容易造成飞机结构疲劳破坏，并造成事故。

　　例如，1954 年英国喷气式客机"彗星"1 号（图 3.11）两次发生机毁人亡的事故，引起人们对结构疲劳的极大重视。第二次空难发生后，调查员发现飞机在飞行时，飞机窗户和舱门四周的蒙皮承受的压力达到全部压力的 70%，是飞机其他蒙皮部位受力的 4 倍，超出了设定值的 2 倍。后来调查组又发现了另一个隐患，"彗星"1 号客机窗户四周的支撑物采用铆钉连接，而不是原始设计推荐的黏合方式。核心问题是铆钉是被打入金属中，而非钻入。这种连接方法非常容易造成细微的制造瑕疵，在飞机处于不断地压力变化中，这些小的瑕疵会演变成致命的疲劳裂纹。

　　通过对"彗星"1 号残骸的分析发现，气密座舱靠近无线电导航天线附近的铆钉孔边缘有疲劳裂纹，通过大型水槽对气密座舱客机进行全尺寸的疲劳试验发现，结构破坏就是因为此裂纹而产生的。当然，现在基本不用担心材料疲劳的隐患，大型客机除了日常运营中的检查外，还要根据飞行小时或者起落周期参与 A、B、C、D 四个等级的定检。

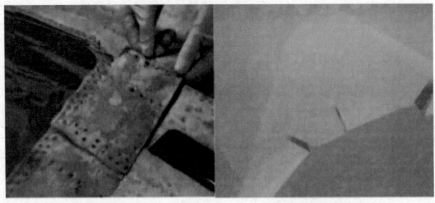

(a) 存放于伦敦科学院的"彗星"号残骸　　(b) 明显看到铆钉的细微裂纹

图 3.11　"彗星"1 号残骸,无线电导航部位

通过试验研究发现,疲劳的微观原因在于疲劳裂纹生核并逐步扩展,如图 3.12 所示。

影响疲劳特性的因素有材料成分、热处理状态、构件尺寸形状、残余应力、受力情况及环境条件等,因此选择合适的材料或结构可以提高结构的抗疲劳能力。

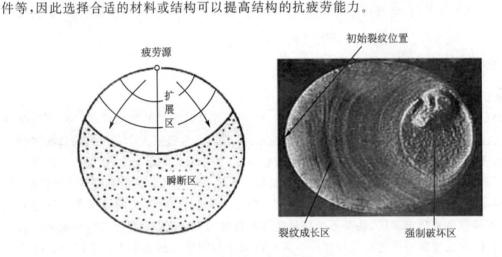

图 3.12　疲劳的产生过程

(2) 屈　曲

屈曲又称失稳,是飞机结构易发生的一种失效和破坏形式。飞机结构大量采用薄壁结构、桁梁、桁条等细长型材。这些结构件在外力或温度载荷作用下(或膨胀受到约束),当压应力达到某一值时,结构会处于临界状态。这时只要遇到一个小的扰动,结构就会发生很大变形,承载能力显著降低甚至完全丧失,这就称为屈曲。复合材料加筋壁板轴压下的屈曲莫尔云纹图如图 3.13 所示。

(3) 振动疲劳

振动疲劳是结构所受动态交变载荷(如振动、冲击、噪声载荷等)的频率分布与结构固有频率分布具有交集或相近,从而使结构产生共振所导致

图 3.13　复合材料加筋壁板轴压下的屈曲莫尔云纹图

的疲劳破坏现象,也可以直接说成是结构受到重复载荷作用激起结构共振所导致的疲劳破坏。只有结构在共振带宽内或其附近受到激励导致的共振破坏才属于振动疲劳破坏,否则属于静态疲劳问题。

飞机结构使用过程中始终处在振动环境之中,振动引起的结构疲劳破坏是飞机结构破坏的主要模式之一,也是航空武器装备研制和使用中的共性问题。

国内已服役的飞机中发生过振动疲劳,如强-5飞机空速管悬臂固定在右机翼翼尖处,使用不到100 h就在根部出现裂纹或断裂。经分析得知,强-5飞机机翼有多个外挂,使得空速管一阶频率附近存在多个共振区,以致在着陆滑行及其他急剧机动动作中机翼连同其上的空速管振动严重。还有歼-X飞机的腹鳍、方向舵在飞行了一时间(200～300飞行小时)后,经常出现裂纹,经初步分析已经确认为是由于随机扰流作用引起的振动疲劳问题。随着飞机飞行速度的提高,振动疲劳问题显得愈加突出。

(4) 颤　振

飞机颤振是作用在机翼、尾翼等结构上的非定常空气动力、惯性力以及弹性力耦合引起的振幅不衰减的自激振动。颤振属于气动弹性稳定性问题,具有多种现象形态,就其空气动力方面发生的原因而言,颤振问题可分为两大类:第一类发生在势流中,流动分离和边界层效应对颤振过程没有重要影响,通常称为经典颤振;第二类与流动分离和漩涡形成有直接关系,可称为失速颤振。

飞机一旦在空中发生颤振,会在极短的时间内导致结构毁灭性的破坏,飞行员几乎没有处置时间,因此飞机飞行包线内不容许发生颤振现象。对于民用飞机来说,对颤振的要求更为苛刻,须通过大量的理论分析、风洞试验、地面试验以及颤振试飞来验证飞机满足适航条款的规定。

2007年11月5日,一架F-15战斗机在密西西比州进行训练飞行时突然空中解体(图3.14),造成一名飞行员受伤。调查发现,飞机解体是由于飞机框架中一根有缺陷的金属纵梁断裂,致使飞机速度太快,战机机体与空气摩擦力过大,裂纹开始在机体上延伸,机头突然与机体断裂,在空中随机翻滚。经分析,造成战机解体的原因是飞机发生了颤振。

图3.14　F-15飞机空中解体

(5) 鸟　撞

飞机起飞和降落过程是最容易发生鸟撞的阶段,超过90%的鸟撞发生在机场和机场附近空域,50%发生在低于30 m的空域,仅有1%发生在超过760 m的高空。在飞机出现以前,没有高速人造飞行器,鸟类在空中的飞行与人类的活动没有重叠,不会造成危害。飞机的出现使得情况发生变化。由于飞机飞行速度快,与飞鸟发生碰撞后常造成极大的破坏,严重时会造成飞机的坠毁。目前鸟撞是威胁航空安全的重要因素之一。

最为惨重的一次事故是,1988年埃塞俄比亚的一架波音737飞机在起飞爬升到3 800 m时遭遇鸟撞(图3.15),造成机上85人死亡,21人受伤。

发生鸟撞的原因是机场一般都位于远离城市中心的城郊,常常存在鸟类栖息繁殖的场所。随着机场的建设和运营,临近机场的区域往往形成新的社区,人类活动增加,将这一区域的鸟类驱赶到相对平静的机场区域。这就造成在机场的临近空域,鸟类的活动与飞机的起降形成交叉,从而导致鸟撞事故的发生。

另外,高速度是导致鸟撞的重要原因。高速度使得绝大多数鸟类无法躲避飞行中的飞机。喷气式飞机进气口强大的气流还会将飞过的鸟类吸入发动机,造成鸟撞事件。

(6) 弹性变形和塑性变形

弹性变形是指结构在外力消失后可以完全恢复原状的变形。塑性变形是指外力消失后结构不能完全恢复原状的变形。残留的永久变形会改变结构受力状态,甚至破坏飞机的气动外形。飞机在飞行时,从舷窗能观察到机

图 3.15 鸟撞击波音 737

翼翼尖上下摆动,同样在强度试验中测试到载荷作用下机翼翼尖上翘达 7 m 而不破坏,这说明飞机在飞行中的变形很大。

(7) 蠕　变

蠕变是结构或材料在恒定温度与恒定载荷作用下,恒定载荷达到一定值时,随着时间的延长缓慢发生塑性变形的现象。有些材料,像铅、锌、锡,在常温下就能产生蠕变;有的材料,像钢铁、高温合金,在温度达到一定值时才会发生蠕变。蠕变对航空发动机具有重要意义。如果选材或设计不当,涡轮盘和叶片产生蠕变,可能使叶片端部与机匣的间隙消失,导致灾难性后果。在某些情况下,蠕变还可能导致结构件断裂或松弛,是设计中必须考虑的问题。

3.2.2　翼面结构的基本构造形式

飞机机体结构按其几何特征可分为翼面结构(扁平升力体结构)和装载筒体结构。翼面结构如飞机的机翼、尾翼、操纵面等;装载筒体结构主要是指飞机的机身结构。

1. 机翼结构的基本构造形式

(1) 机翼结构受力构件的基本构造

机翼一般由以下三种典型构件(图 3.16)组成:

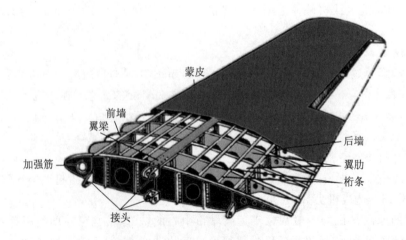

图 3.16　机翼的典型结构元件

① 纵向构件:翼梁、长桁、墙;
② 横向构件:翼肋(普通肋和加强肋);
③ 包在纵、横向构件组成的骨架外面的蒙皮。

1) 翼 梁

翼梁一般由梁的腹板和缘条(凸缘)组成(图3.17)。翼梁主要承受剪力 Q 和弯矩 M,在有的结构形式中,它是机翼主要的纵向受力件,承受机翼的大部分或全部弯矩。翼梁大多在根部与机身固接,既能传力,也能传递力矩。

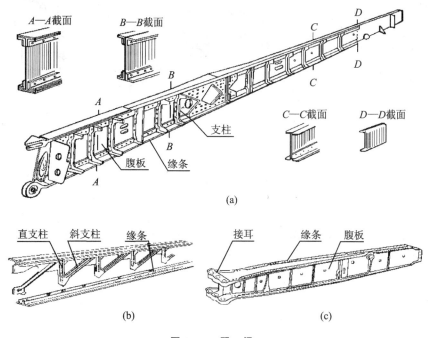

图 3.17 翼 梁

翼梁常用的剖面形状如图3.18所示。翼梁的结构形式可分为腹板式和构架式。现代飞机机翼普遍采用腹板式梁。腹板式梁构造简单,受力特性好,同时可作为整体油箱的一块隔板;而构架式梁的零件多、制造复杂,没有或只有很少是超静定的,安全性低,又不能构成整体油箱,现已很少采用。

图 3.18 翼梁的典型剖面

2) 长桁(桁条)

长桁是与蒙皮和翼肋相连的构件(图3.19)。在现代机翼中,长桁一般都参与机翼的总体受力,承受机翼弯矩引起的部分轴向力,是纵向骨架中的重要受力构件之一。除上述承力作用外,长桁还承受蒙皮的局部气动力并传给翼肋,对蒙皮提供支持,提高蒙皮的屈曲临界应力。

3) 纵　墙

如图 3.20 所示,纵墙缘条比梁缘条弱得多,但大多强于一般长桁。纵墙与机身的连接被看作铰接,它只能传递力,不能传递力矩。纵墙虽然一般不能承受弯矩,但与蒙皮组成封闭盒段可以承受机翼的扭矩。另外,后墙还有封闭机翼内部容积的作用。

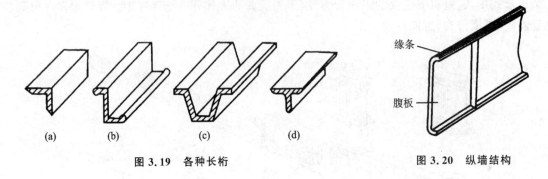

图 3.19　各种长桁　　　　　　　　图 3.20　纵墙结构

4) 翼　肋

翼肋分普通肋和加强肋,其构造形式可分为腹板式、构架式、围框式和整体式等几种(图 3.21)。

普通肋一般不参加机翼的总体受力,主要用来承受局部气动载荷和维持机翼剖面所需的形状。

加强肋除了具有普通肋的作用外,还用于承受其他部件传来的集中载荷或由于结构不连续(如大开口处)引起的附加载荷,一般由较强的腹板、缘条组成。

由此可见,在机翼传力中翼肋通常是个很关键的构件。

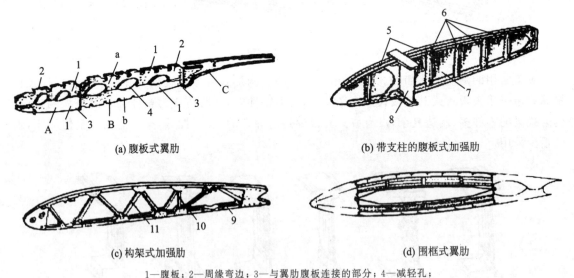

1—腹板;2—周缘弯边;3—与翼肋腹板连接的部分;4—减轻孔;
A—前段;B—中段;C—后段;a—上部分;b—下部分
5—缘条;6—支柱;7—腹板;8—翼梁;9—缘条;10—直支柱;11—斜支柱

图 3.21　翼肋构造形式

5) 蒙　皮

蒙皮是覆盖在骨架外的受力构件,直接功用是形成流线型的机翼外表面。为了使机翼的阻力尽量小,蒙皮应力求光滑,减小它在飞行中的凹凸变形。从受力看,气动载荷直接作用在蒙皮上,因此蒙皮受垂直于其表面的局部气动载荷。此外,蒙皮还参与机翼的总体受力,和翼梁或翼墙组合在一起,形成封闭的盒式薄壁结构承受机翼的扭矩。当蒙皮较厚时,与长桁、翼梁缘条在一起组成壁板,承受机翼弯矩引起的剪切力。

早期的或低速小型飞机用布(麻、棉)作为蒙皮,此时的蒙皮只能承受部分有限的气动载荷,不参加整体受力。目前飞机常见的蒙皮有金属蒙皮(图 3.22)、复合材料层压蒙皮、夹层蒙皮和整体壁板(图 3.23)等。

图 3.22 金属蒙皮

图 3.23 整体壁板

现代飞机的蒙皮广泛使用硬铝(下表面蒙皮)、超硬铝。有些马赫数约为 2.5 的高超声速飞机使用钛合金蒙皮,有些马赫数约为 3 的飞机使用不锈钢蒙皮。夹层蒙皮由上、下两块面板和中间芯材组成,芯材有蜂窝夹芯、泡沫塑料、波纹板等。复合材料蒙皮(或壁板)由于其特殊的优异性能,被广泛地用于第四代战斗机和近些年来设计的飞机翼面结构上。

蒙皮与长桁、翼梁缘条连接在一起,组合成壁板(也称加筋板)。翼肋和梁、墙一起向壁板提供横向支持。壁板有铆接组合式壁板和整体壁板两种典型形式。

6) 铆接组合式壁板

蒙皮与长桁通过铆接连接在一起,组合成壁板。典型的承力蒙皮壁板如图 3.24 所示。

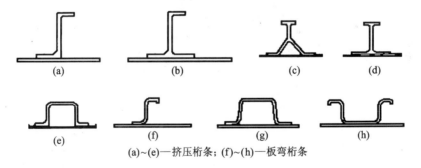

(a)~(e)—挤压桁条;(f)~(h)—板弯桁条

图 3.24 典型的承力蒙皮壁板

7) 整体壁板

整体壁板(图 3.23)是将长桁和蒙皮作为一个整体而形成的板状结构,是一种质量轻、强度高的构件。对承受大载荷的整体壁板,普遍采用的是挤压成形或机械加工的整体构件。

当飞机飞行速度进一步提高时,机翼上载荷增大,机翼更趋变薄,此时宜采用整体壁板结构,而不宜采用铆接组合式壁板结构。研究表明,若加厚蒙皮则增重多,而增多长桁将增加工艺难度,且因铆接导致的表面质量问题会使摩擦阻力增大,因此出现了整体壁板。整体壁板在现代高速薄翼飞机上,特别是机翼结构整体油箱区,得到了广泛应用。

整体壁板与铆接组合式壁板相比具有如下优点:结构上便于按等强度合理分布材料,通过加工使壁板沿展向取得最佳的变厚度分布;结构的总体和局部刚度好,蒙皮不易失稳,改善了气动特性;由于减少了铆钉数量,机翼表面更加光滑,提高了气动外形准确度,减少了装配工作量,减小了钉孔的应力集中以及对壁板截面积的削弱。这样既减轻了紧固件的质量,又可改善疲劳性能,减少密封材料的用量,对整体油箱设计提供了有利因素。采用整体壁板一般可使机翼壁板的质量降低10%~15%,对薄机翼甚至可达20%。其缺点是装配中可能会引起由拉伸或其他一些原因产生的残余应力,易引起应力腐蚀。

(2) 基本构造形式

机翼结构按结构中起主要作用的受力构件的组织形式的不同来划分,有薄蒙皮梁式、多梁单块式、多墙(多梁)式等。

1) 薄蒙皮梁式

薄蒙皮梁式机翼结构主要的构造特点是蒙皮很薄,常用轻质铝合金制作,纵向翼梁很强(有单梁、双梁或多梁等布置);纵向长桁较少且弱,梁缘条的剖面与长桁相比要大得多,在布置有一根纵梁的同时还要布置一根以上的纵墙。该形式的机翼通常不作为一个整体,而是分成左、右两个机翼,用几个梁、墙根部传递集中载荷的对接接头与机身连接。薄蒙皮梁式翼面结构常用于早期的低速飞机或现代农用飞机、运动飞机中,这些飞机的翼面结构高度较大,梁作为唯一传递总体弯矩的构件,在截面高度较大处布置较强的梁,从效率上看还是适宜的。图3.25所示为带前后纵墙的单梁式机翼。

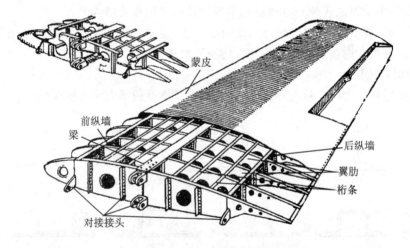

图3.25 带前后纵墙的单梁式机翼

2) 多梁单块式

多梁单块式机翼从构造上看,蒙皮较厚,与长桁、翼梁缘条组成的壁板来承受总弯矩。纵向长桁布置较密,长桁截面积与梁的横截面比较接近或略小,梁或墙与壁板形成封闭的盒段,增强了翼面结构的抗扭刚度。为充分发挥多梁单块式机翼的受力特性,左、右机翼最好连成整体贯穿机身。有时为了使用和维修的便利,可在展向设计分离面,分离面处采用沿翼盒周缘分散连接的形式将整个机翼连成一体(图3.26),然后通过接头与机身相连。

3) 多墙厚蒙皮式

多墙厚蒙皮式(多梁厚蒙皮式)以下简称为多墙式。这类机翼布置了较多的纵墙(一般多于5个),蒙皮厚几毫米到十几毫米,无长桁,有少肋、多肋两种。但根据受集中力的需要,至少每侧机翼上要布置3~5个加强翼肋(图3.27)。当左、右机翼连成整体时,与机身的连接和多梁单块式类似。但有的与薄蒙皮梁式类似,分成左右机翼,在机身侧边与之相连,此时往往由多墙式过渡到多梁式,用少于墙数量的几个梁的根部集中对接接头在根部与机身相连。

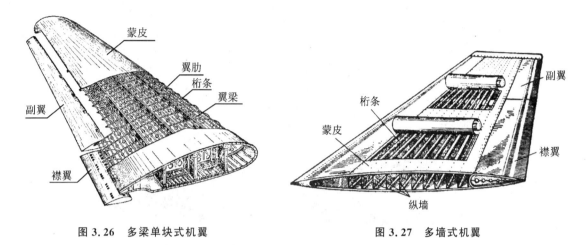

图3.26　多梁单块式机翼　　　　　　　　图3.27　多墙式机翼

2. 尾翼结构的基本构造形式

一般飞机的尾翼由水平尾翼(简称平尾)和垂直尾翼(简称垂尾)两部分组成。平尾和垂尾一般由安定面和操纵面构成,现代许多飞机的平尾还采用了全动平尾的结构形式。

(1) 安定面和操纵面结构的基本构造形式

安定面的结构和机翼基本相同。现代速度较高的飞机一般采用双梁(多梁)、壁板、多肋的单块式结构。使用多梁是为了增大强度,提高防颤振特性,波音-747、波音-767的水平安定面和垂直安定面都采用双梁加一辅助前梁的结构。现代的高速运输机还有采用由数根梁、密排翼肋和变厚度蒙皮组成的结构,其翼面不用桁条。这种形式的制造成本低、抗扭刚度高,尤其对防颤振有较好的效果,波音-707、波音-727的水平安定面采用此种结构。舵面一般悬挂于后梁上,因此安定面通常将后梁设计成主梁,且在悬挂接头处布置有加强肋。安定面和操纵面的典型结构如图3.28所示。

(2) 全动平尾的基本构造形式

飞机超声速飞行时,因激波后的扰动不能前传,舵面偏转后不能像亚声速流中那样改变安定面的压力分布,共同提供操纵力或平衡力,因此尾翼效能下降。然而飞机的纵向稳定性却因机翼压力中心后移而大大增加,二者之间产生了矛盾。为了提高尾翼的效能而采用了全动平尾。全动平尾是将整个平尾作为操纵面绕某一轴转动。

全动平尾的基本构造形式有单块式(无梁)(图3.29)、双梁式(图3.30)构造,其前、后缘则采用全高度蜂窝或组合式蜂窝结构,F-14、F-15、F-16全动平尾的蒙皮还采用了复合材料。

双梁式平尾的气动载荷较容易由梁结构传递到转轴上,同时在制造工艺上也更为有利,因此双梁式的构造形式在转动平尾上用得较多。

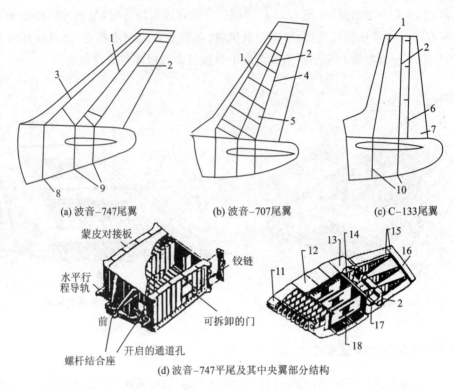

(a) 波音-747尾翼　　(b) 波音-707尾翼　　(c) C-133尾翼

(d) 波音-747平尾及其中央翼部分结构

1—安定面前梁；2—安定面后梁；3—墙；4—方向舵铰链线；5—方向舵平衡板；6—舵面梁；
7—方向舵；8—次强框；9—强框；10—加强框；11—可拆前缘；12—壁板；13—铝蜂窝；
14—铰链肋；15—玻纤蜂窝；16—可更换的后缘；17—配重；18—检查口

图 3.28　安定面和操纵面的典型结构

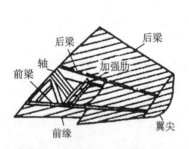

图 3.29　单块式(无梁)全动平尾

图 3.30　双梁式全动平尾

3.2.3　机身结构的基本构造形式

1. 机身结构受力构件的基本构造

现代飞机的机身结构是由纵向构件（沿机身纵轴方向）——长桁、桁梁和垂直于机身纵轴的横向构件——隔框以及蒙皮组合而成。机身结构各构件的功用与机翼结构中的长桁、翼肋、蒙皮的功用基本相同。

（1）隔　框

作为横向构件的隔框分为普通框和加强框。普通框主要用于维持机身的截面形状，承受蒙皮的局部载荷,一般沿机身周边空气压力对称分布。此时空气动力在框上自身平衡,不再传到机身其他结构上。普通框一般都为环形框,如图3.31所示。

加强框(图3.32)主要是将装载的质量力和其他部件(如机翼、尾翼等)上的载荷,经连接接头传递到机身结构上,将集中力加以分散,然后以剪流的形式将力传递到机身蒙皮。

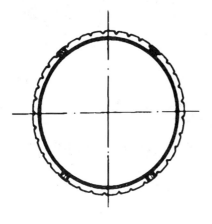

图 3.31 普通框构造

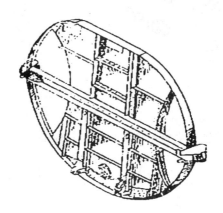

图 3.32 加强框构造

(2) 长 桁

长桁作为机身结构的纵向构件,在桁条式机身中主要用来承受机身弯曲引起的轴向力。其次,与机翼的长桁相似,它还承受部分作用在机身蒙皮上的气动力并传给隔框。另外,长桁对蒙皮有支持作用,提高了蒙皮的受压、受剪失稳临界应力。桁梁的作用与长桁相似,只是截面积比长桁大。

(3) 蒙 皮

机身蒙皮在构造上的功用是构成机身的气动外形,并保持表面光滑。它承受局部空气动力,在密封座舱部位的蒙皮还将蒙皮承受的内外载荷传递给机身骨架。

蒙皮在机身总体受载中起着很重要的作用,除了承受着垂直和水平两个平面内的剪力和扭矩,还与长桁一起组成壁板承受垂直和水平两个平面内弯矩引起的轴力。

2. 机身结构的基本构造形式

根据蒙皮参与承受弯矩的程度不同,机身可分为桁梁式、桁条式和硬壳式三种构造形式。

(1) 桁梁式

桁梁式机身的结构特点是有几根桁梁,且桁梁的截面积很大,如图3.33(a)所示。在这类机身结构上,长桁的数量较少而且较弱,甚至长桁可以不连续,同时蒙皮较薄。这种结构的机身,由弯曲引起的拉、压轴向力主要由桁梁承受,蒙皮和长桁承受很小部分的轴向力,剪力则全部由蒙皮承受。普通框的作用是维持机身外形,支持纵向构件。加强框除了维持外形外,主要承受集中载荷,如机翼、尾翼和机身连接的接头部位都布置有加强框。

从桁梁式机身的受力特点可看出,在桁梁之间布置大开口不会显著降低机身的抗弯强度和刚度。虽然大开口会减小结构的抗剪强度,且开口必须补强,但相对桁条式和硬壳式结构的机身来说,同样的开口,桁梁式的机身加强引起的质量增加较少,因此这种形式的机身便于开较大的舱口。

(2) 桁条式

桁条式机身的特点是没有桁梁,长桁较密、较强,蒙皮较厚,如图3.33(b)所示。此时弯曲引

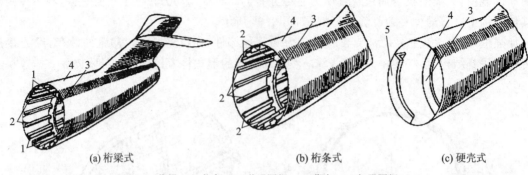

(a) 桁梁式　　　　　　(b) 桁条式　　　　　　(c) 硬壳式

1—桁梁；2—桁条；3—普通隔框；4—蒙皮；5—加强隔框

图 3.33　机身构造形式

起的拉伸轴向力将由许多桁条与较厚的蒙皮组成的壁板承受，剪力仍全部由蒙皮承受。普通框和加强框的作用与桁梁式机身相同。从其受力特点可以看出，蒙皮上不宜开大口，但与桁梁式相比，弯、扭刚度比桁梁式大。由于蒙皮较厚，故在空气动力的作用下，蒙皮的局部变形小，从而有利于改善气动性能。

（3）硬壳式

硬壳式机身结构是由蒙皮与少数隔框组成，如图 3.33(c) 所示。其特点是没有纵向构件，蒙皮较厚。由蒙皮承受机身总体弯、剪、扭引起的全部轴向力和剪力。普通框和加强框用于维持机身截面形状，支持蒙皮承受扩散框平面内的集中力。

这种机身的优点是结构简单，气动外形光滑，内部空间可全部利用。但因为机身的相对载荷较小，而且机身不可避免要大开口，会使蒙皮材料利用率降低，因开口补强增重较大，所以这种形式的机身实际上应用很少，只在机身结构中某些气动载荷较大、要求蒙皮局部刚度较大的部位，如机身头部、机头罩、尾锥等处使用。

思考题

1. 静疲劳与振动疲劳的区别是什么？
2. 什么是飞机的颤振？
3. 飞机机体结构的最大特点是什么？
4. 试列举五种长桁的截面形状。
5. 加强肋和加强框的作用是什么？

3.3　起落架构造

起落架是供飞机在起降滑跑、地面滑行、停放和移动时支持飞机质量、承受相应载荷、吸收和消耗着陆撞击能量的装置。

起落架的主要作用如下：

① 承受飞机在地面停放、滑行、起飞着陆滑跑时的重力；
② 承受、消耗和吸收飞机在着陆与地面运动时的撞击和颠簸能量；
③ 滑跑与滑行时的制动；
④ 滑跑与滑行时操纵飞机。

起落架通常由承力结构(支柱等)、带充气轮胎的机轮、减震器、刹车及转弯操纵机构、减摆器、收放机构等组成。对于在雪地和冰面上起降的飞机,起落架的机轮用滑橇取代,在水面上起降的水上飞机,通常用浮筒代替起落架或直接采用按水面滑行要求设计的特殊机身。

3.3.1 起落架的布置及结构形式

1. 起落架的布置形式

起落架的布置形式是指起落架机轮支持点的数目和位置。起落架常见的布置形式有 4 种:后三点式、前三点式、多支柱式和自行车式。

后三点式起落架的两个(组)主轮位于飞机质心之前且靠近质心,尾轮则位于飞机的尾部,如图 3.34 所示。后三点式起落架主要用于机身前部装有活塞式发动机的轻型、低速飞机上。后三点式起落架的优点:安装空间容易保证;尾轮受力较小,因而结构简单,质量较轻;地面滑跑时迎角较大,降落时阻力较大。后三点式起落架的缺点:对着陆技术要求高,容易发生"跳跃"现象;大速度滑跑时,不允许强烈制动;地面滑跑时的方向稳定性较差;飞行员视界不佳等。

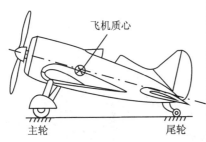

图 3.34 后三点式起落架

前三点式起落架的两个主轮位于飞机质心之后,前轮则位于飞机的头部,如图 3.35 所示。前三点式起落架是现代飞机应用最广泛的起落架形式。前三点式起落架的优点:着陆简单且安全可靠;具有良好的方向稳定性,侧风着陆较安全;允许强烈制动,着陆滑跑距离较短;飞行员视界较好,发动机喷气对跑道影响较小。其缺点是:前起落架受力较大且构造复杂;高速滑跑时,前起落架会产生摆振现象。

多支点式起落架通常在质心后面附近布置四个,甚至更多支柱,同时每个支柱上采用小车式轮架,安装 4~8 个机轮,以分散接地载荷,从而减小每个支柱的受力,如图 3.36 所示。从性能上

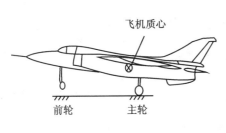

图 3.35 前三点式起落架

看,多支点式起落架与前三点式相近。采用多支点式结构可以使局部载荷减小,有利于受力结构布置,还能够减小机轮体积,从而减小起落架的收放空间。现代重型飞机质量较大,多数采用多支点起落架,以减小对跑道的压力和分散过大的结构集中载荷。

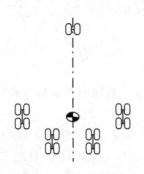

图 3.36 多支点式起落架

自行车式起落架的两个主轮纵向排列在飞机质心的前后,同时在两侧机翼下设置辅助轮,如图 3.37 所示。自行车式起落架主要用于因机翼很薄而难以收藏起落架的飞机,特别是采用上单翼的大型飞机上,如美国 B-52 轰炸机和"海鹞"AV-8 垂直起降战斗机。

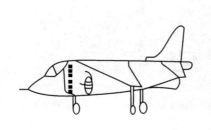

图 3.37 自行车式起落架

2. 起落架的结构形式

按照缓冲器的位置和受载方式,起落架的结构形式可分为构架式起落架、支柱式起落架、摇臂式起落架。

构架式起落架通过受力构架将机轮连接到机翼或机身上,受力构架中的杆件和减震支柱互相铰接,如图 3.38 所示。构架式起落架结构简单,但难以收放,构架式起落架主要用于轻型低速飞机,一般为固定且不收起。

支柱式起落架的受力支柱本身就是减震器,

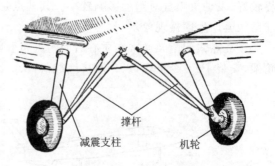

图 3.38 构架式起落架

机轮直接连接于支柱下端,支柱上端则固定在机体骨架上,连接形式按收放要求分为悬臂式和撑杆式两类,分别如图 3.39、图 3.40 所示。支柱式起落架构造简单紧凑,质量较轻,且易于收放,在现代飞机,尤其是民用飞机上得到了广泛采用。支柱式起落架的缺点是:当受到来自正面的水平撞击时,

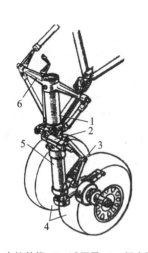
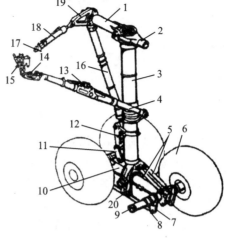

1—支柱外筒;2—减摆器;3—扭力臂;
4—机轮;5—减震支柱;6—横梁

图 3.39 单侧斜撑式起落架结构

1—横梁;2—销钉;3—支柱;4—侧撑杆;5—减震缓冲器;6—机轮;
7—刹车摇臂;8—刹车拉杆;9—机轴;10—轮轴器;11—扭力臂下段;
12—扭力臂上段;13—下位锁;14—连杆;5—液压作动筒;
16—斜撑杆;17—耳片;18—作动筒;19—摇臂;20—耳片

图 3.40 双侧斜撑式起落架结构

减震支柱不能很好地起减震作用。另外,活塞杆不但承受轴向力,而且承受弯矩,因而减震支柱的密封装置容易磨损及可能出现卡滞现象。

摇臂式起落架的机轮通过可转动的摇臂与减震器的活塞杆相连,根据受力支柱是否与减震器分开,还可进一步分为全摇臂式和半摇臂式两类,如图 3.41 所示。摇臂式起落架的减震支柱只承受轴向力,因而密封性能好,吸收来自正面的水平撞击的性能也好,故在高速飞机上得到了广泛应用。摇臂式起落架的缺点是构造复杂,质量较大,接头较多且受力较大,因此在使用过程中的磨损也较大。

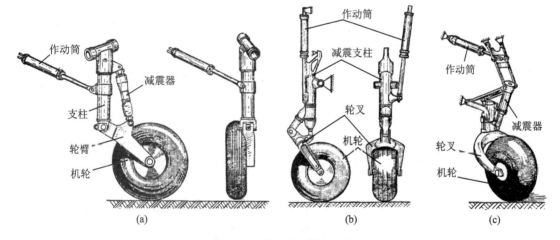

图 3.41 摇臂式起落架结构

3.3.2 改善起降性能的装置

1. 改善起飞性能的装置

改善飞机起飞性能装置的作用是提高飞机起飞时的加速度,使它尽快达到离地速度而起飞,以便缩短起飞滑跑距离。

(1) 起飞加速器

起飞加速器实际上是加装在机翼或机身上的一个或若干个火箭发动机,也称为助飞火箭。助飞火箭发动机使用固体或液体推进剂作为燃料,且结构简单,质量小,推力大,能大大缩短飞机的起飞滑跑距离,但工作时间非常短,一般只有 1~3 s,工作完毕后即可抛掉。

(2) 起飞弹射装置

航空母舰实际上是一个漂浮在海上的移动机场。因舰上的飞行甲板场地狭小,一般最长不超过 300 m,宽约 70 m,飞机靠自身的发动机难以在如此短的距离内加速到起飞速度,必须借助额外的起飞弹射装置。

以英美为代表的舰载飞机广泛采用蒸汽弹射装置对起飞的飞机进行加速。该装置的主要施力构件是作动筒,靠船用蒸汽发动机产生的高压蒸汽来工作。在蒸汽的作用下,活塞在作动筒内高速运动,活塞杆上装有单向牵引钩,牵引钩通过起落架给飞机施加前进的力,使飞机的起飞推力增大,迅速加速到离舰速度,脱离甲板而起飞。飞机离舰时,单向牵引钩自然与飞机脱离,起飞弹射装置如图 3.42 所示。

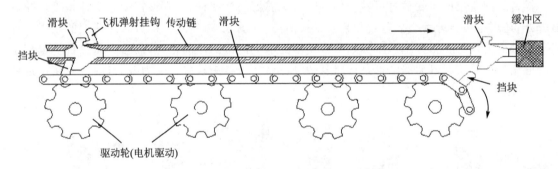

图 3.42 起飞弹射装置

(3) 起飞跃升装置

与以英美为代表的西方国家采用复杂的蒸汽弹射加速装置不同,以苏联为代表的部分国家另辟蹊径,在起飞甲板的端部设置了一个坡度较陡的跃升凸台,飞机滑跑到凸台上时,被迫抬高机头,增大迎角,由于这时飞机已经具有一定的滑跑速度,迎角增大后飞机的升力随之大幅度增加,于是飞机可以离开甲板升空。

不是任何飞机都可以实现跃升起飞的,采用跃升装置起飞的飞机必须具有足够大的发动机推力,否则很难保证飞机离开飞行甲板后的安全。苏联研制的苏-33舰载战斗机是在苏-27飞机的基础上改型的,两台 AJI-31Φ 发动机的全加力推力大于飞机的起飞质量,发动机的推力可保证飞机继续爬升。

飞机在空气稀薄的高原机场起飞时,也可以采用跃升装置,以缩短飞机在地面上的滑跑距离,起飞跃升装置如图 3.43 所示。

2. 改善飞机着陆性能的装置

改善飞机着陆性能装置的主要作用是减小飞机着陆时的速度,缩短飞机着陆滑跑距离。这些装置包括襟翼、机轮刹车、反推力装置、减速伞、减速板和减速装置等。

襟翼的增升和增阻效果已经在前面章节中有所介绍,机轮刹车的作用和汽车刹车的效果一样。而反推力装置就是着陆时发动机产生一个反向推力,使飞机迅速减速。

图 3.43　起飞跃升装置

(1) 减速伞

减速伞利用增大气动阻力的方法使飞机减速,通常包括主伞、引导伞和伞袋等。主伞通过钢索、挂扣与飞机尾部的专用挂钩连接,飞行过程中存放在飞机尾部的减速伞舱内。飞机主轮接地后,飞行员按下放伞按钮,操纵机构通过高压气体或直接通过机械方式打开伞舱门,引导伞先弹出,并在气流的作用下将主伞拉出,主伞在空气动力作用下打开,产生大的阻力使飞机减速,如图 3.44 所示。

减速伞的阻力与滑跑速度的平方成正比,滑跑速度越大,减速作用就越大,反之则较小。这一特点恰好与机轮刹车的减速作用相反,因此常常将二者结合使用,取长补短,使飞机在整个着陆滑跑过程中产生较大的减速度。但在着陆滑跑的后段,飞机的速度已经降低到机轮刹车可以控制的程度时,为防止减速伞在地面上被拖坏,飞行员须按下抛伞按钮,打开挂钩,抛掉减速伞。抛掉后的减速伞经检查合格后,可重复装机使用。

(2) 钢索减速装置

钢索减速装置是舰载飞机或高原机场使用的一种专用着陆减速装置,如图 3.45 所示。由于航空母舰的斜甲板一般都比较短,故舰载机在航空母舰的斜甲板上着陆时,必须采取有效的着陆方法使飞机尽快停下来。

图 3.44　减速伞

图 3.45　钢索减速装置

钢索减速装置的工作原理是在甲板上横拉几条距甲板 $10\sim15$ cm 高的着陆减速钢索,钢索的两头通过滑轮连接到可以受力的液压作动筒上。飞机着陆前放下尾钩,只要能钩住其中的一根钢索,便会拉着它前进一段距离。这时钢索拉着活塞在作动筒中运动,飞机通过钢索传过来的动能被转化成作动筒液体的热能,使其速度迅速降低,直到停止运动。

(3) 拦阻网

地面机场的跑道两端一般都设有应急拦阻网,防止在不利的情况下飞机未能有效减速而冲出跑道。

拦阻网采用坚韧的尼龙制成,横在跑道头上,两端用钢索连在金属支架上,与重物相连,如图3.46所示。支架上装有能受力的液压作动筒,飞机着陆时撞上拦阻网,拖着它向前滑跑,飞机的动能被作动筒吸收,因而很快便停止前进。

(4) 减速板

减速板是一种增大飞机气动阻力的装置,一般安装在机身两侧或下部,用液压来操纵。需要使用时驾驶员通过控制开关操纵打开,不用时紧贴在机身或机翼表面。机翼上的减速板如图3.47所示。与减速伞相类似,减速板主要在飞行速度比较高时作用才明显,在着陆滑跑中减速作用不大。

图3.46 拦阻网

图3.47 减速板

思考题

1. 起落架常见的布置形式有哪几种？
2. 支柱式起落架的优缺点是什么？
3. 改善飞机着陆性能的装置有哪些？

3.4 直升机的构造

直升机的结构形式有很多,常规直升机的机体结构包括机身、旋翼系统、尾桨、机械操纵系统和起落装置等,如图3.48所示。

3.4.1 机身

机身是用来支持和固定直升机部件系统,并将它们连接成一个整体,同时用来装载人员、物资和设备,使直升机满足既定技术要求。机身是直升机的重要部件。图3.49所示为卡-50机身结构图。

3.4.2 旋翼系统

旋翼系统由桨叶和桨毂组成,主要功用是产生升力(旋翼拉力)、推力和操纵力。从直升机飞行原理的讲解中已经知道,旋翼首先具有机翼的功能,产生向上的力；其次具有类似于飞机动力

第 3 章 飞行器的基本结构

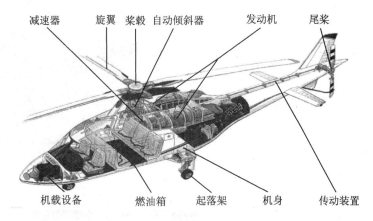

图 3.48 直升机的机体结构

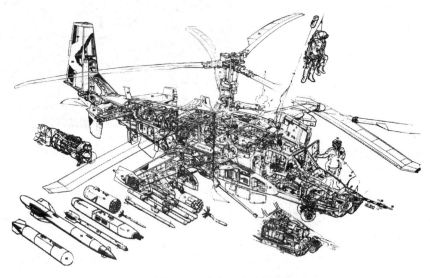

图 3.49 卡-50 机身结构

系统的功能,产生向前的推力。此外,还具有类似于飞机操纵面的功能,产生改变机体姿态的俯仰力矩或滚转力矩。因此,旋翼系统是直升机上最复杂的部件系统。

1. 桨 叶

直升机桨叶是提供升力的重要部件,如图 3.50 所示。对桨叶的设计除去气动力方面的要求之外,还有动力学和疲劳强度方面的要求。旋翼桨叶的发展建立在材料、工艺和旋翼理论基础之上。依据桨叶发展的先后顺序,可分为混合式桨叶、金属桨叶和复合材料桨叶三种形式。

2. 桨 毂

桨毂是桨叶和旋翼操纵系统的连接装置,如图 3.51 所示。桨毂的形式在很大程度上决定了旋翼系统的工作性能。目前应用的桨毂形式有铰接式、万向节式、跷跷板式、无铰式和无轴承式。

铰接式(又称全铰接式)旋翼桨毂是通过桨毂上设置挥舞铰(水平铰)、摆振铰(垂直铰)和变距铰(轴向铰)来实现桨叶的挥舞、摆振和变距运动。典型的铰接式桨毂铰的布置顺序(从里向外)是挥舞铰、摆振铰、变距铰,如图 3.52 所示。铰接式桨毂构造复杂,维护检修的工作量大,疲

图 3.50 直升机桨叶

图 3.51 直升机桨毂

劳寿命低。

万向接头式旋翼桨毂的两片桨叶通过各自的轴向铰和桨毂壳体互相连接,而桨毂壳体又通过万向接头与旋翼轴相连,分别通过万向节上不同的轴实现变距和挥舞运动。

跷跷板式旋翼由万向接头式旋翼发展而来,主要区别是桨毂壳体只通过一个挥舞铰与旋翼轴相连,这种桨毂构造比万向接头式简单一些,但是周期变距也是通过变距铰来实现的。

图 3.52 铰接式桨毂构造

万向接头式旋翼和跷跷板式旋翼与铰接式相比,优点是桨毂构造简单,去掉了摆振铰、减摆器,两片桨叶共同的挥舞铰不负担离心力而只传递拉力及旋翼力矩,轴承负荷比较小,没有"地面共振"问题。

无铰式旋翼的桨毂尺寸比较紧凑,刚度也很大,变距铰在桨叶根部与桨毂相连,桨叶挥舞和摆振运动通过玻璃钢桨叶根部的弯曲变形来实现。

上面所说的无铰式旋翼只是没有挥舞铰和摆振铰,却保留了变距用的轴向铰,因此还不是真正的"无铰"。由于保留了承受很大力矩和离心力的变距铰,结构质量难以减轻,结构的简化也受到了限制。无铰式旋翼的进一步发展就是取消变距铰。无轴承旋翼就是取消了挥舞铰、摆振铰和变距铰的旋翼,桨叶的挥舞、摆振和变距运动是通过桨叶根部的柔性元件来完成的。

3. 尾 桨

尾桨是用来平衡反扭矩和对直升机进行航向操纵的部件,旋转着的尾桨还相当于一个垂直安定面,能对直升机航向起稳定作用,如图 3.53 所示。虽然尾桨的功用与旋翼不同,但是它们都由旋转而产生空气动力,在前飞时都处于不对称气流中工作的状态,因此尾桨结构与旋翼结构有很多相似之处,如尾桨的结构形式也包括跷跷板式、万向接头式、铰接式、无轴承式等。

现代直升机还有一种较常用的涵道式尾桨,如图 3.54 所示。

3.4.3 起落装置

直升机起落装置的主要作用是吸收在着陆时由于有垂直速度而带来的能量,减少着陆时撞

图 3.53　尾　桨

图 3.54　涵道式尾桨

击引起的过载,以及保证在整个使用过程中不发生"地面共振"。此外,起落装置往往还用来使直升机具有在地面运动的能力,减少滑行时由于地面不平而产生的撞击与颠簸。

在陆地上使用的直升机起落装置有轮式起落架(图 3.55)和滑橇式起落架(图 3.56)。如果要求直升机具备在水面起降或应急着水迫降能力,一般要求有水密封机身和保证横侧稳定性的浮筒,或应急迫降浮筒。对于舰载直升机,还需装备特殊着舰装置,如拉降设备等。

图 3.55　轮式起落架

图 3.56　滑橇式起落架

思考题

1. 简要说明直升机的主要结构组成。
2. 直升机尾桨的作用是什么?
3. 直升机的起落装置有哪些?

3.5　航天器、火箭和导弹的构造

3.5.1　航天器的构造

航天器的使用环境和飞行方式与航空器有很大不同,航天器的构造与航空器也有较大的不同。航天器主要从功能的角度划分为若干个分系统,一般可分为两大类:专用系统和保障系统。前者用于直接执行特定的航天任务,后者则用于保障专用系统的正常工作。

专用系统随航天器的任务而异,如通信卫星的通信天线和转发器、侦察卫星的可见光照相机和电视摄像机、天文卫星的天文望远镜和光谱仪、遥感卫星的微波发射和接受设备、空间站上供航天员进行各种试验和观测用的专用设备等。

保障系统在一般航天器上是类似的,通常包括如下几个分系统:

① 结构系统:即航天器的骨架结构和外壳,用于支撑、固定和保护各种仪器和设备,使航天器构成一个密封、屏蔽和保温的整体,承受地面运输、发射和空间运行时的各种载荷,为航天员提供必要的工作生活空间。

② 温度控制系统:保证各种仪器、设备处于允许的温度环境中。由于宇宙空间没有空气,所以温度控制主要是以热传导和辐射方式实现,而无对流方式传热。

③ 生命保障系统:载人航天器上维持航天员正常工作和生活所必需的设备和条件,包括温度、湿度调节,供水、供氧和空气净化,废物处理,食品制作、保管和水的再生,人员生理状态监测等。

④ 电源系统:为航天器上所有仪器设备提供电能。人造地球卫星多采用蓄电池和太阳能电池阵组合电源系统,空间探测器采用太阳能电池阵电源或空间核电源系统,载人航天器大多采用氢氧燃料电池和太阳能电池阵组合电源系统。

⑤ 姿态稳定控制系统:用来保持和改变航天器的运行姿态。如通信卫星要求转发天线指向地面,需要姿态稳定系统保持其指向。当经过一定时间的运行,卫星的姿态会受到各种干扰而发生变化,还要用姿态控制系统来调整姿态。

⑥ 轨道控制系统:用来保持和改变航天器的运行轨道,由发动机提供动力,通过程序控制或地面测控站遥控控制。如高轨道的地球同步卫星,先由运载火箭发射到低轨道上,然后由轨道控制系统向高轨道转移。

⑦ 返回着陆系统:对于可返回的航天器,需要返回着陆系统保障返回部分安全着陆。返回着陆系统一般由制动火箭、降落伞、着陆装置、标位装置和控制装置等组成。

1. 卫星的基本构造

卫星的结构形式因其具体用途而存在较大差别,但从功能上看主要由承力结构、外壳、安装部件、天线结构、太阳能电池阵结构、防热结构及分离连接装置等组成。

① 承力结构:与运载火箭相连接,承受火箭发射时的推力,因而需要有很高的强度和刚度,一般由铝合金、钛合金或纤维增强复合材料的薄壁结构或蜂窝夹层结构制成的壳体或杆件组成。

② 外壳:构成卫星本体的外形,也承受一部分外力,起承力构件的作用。外壳的形状可以是球形、多面柱形、锥形或不规则多面体等。除维持外形外,外壳还应满足容积、热控制、防辐射等功能要求。其结构形式有半硬壳式、蜂窝结构和夹层结构、整体结构和柔性张力表面结构等。

③ 安装部件:是安装仪器设备并保证安装精度和防震、防磁、密封等要求的结构,可以是仪器舱式,也可以是安装盘式。

④ 天线结构:一般为抛物面形或平板形,有固定式和展开式。由于发射的要求,大的天线在发射时是折叠起来的,进入太空后再展开。为防止热变形影响天线的电性能,通常用线膨胀系数很小的碳纤维复合材料制成。可展开式天线有伞式、花瓣式、渔网式和桁架式。

⑤ 太阳能电池阵:可以是一组粘贴在外壳表面的太阳能电池片,也可以是太阳能电池帆板。电池帆板在进入太空后展开成翼状,也称太阳能电池翼。在外太空空间不必考虑空气阻力,因此太阳能电池帆板可以是非对称的。

⑥ 卫星稳定结构：卫星功能的实现对其姿态都有一定的要求，如通信卫星要求转发天线始终朝向地面的接收地点，太阳观测卫星要求其射线探测仪始终对准太阳等。卫星通过姿态控制系统稳定自己的姿态。卫星的姿态稳定控制有自旋稳定、重力梯度稳定和三轴稳定控制等方式。自旋稳定方式的卫星要求构形是轴对称结构，这类卫星的形状一般是圆柱形、球形或椭球形。卫星通过绕对称轴的转动，利用陀螺的定轴性进行稳定控制。图3.57所示为中国的"实践"1号实验卫星，是典型的球形对称结构。图3.58所示为"东方红"2号通信卫星，是圆柱形结构，并且圆柱的直径大于高度，这是为了使自旋轴与最大转动惯量轴重合，有利于稳定。卫星本体绕圆柱轴线旋转，天线部分则反向等速旋转，构成双自旋稳定结构。

图3.57 "实践"1号实验卫星

图3.58 "东方红"2号通信卫星

重力梯度稳定方式的卫星有一根顶端装有一定质量的重力杆，利用卫星各部分质量受到的不相等引力产生的重力梯度力矩来稳定卫星的姿态。为了获得足够的控制力矩，重力杆一般大于卫星高度，以便发射时能装入运载火箭整流罩内。重力杆做成可伸缩机构，发射时重力杆收拢在卫星体内，入轨后再伸展到需要的长度。

三轴稳定控制是通过姿态敏感器、姿态控制器和姿态控制发动机组成的姿态控制系统控制姿态，对外形的要求比较自由。另外，还有以三轴惯性飞轮为主、姿态控制发动机为辅的三轴姿态控制方式。对于用三轴控制稳定方式的卫星，其结构不需要是对称的，如中国和巴西合作的中巴资源卫星，由于其冷却系统要求一面不能朝向太阳，因而设计成单太阳能电池帆板式结构。

2. 空间探测器的构造

空间探测器包括月球探测器及行星和行星际探测器。探测的主要方式包括以下4种：从月球或行星近旁飞过，近距离观测；成为月球或行星的人造卫星，在环绕轨道上进行长期的反复观测；在月球或行星表面硬着陆，利用坠毁之前的短暂时机探测；在月球或行星表面软着陆，进行实地考察，还可以将取得的样品送回地球进行研究。目前使用最广泛的是环绕轨道探测和软着陆实地考察，如中国的"嫦娥"1号卫星就属于环绕月球飞行进行环绕轨道探测的探测器，"嫦娥"3号探测器则是属于软着陆到月球进行实地考察的探测器。

空间探测器的结构与卫星类似，但由于空间探测器的飞行距离更远、飞行环境更加复杂，因此在控制、导航、通信和电源等方面都要比卫星的要求高，尤其是对于需要在星球上着陆的探测器，保障探测器安全着陆的软着陆装置是其必不可少的组成部分。

目前,空间探测器的软着陆方式主要有三种形式:气囊弹跳式、着陆腿式和空中吊车式。

(1) 气囊弹跳式

气囊弹跳式的主要优点是质量较小、结构简单、包装容积小、成本低、性能可调、技术成熟度高、稳定性较好,能够适应星球表面的各种变化,对小块岩石和斜坡等降落条件适应性比较好。但由于气囊弹跳式软着陆过程是通过气囊在星面上的多次弹跳来吸收和消耗能量的,着陆点范围比较大,不容易实现精确点着陆,而且在弹跳过程中还存在被刺破而损坏的危险。因此,气囊弹跳式软着陆方式比较适于着陆速度较大、体积较小,而且着陆后不再返回的着陆器。图3.59所示为气囊弹跳式着陆装置。

图 3.59 气囊弹跳式着陆装置

(2) 着陆腿式

着陆腿式是依靠着陆缓冲支腿缓冲着陆。缓冲支腿里面有缓冲装置,通过缓冲装置来吸收着陆时的冲击能量,降低峰值载荷。着陆腿软着陆和气囊式软着陆相比,最大的优势就是着陆点精准,并且能够以良好的姿态保证着陆器安全平稳地软着陆。其主要缺点是在不平坦的着陆表面可能会发生倾覆,环境适应性受到一定的限制。着陆腿式软着陆的应用比较广,除了一般的应用外,还可以用在较大型或者着陆后需要返回的着陆器上。中国的"嫦娥"3号月球探测器和美国的"凤凰"号火星探测器都采用的是着陆腿着陆的方式。图3.60所示为"凤凰"号火星探测器。

(3) 空中吊车式

2012年,美国的"好奇"号火星探测器采用了一种特殊的软着陆方式。这种软着陆方式就是用一个空中吊车轻轻地把航天器放在着陆星球表面。"好奇"号的着陆过程如下:探测器进入火星大气层后,首先通过大头端朝下的方式利用火星大气层减速,然后再打开降落伞减速。当探测器继续下降到离火星表面1.6 km左右的时候,背部的整流罩分离,反冲发动机启动,并利用反冲发动机的反推力慢慢地让火星车下降。当离火星表面大约20 m时,空中吊车与"好奇"号分离,空中吊车利用电缆把"好奇"号悬吊在正下方,然后轻轻地放在火星表面,最后吊车飞离,并在一定的距离外坠毁。图3.61所示为空中吊车式着陆方式。

空中吊车式软着陆方式的最大优点是着陆速度低,着陆冲击小,但在着陆过程中控制复杂、难度大、风险高。

图 3.60 "凤凰"号火星探测器

图 3.61 空中吊车式着陆方式

探测器软着陆后便开始对星球进行实地探测,星球表面的实地勘测可分为定点探测和巡视探测两种方式。

美国的"凤凰"号探测器属于定点探测器,着陆后不能移动,只能在原地开展探测。"凤凰"号探测器的主要任务是探测火星北极地区冰冻层的真实情况和挖掘火星土壤样本并分析冻土中的有机化合物,以推断火星是否适宜生命生存。"凤凰"号探测器除了包含各种保障设备外,探测器上还装有七种探测设备,如机械挖掘臂、机械照相机、热量和释出气体分析仪、显微镜以及电化学和传导性分析仪、立体照相机、气象站和火星降落成像仪等。

中国的"嫦娥"3 号探测器属于月面巡视探测器。着陆器着陆以后,需要把"玉兔"号月球车从着陆器里面释放出来。为了完成"观天、看地、测月"的三大探测任务,"玉兔"号月球车同样也携带了天文月基望远镜、极紫外相机和测月雷达等相关的任务载荷,其中的极紫外相机可以从 380 000 km 外的月球看到地球周围等离子层的全貌,测月雷达可以探测到月球表面以下 30 m 深的土壤层结构和 100 m 深的次表层结构,这在世界上还是第一次。为了减轻结构质量,"玉兔"号月球车的机轮采用的是特殊的"筛网轮"结构,一个直径 300 mm、宽度 150 mm 的机轮总重只有 735 g。图 3.62 为月球车的结构示意图。

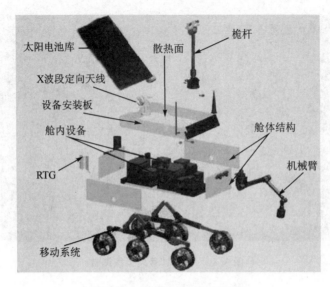

图 3.62 月球车的结构示意图

3. 载人飞船的基本构造

载人飞船是用于提供航天员在外层空间生活、工作以及执行预定的航天任务并返回地面的航天器。载人飞船一般由乘员返回舱、轨道舱和推进舱组成,如图 3.63 所示。

图 3.63 载人飞船的结构组成

乘员返回舱也叫指令舱,是飞船的核心部分,也是飞船的控制中心,是飞船起飞上升、轨道转移、对接和返回地球的时候航天员乘坐的一个密封舱段。根据再入大气层的空气动力学要求,返回舱一般设计成钟形的外形,钟形返回舱的小端直接和轨道舱相连,航天员在飞行期间可以通过它们之间的通道在两个舱之间活动。返回舱内部装有控制飞船的主要设备、显示仪器、减震座椅、生命保障系统、回收控制系统、降落伞和着陆反推火箭等。钟形返回舱的大端和服务舱相连,外形一般是外凸的椭球体，再入大气层的时候大端朝前，这样有利于返回舱在气动力的作用下尽快减速，减少气动加热，而且还可以降低制动过载、提高着陆精度。

轨道舱的外形一般是圆柱形或球形，内部可以分成工作区和生活区两部分，里面有各种实验仪器设备，是航天员在轨道上工作和生活的场所。轨道舱的前端有一个与空间站或其他航天器对接用的对接口，可以实现牢固密封的机械连接。对接完成以后，航天员就可以通过对接口进入和它对接的航天器。

推进舱也叫设备舱，用来安装推进系统、电源、气源等设备，对飞船起服务保障作用。推进舱的外面安装有天线、太阳电池阵和热控系统的散热器。推进舱本身又被分为前后两段：前段是密封舱，安装有电气控制、姿态控制和稳定系统、通信系统以及推进系统的大部分电子设备；后段为非密封舱，装载了供机动飞行和返回地球时用的推进剂、发动机和辅助电源等设备。

4. 空间站的基本构造

载人飞船、航天飞机在轨运行时间一般较短，通常仅为1～2周时间。对于需要在空间做长时间停留的工作任务，则需要载人空间站来完成。空间站的用途主要有以下几个方面：

① 对地观测：通过长焦距可见光相机、微波综合雷达等探测设备可以对大气、地面、海洋和地下进行资源调查、污染检测、灾害预测等工作。

② 科学研究：在微重力和空间辐射条件下进行生命科学和生物科学研究。空间条件与地面有很大差别，在微重力和辐射条件下动植物的生长出现许多变化，在空间实验室培育的种子可能大幅度提高产量。失重条件下人的新陈代谢发生变化，对空间人体科学和空间医学的研究为今后人类在宇宙空间长期生活提供依据。

③ 微重力材料加工及药品制造：在地面重力的作用下，流体中密度不同的成分会产生沉淀和对流，阻碍了精确的分离和充分的混合，晶体的结晶会产生缺陷。在空间失重条件下，可以大大提高电泳法制造生物药品的效率和纯度，可生产出组织和成分非常均匀的合金和复合材料。液态金属在失重条件下的表面张力能使金属自然形成圆球，制造出理想的球形滚珠。

在空间冶炼金属不必使用容器，用很微弱的静电力或电磁力即可左右它的位置。冶炼材料可以加热到极高的温度，而不受容器的耐热能力限制；对于高熔点金属，由于冶炼材料不与任何容器接触，可以做到一尘不染，具有极高的纯度。

④ 天文观测：与地面天文台相比，空间站不受大气的影响，能够观测到非常清晰的图像，精确测定天体的运动和方位。太阳的辐射、离子流、太阳风等对地球环境、通信等有很大影响，因此在空间站上对太阳的研究具有十分重要的意义。

⑤ 在轨服务基地：空间站可以作为维修生产基地，为各种航天器提供更换仪器设备、加注推进剂、定期维修，建造空间工厂和大型空间设施等服务。实际上目前的大型空间站也是分别发射，在空间组合建造的。

空间站可以作为其他小型航天器的停泊和起飞基地，比起从地面发射可以节省更多能量，也没有空气动力载荷，可大大减轻航天器的结构质量。

空间站一般由若干个功能舱组成，各功能舱分别发射升空之后在空间组装。如"和平"号空间站其基本组成包括核心舱、科学实验舱、对接过渡舱、太阳能电池阵、姿态控制系统及通信系统等。核心舱是航天员在太空工作和生活的主要场所（图3.64），设有环境控制、生命保障系统、供配电系统、数据管理系统、通信系统、飞行控制系统等多个系统；在居住场所还设置有航天员卧室、厕所、卫生设施、厨房、桌椅和运动设施等。科学实验舱包括量子1号舱、量子2号舱、晶体号

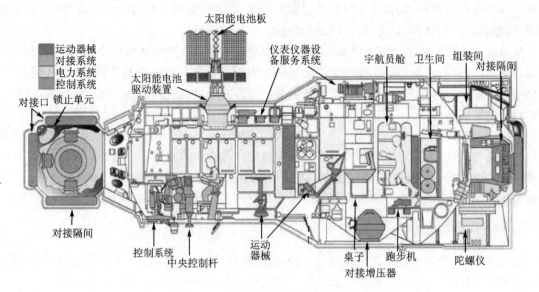

图 3.64 空间站核心舱结构组成示意图

舱、光谱舱和自然舱共五个舱室,主要功能是开展微重力科学、材料科学、生命科学和空间科学等各种科学研究与应用实验。对接过渡舱结构外形是球体加圆台体,通常有多个对接接口,装有连接可靠的对接机构,可以与科学实验舱、载人飞船、货运飞船及其他航天器进行对接,空间站还可以通过过渡舱进行改建和扩建,扩大建设规模。

5. 航天飞机的构造

航天飞机是可以重复使用的、往返于地球表面和近地轨道之间运送有效载荷的航天运载器,又是可以进入近地轨道完成多种任务的航天器。航天飞机进入近地轨道的部分称为轨道器,能完成包括人造地球卫星、货运飞船、载人飞船甚至小型空间站的许多功能,如向近地轨道释放卫星、从轨道上捕捉卫星、维修和回收卫星、向空间站运送人员和物资等。航天飞机的构造如图 3.65 所示。

截至目前,世界上只有美国和苏联拥有航天飞机。美国共制造了五架航天飞机,有两架已先

图 3.65 航天飞机的构造

后失事("挑战者"号和"哥伦比亚"号)。苏联的航天飞机名为"暴风雪"号,至今仅进行过一次不载人的试验飞行,没有正式投入使用。

美国和苏联的航天飞机外形尺寸相当。美国的"挑战者"号机长 56 m、翼展 23.8 m、机高 23.2 m。苏联的"暴风雪"号稍大,机长 58.76 m、翼展 23.9 m、机高 24.52 m。从结构上看,两种航天飞机有许多相同之处:都由轨道器、外挂燃料储箱和火箭助推器组成,其中轨道器均为无尾曲边三角翼布局;飞行方式上也都采用垂直发射,水平滑翔着陆。它们的主要差别有三点:第一,美国采用固体火箭作为第一级,轨道器充当第二级,而"暴风雪"号采用"能源"号运载火箭作为第一、二级,轨道器是挂接在第二级上的,进入轨道后第二级运载火箭脱落坠入海洋;第二,"能源"号运载火箭的第一级采用液体燃料,在任何一个主发动机失灵的情况下,航天飞机仍能继续飞行,而采用固体火箭的美国航天飞机却不能做到这一点;第三,"暴风雪"号采用自动着陆系统,实现无人驾驶飞行,而美国航天飞机虽然有类似的着陆系统,但均采用有人驾驶的半自动返航着陆。

以美国航天飞机为例,它的起飞是垂直发射,轨道器上的主发动机与助推器一起工作,到达一定高度后助推器熄火并分离,由降落伞在海上回收,以便再次使用。当飞行接近入轨速度时,主发动机关闭,外挂储箱与轨道器分离。外挂储箱重返大气层烧毁,是一次性使用部件。之后,轨道器利用主发动机调整飞行速度和轨道参数,可在轨道上工作 30 天左右。轨道器返回进入大气层后,依靠大迎角飞行(30°~40°)并利用大迎角降低下降速度,同时降低过载和气动加热。轨道器是无动力滑翔水平着陆,只能一次成功。

航天飞机在重返大气层时,气动加热现象导致轨道器的表面温度很高,所以必须进行热防护。因为航天飞机是多次重复使用的,防热材料也要能够多次重复使用,因此不能用烧蚀法来防热。再入大气层时,航天飞机表面的温度分布如图 3.66 所示。

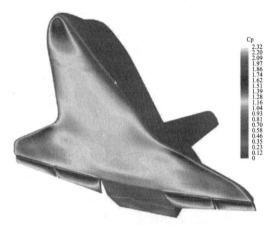

图 3.66 航天飞机表面的温度分布

根据表面温度的不同,航天飞机可以分成四个区域,不同的区域可以采用相应的可以重复使用的防热材料。如机身头部和机翼前缘,温度最高,可采用增强碳/碳复合材料,其可重复使用的温度达 1 593 ℃;对于机身、机翼下表面前部和垂直尾翼前缘,其温度较高,可采用高温重复使用的防热隔热陶瓷瓦;对于机身、机翼上表面和垂直尾翼,气动加热不是特别严重,可采用低温重复使用的防热隔热陶瓷瓦;机身中后部两侧和有效载荷舱门处,温度相对较低(约 350 ℃),可采用柔性的、重复使用的表面隔热材料。为了有效地解决防热问题,对于温度最高的区域还要采取其他的措施,如采用热管冷却、强制循环冷却和发汗冷却等,以确保航天飞机的安全。

3.5.2 火箭的构造

火箭是依靠火箭发动机推进的飞行器,应用范围十分广泛,从节日焰火用的小火箭到将人运上月球的巨型运载火箭,从火箭炮到洲际弹道导弹等都以火箭作为动力。这里所说的火箭是指探空火箭和运载火箭。

1. 探空火箭

探空火箭是指对近地空间进行环境探测、科学研究和技术试验的火箭,按研究对象的不同可分为气象火箭、地球物理火箭、生物火箭和防冰雹火箭等。它一般是无控制的,具有结构简单、成本低、发射灵活方便等优点。探空火箭比探空气球飞得高,比低轨道运行的人造卫星飞得低,其飞行高度为 30~200 km,是目前这一高度范围唯一的探测工具。

2. 运载火箭

运载火箭是把人造地球卫星、载人宇宙飞船、航天站、空间探测器或航天飞机等有效载荷送入预定轨道的火箭。运载火箭是在洲际弹道导弹的基础上发展起来,但其要求与弹道导弹不同,更强调可靠性、各轨道的运载能力、通用性和经济性。它可以采用储存性差、能量高的冷冻推进剂(液氢和液氧等)和廉价的烃类燃烧剂(煤油、甲烷和丙烷等)。目前用单级火箭很难使航天器入轨,一般采用多级火箭,但级数多,结构就复杂,可靠性降低,同时级数过多对减小火箭的起飞质量并不显著。因此,当速度能满足要求时,应尽量减少级数,目前很少采用多于四级的火箭。图 3.67 为"长征"3 号丙三级运载火箭结构示意图。

多级火箭一般有串联型、并联型和混合型三种组合方式。

① 串联型是火箭各子级之间依次同轴相连,各子级发动机顺序工作,如图 3.68(a)所示。其优点是:气动阻力小;级间连接简单,分离时干扰小,分离故障少,且发射装置比较简单。其缺点是:火箭长度大,弯曲刚度差,火箭的运输、储存和发射前起竖不便等。

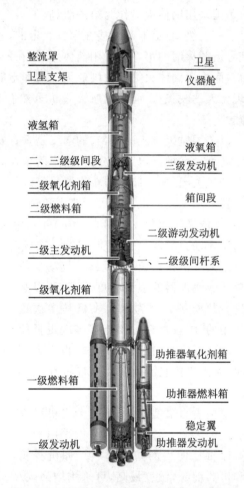

图 3.67 "长征"3 号丙运载火箭结构示意图

② 并联型是在中间有一个芯级,各子级(助推级)围绕芯级周围,捆绑式连接,子级的轴线与芯级平行或有一小的夹角,子级与芯级发动机同时开始工作,如图 3.68(b)所示。这种多级火箭可以利用已有的单级火箭组合在一起,因而缩短了研制过程,相应的火箭长度短,在发射台上稳定性好。其缺点是:横截面大,飞行阻力大,级间连接较复杂,分离时干扰大,目前较少采用并联型火箭。

③ 混合型具有串联型的芯级,并且在芯级周围还捆绑有助推子级,如图 3.68(c)所示。其兼具串联型和并联型的特点,目前大推力运载火箭多采用此类型。

对于不同的组合方式,火箭的级间分离会有所不同。串联式火箭的分离主要有热分离和冷分离两种。热分离是指在下面级发动机推力尚未消失、上面级的发动机即点火工作,连接解锁装置解锁,上面级依靠发动机推力加速,下面级在上面级发动机燃气推力和空气阻力作用下减速,

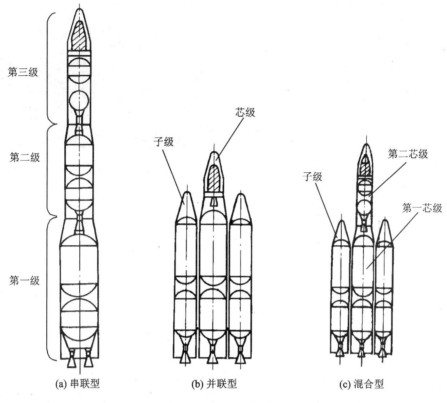

图 3.68 火箭类型结构示意图

两级分离。冷分离是相对热分离而言,是在下面级推力已基本消失、上面级发动机尚未启动时,连接解锁装置解锁,依靠分离冲量装置(如弹簧分离装置)使两级分离。对于大型并联火箭,一般采用专门的分离固体火箭,将子级推离芯级。

3. 运载火箭的构造

图 3.69 为典型的液体运载火箭第一级结构示意图,其他各级构造与之类似。其中储箱除储存推进剂外也作为火箭的承力结构。箭体主要承受轴向载荷、弯矩和内压。轴向载荷使储箱筒壁受压,而内压在筒壁内产生轴向拉力,两者有互相抵消的作用。

储箱筒壁一般用化学铣切方法加工成网格状加筋结构,如图 3.70 所示。为提高储箱承受内压的能力,一般将储箱底做成外凸形状,有半球形、椭球形和环锥底等。两个储箱间是一个

图 3.69 典型液体运载火箭第一级结构

短筒,没有内压,但要承受全部的轴向力,通常也制成网格状加筋结构。箭体的其他部分,如级间段、后过渡段、尾段和仪器舱等,都没有内压,但同样要承受较大的轴向压力,一般设计成半硬壳式结构。对于采用级间热分离的火箭,级间段设计成杆系结构,便于分离时燃气排出。运载火箭大部分在稠密大气层之外飞行,对气动外形要求不是很严格,为了生产工艺上的方便,有时将上

述各段的桁条设计在外表面。

3.5.3 导弹的构造

导弹是依靠制导系统来控制飞行轨迹的飞行武器,任务是把炸药弹头或核弹头运送到目标附近引爆并摧毁目标。导弹从气动外形和飞行弹道方式可分为有翼导弹和弹道导弹,有翼导弹又可分为巡航导弹和高机动飞行导弹;按发射地点和目标所在地可分为地对地导弹、地对空导弹、空对空导弹和空对地

图 3.70 火箭储箱筒壁

导弹等;按作战使命分为战略导弹(打击大型、固定的目标)和战术导弹(打击小型、运动的目标);按发射地分为岸基导弹、舰基导弹和潜射导弹等;按目标类型分为反舰导弹、反坦克导弹、反辐射导弹和反弹道导弹等。

1. 有翼导弹

(1) 有翼导弹的特点

与炮弹相比,导弹的射程远、威力大、准确度高,对目标的摧毁概率大。其飞行原理和构造形式与飞机接近,某些巡航导弹与飞机相差无几,不同之处在于导弹是一次性使用、无人驾驶的飞行武器。有翼导弹有以下四个特点:

① 复杂的制导系统,而气动外形和构造比较简单。由于弹上无人,不需要生命保障和服务等设施,一次性使用,也不要降落装置。

② 导弹作为一种武器,其系统概念较强,必须在一个完整的系统下,才能很好地工作和发挥战斗威力,如需要发射系统帮助发射、外部制导引导等。

③ 可以发挥飞行器大速度、大迎角和大机动性的潜力。目前的战斗机最大马赫数约为 2.5～3.0,使用过载不大于 10(飞行员限制)。而导弹无此限制,格斗导弹的法向过载可达 $30g$～$50g$。

④ 导弹是一次性使用的武器,但需要长期保存,而且保存期间不像飞机那样可以开车检查,所以对保存环境和监测手段有特殊要求。

(2) 有翼导弹的基本组成及各部分的功用

有翼导弹由战斗部系统、动力系统、制导系统和弹体几部分组成,如图 3.71 所示。

① 战斗部系统:由战斗部、引信和保险装置组成。战斗部的功用是摧毁目标,引信的功用是保证在恰当的时机引爆战斗部,保险装置是防止保存、运输和装卸过程中爆炸。

② 动力系统:为导弹提供飞行动力。它由发动机、燃料储存和输送装置组成。在导弹上使用最多的是固体火箭发动机。巡航导弹上一般采用涡轮喷气发动机或冲压发动机。

③ 制导系统:引导控制导弹以一定的准确度飞向目标。巡航导弹多用惯性导航、卫星导航和图像匹配导航系统或者它们的组合,高机动性导弹常使用无线电制导和红外制导,射程较大的地空导弹常由其他地面引导系统提供无线电制导指令。

④ 弹体:包括弹身、弹翼和操纵面三部分。其功用与飞机类似,结构形式简单,一般为圆形截面,但在飞行过程中弹身提供升力的比例比飞机机身大。

(3) 有翼导弹的气动外形

有翼导弹的气动布局与飞机类似,分为正常式、鸭式、无尾式和可偏弹翼式四种。

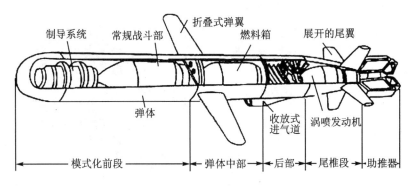

图 3.71 有翼导弹

① 正常式布局:弹翼在前,操纵面在尾部,如图 3.72(a)所示。除有方向舵和升降舵外,它们的差动可进行滚转操纵。

② 鸭式布局:弹翼在后,操纵面在前,如图 3.72(b)所示。通常不能靠鸭翼差动进行滚转操纵,因为差动时鸭翼的尾迹在弹翼上的作用会降低差动效果,甚至会反向操纵。可在弹翼后面安装副翼进行滚转操纵与稳定。

③ 无尾式:弹翼在后,操纵面在弹翼后缘,如图 3.72(c)所示。

④ 可偏弹翼式:弹翼在前,它同时又是操纵面,固定尾翼在后,起稳定作用,如图 3.72(d)所示。

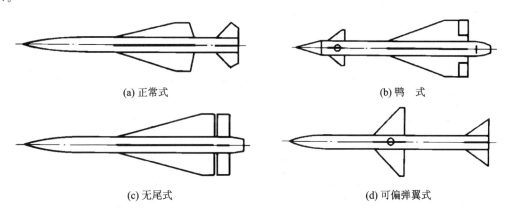

图 3.72 有翼导弹气动外形

大多数导弹的弹体都是细长的圆形截面,弹翼对称布置。按照弹翼在圆周方向的布置可分为平面型(多为巡航导弹)、X 型和十字型。平面形用于巡航导弹,弹翼有较好的升力。后两种形式用于高机动型导弹,它们在转弯时都不必像飞机那样倾斜,只是正常飞行时的姿态是 X 形或十字形的差别。

各种外形各有优缺点,主要从部位安排、发动机进气、操纵性和稳定性等因素考虑。

(4) 现代巡航导弹

大部分航迹处于"巡航"状态的导弹称为巡航导弹。它的外形与飞机相近,一般采用空气喷气发动机。这里介绍的巡航导弹主要是指战略巡航导弹。

图 3.73 为美国"战斧"巡航导弹的示意图。该导弹的弹体为模块式设计,除战斗部、发动机和制导系统可按作战任务不同而改变外,其余部分如动力系统、弹翼、尾翼等的内部尺寸和部位安排均相同。该弹是圆柱形弹身,在尾段串接一个固体助推器,弹身中部装有一对窄梯形可折叠

直弹翼,弹身腹部装有一台涡轮风扇发动机和收放式进气口,尾部装有十字形可折叠尾翼。平时,弹翼顺航向向后折叠在弹身纵向储翼槽中,尾翼从根部沿周向折叠,进气口收在弹身内。这样不仅便于收藏在轰炸机的炸弹舱内或放入舰艇的发射管内,还减小了助推器工作时的阻力。导弹发射后尾翼靠弹簧机构展开并进行滚动控制。助推器熄火后抛掉,弹翼由作动器打开,进气口放出,涡扇发动机启动并开始工作。

现代巡航导弹的特点如下:

① 起飞质量小。由于采用新型发动机、高能燃料、小型增强型弹头,以及采用复合材料等新技术,大大减轻了结构质量。

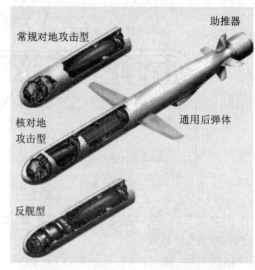

图 3.73 美国"战斧"巡航导弹示意图

② 一般采用 GPS 定位导航,并结合雷达或红外成像以及景象匹配来制导,具有很高的命中精度。

③ 突防能力强。导弹尺寸小,采用复合材料和吸波材料等隐身技术,缩小了雷达反射面积。采用地形跟踪和地形回避,进行超低空飞行,避开防空武器的拦截。

④ 通用性好,能选择不同的战斗部,能攻击不同的目标。

⑤ 成本低廉,可大量使用。

目前巡航导弹的弱点是飞行速度低,如射程 2 000~3 000 km 的导弹要飞行几个小时,数字式景象匹配导航需要大量前期的制图工作,并受气象条件的限制,重新定位临时发现的目标并予以攻击的能力较差。

2. 弹道导弹

弹道导弹在飞行开始阶段靠发动机推力前进,此阶段称为主动段。发动机停止工作后,靠惯性飞行(此阶段称为被动段),其飞行轨迹像炮弹一样,因此得名弹道式导弹。

(1) 弹头和级间分离技术

弹道导弹采用弹头可分离技术,在主动段终点时弹头与弹体自动分离,再入大气层时弹头上有安定翼,可保证稳定飞行。弹体在重入大气层时烧毁,这是因为再入大气层时的载荷很大并且温度很高。弹头分离就使弹体不必考虑再入大气层的问题,减轻了结构质量,增加了导弹的质量比,进而增加了射程。

导弹多级之间的分离与运载火箭相同,有热分离和冷分离两种方式。热分离是在下一级火箭将要关闭前,先启动上一级发动机,随后解脱级间连接件,再关闭下一级发动机,由上一级喷出的燃气流将下一级弹体推开。在级间段上设有排气口,保证分离前热气流能排除,这种分离方式的分离机构简单、分离速度快、上一级发动机启动可靠,但对上一级的扰动较大,增加了上一级燃料的消耗。冷分离是先将级间连接脱开,上一级发动机再点火启动。为避免在脱开时发生碰撞,可以采用下一级制动或利用空气阻力减速使上下级间分开一定距离。这种分离方式干扰小,但分离的控制程序比较复杂。固体火箭一般等前级推进剂燃尽后再启动后级发动机,因而往往采用冷分离方式。

(2) 弹道导弹的控制方式

弹道导弹是要离开稠密大气层飞行的,因此不能像有翼导弹那样使用气动舵面来操纵和稳定导弹姿态,必须利用发动机的燃气来进行操纵。控制方式有以下几种:

① 燃气舵:将舵面置于燃气喷流内,其作用与舵面在空气中的作用相同。一般燃气舵用耐高温的石墨材料制成。这种控制方式结构简单、操纵方便,但会造成推力损失。

② 摆动发动机:将液体火箭主发动机安装在万向轴承上,可以控制俯仰和偏航;另外依靠两个小辅助发动机的差动来控制导弹的滚转运动。对于由四个液体火箭发动机并联组成的主发动机,只要每个发动机绕一个轴切向摆动,就可以对导弹进行三轴姿态控制。

③ 摆动喷管:固体火箭发动机不能整个摆动,但可将发动机的喷管装在球形关节上,通过作动筒操纵偏转,使推力产生俯仰和偏航力矩分量。但对滚转的控制,还要增加相应的控制措施。对于具有四个喷管的发动机组,可以像摆动发动机那样对导弹进行三轴姿态控制。

④ 固定式姿态控制发动机:将推力室固定在弹体上,每个推力室可根据需要断续工作,用产生的推力对导弹的三个姿态进行控制。为了能不断地多次快速点火,采用氧化剂和燃烧剂相遇即可自燃的推进剂,如 N_2O_4 和一甲基肼和偏二甲肼。这种控制方式结构简单,不需要转动机构和作动器,仅需要对推进剂的喷和停进行控制。但由于控制推力小,仅适用于主发动机停车后对导弹的被动段进行控制或对分离后的弹头进行控制。

⑤ 二次喷射技术:利用另外储存的气体或液体向喷管内喷射,或从燃烧室引出一股燃气到喷管,使喷管喷出的燃烧气流方向发生改变,产生控制力矩。这种操纵方式所产生的控制力矩较小,实际应用较少。

(3) 多弹头弹道导弹的弹头控制方式

采用多弹头技术可以提高弹道导弹的攻击效率和命中率,是突防的有效措施。多弹头可以采用真假混装来减小被拦截的概率。多弹头是由母弹头(母弹舱)和其内部的多个子弹头组成。

根据弹头控制方式的不同,多弹头可分为以下三种形式:

① 集束式多弹头:又称"霰弹式"多弹头,即一个母弹头内集中捆绑几个子弹头,当它们与弹体分离后,抛掉母弹头上的整流罩,将子弹头释放出来,子弹头按惯性飞行,其轨迹比较接近,弹着点形成一个几千米到几十千米的散布面,如图 3.74 所示。集束式多弹头的命中精度差,只适合打击大城市那样的面目标,对于摧毁导弹发射井一类的单点硬目标效果不好。

② 分导式多弹头:是集束式多弹头的发展,其母弹头装有推进系统和制导系统,而子弹头上没有,如图 3.75 所示。母弹头与弹体分离后,可以作机动飞行,在不同的速度、高度和方向上逐个释放子弹头。各子弹头可以分别攻击不同的目标,也可以沿不同方向攻击同一目标。分导式

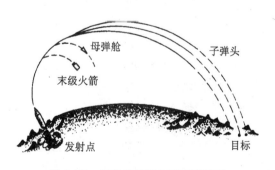

图 3.74 集束式多弹头飞行弹道图

图 3.75 分导式多弹头

多弹头的特点是：子弹头分布面积大，两个弹头间的距离可达几百千米甚至上千千米，同时可以释放诱饵弹头，突防能力强。由于每次投放子弹头都要进行速度和方向的调整，因此命中精度较高。但是子弹头被释放后仍按惯性弹道飞向目标，易被敌方拦截。

③ 机动式多弹头：又称全导式多弹头，母弹头和子弹头都装有推进系统和制导系统，都可以进行机动飞行。子弹头可以像分导式多弹头那样，在不同的时间分别发射出去，也可以同时发射。子弹头机动飞行的轨迹可以是弹道式，也可以是平飞攻击式，还可以是突然跃起再俯冲飞行方式。在多个子弹头中间还可以有假弹头。这种突防方式使敌方的反导系统很难对它进行拦截。此外，由于子弹头上增加了精确的末端制导系统，能够自动寻找和瞄准目标，使命中精度大大提高。

多弹头技术在民用上也有重要的使用价值，如用一枚火箭发射多颗卫星就是利用了分导式多弹头技术。这种发射方式可以提高火箭发射效率，节约发射成本。

思考题

1. 空间探测器的软着陆方式有哪些？
2. 载人飞船一般由哪几个舱段组成？
3. 多级火箭一般有几种组合方式？为什么目前很少采用多于四级的火箭？
4. 多级导弹或火箭的级间分离技术有哪几种？

第4章 飞行器动力装置

飞行器动力装置是指飞行器的发动机以及保证发动机正常工作所必需的系统和附件的总称。飞行器动力装置的核心是发动机,号称飞行器的心脏。

4.1 飞行器动力装置的分类与使用范围

4.1.1 飞行器动力装置的分类

飞行器发动机根据应用领域不同可以分为航空发动机和航天发动机两大类。这两类发动机都属于热机,是把燃料化学能转换成机械能的设备。由于飞行器发动机的使用范围很大,为满足不同需要使用的发动机类型也很多,如图4.1所示。

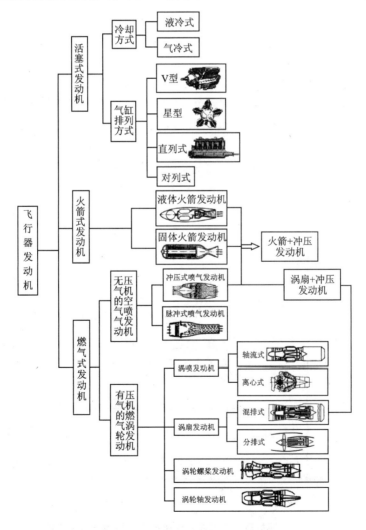

图 4.1　飞行器发动机的主要类型

航天领域使用的发动机类型主要是液体火箭发动机和固体火箭发动机。

航空发动机的发展历程可分为两个时期。第一个时期是从莱特兄弟1903年12月17日的首次载人动力飞行开始到第二次世界大战末,在这个时期内,活塞式航空发动机"统治"了40年左右。第二个时期是从第二次世界大战结束至今,航空燃气涡轮发动机逐渐取代了活塞式发动机的霸主地位,开创了喷气时代,成为航空发动机的主流。

目前使用最多的航空发动机主要包括燃气涡轮发动机和活塞式内燃机两大类。航空燃气涡轮发动机按其结构和作用原理不同一般可分为涡轮喷气发动机(turbojet,简称涡喷发动机)、涡轮风扇发动机(turbofan,简称涡扇发动机)、涡轮螺旋桨发动机(turboprop,简称涡轮螺桨发动机或者涡桨发动机)和涡轮轴发动机(turboshaft,简称涡轴发动机)四大类。其他还有少量的航空器使用包括火箭发动机、冲压发动机、电动机、脉冲爆震发动机以及燃料电池、太阳能等其他类型发动机。

4.1.2 航空发动机的使用范围

航空活塞发动机结构简单,成本低,易于维护,可以满足很多类型飞机的需求。目前367 kW以下的小功率活塞发动机仍在通航飞机尤其是无人机上大量使用,数量上占据统治地位。

对于燃气涡轮发动机,涡轮喷气发动机、涡轮风扇发动机、涡轮螺桨发动机和涡轮轴发动机虽然发展时间有先后之分,但是并没有严格意义上的先进和落后,主要区别在于各自的适用范围。

图4.2为涡喷、涡扇和涡桨发动机推进效率随马赫数的变化关系图。从图中可以看出,涡桨发动机的推进效率最高,但是仅限于亚声速范围,到跨声速范围时,涡桨发动机效率急剧降低。涡扇发动机在跨声速阶段推进效率高于涡桨和涡喷发动机,而且涵道比B越大,推进效率越高,这也是民航飞机的发动机普遍采用大涵道比发动机的原因。涡喷发动机在马赫数1.0以下推进效率很低,但是超声速以后效率快速升高,远超涡桨发动机和涡扇发动机。

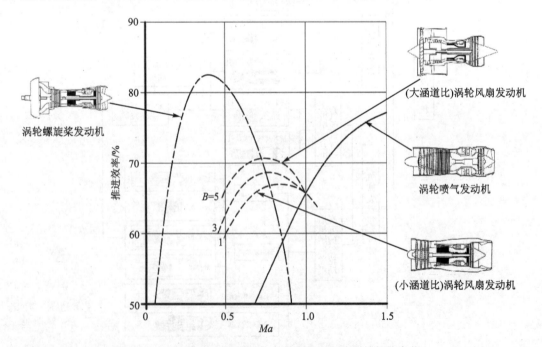

图4.2 不同类型燃气涡轮发动机推进效率随马赫数的变化

航空器可以根据自己的任务定位来确定飞行速度范围,进而确定合理的发动机类型。从以上分析可知,各种类型的发动机适用范围如图 4.3 所示。

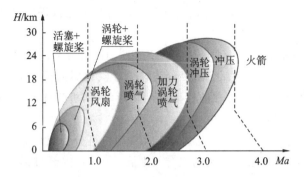

图 4.3　各种类型的发动机适用范围

当前航空发动机领域研究的热点之一是变循环发动机(VCE),如图 4.4 所示。它通过改变一些发动机部件的几何形状、尺寸或位置,来调节其热力循环参数(涵道比、空气流量和涡轮进口温度等),改变发动机循环工作模式(高推力或低油耗),使发动机在各种飞行情况下都能工作在最佳状态,有较高的推进效率。同时,变循环发动机能以多种模式(包括涡轮喷气模式、涡轮风扇模式和冲压模式等)工作,因而在亚声速、跨声速、超声速和高超声速飞行状态下都具有良好的性能。

图 4.4　设计"三涵道"的变循环发动机(通过两个调节板控制三个涵道中的气流流量)

思考题

1. 航空发动机主要有哪些类型?
2. 简述活塞式、涡喷、涡扇、涡桨和涡轴发动机的功能和适用范围。
3. 什么是变循环发动机?有什么特点?

4.2　活塞式发动机

4.2.1　活塞式发动机分类

活塞发动机(piston engine)是依靠在气缸中的往复运动,使气体工质完成热力循环,并将燃料的化学能转化为机械功的动力装置。自 1903 年人类完成第一次载人动力飞行至第二次世界大战末期,几乎所有的飞机都使用活塞式发动机和螺旋桨的组合作为动力装置。航空活塞式发动机在漫长的发展中,其理论研究和实践应用方面都比较成熟和完善。目前虽然航空发动机中大推力喷气式发动机成为主流,但活塞式发动机仍占有重要的地位,其凭借低速能够保持高推进效率等优势而被广泛采用。

航空活塞式发动机的种类繁多,形式差别很大。

① 根据基本工作原理的不同,航空活塞式发动机可分为四行程(也称"冲程")发动机和二行程发动机两种。

② 根据形成混合气的方式的不同,航空活塞式发动机可分为汽化器式发动机和直接喷射式发动机。汽化器式发动机中装有汽化器,燃油与空气在汽化器内预先混合好,再进入发动机气缸中燃烧。直接喷射式发动机中装有燃油直接喷射装置,发动机工作时燃油由直接喷射装置直接喷入,混合气在气缸内形成。

③ 根据气缸内燃气的点燃方式,航空活塞式发动机可分为点燃式发动机和压燃式发动机。点燃式发动机中,汽油与空气按照一定的混合比混合,在气缸内经过活塞压缩后,用外来的火源点燃,使其燃烧。压燃式发动机先将空气在气缸内压缩,使其温度升高至燃料的燃点值上,然后再向气缸内喷入燃料使其自燃。

④ 根据发动机的冷却方式不同,航空活塞式发动机分为气冷式发动机和液冷式发动机。

⑤ 根据空气在进入气缸前是否增压,航空活塞式发动机分为吸气式发动机和增压式发动机。吸气式发动机工作时,外界的空气被直接吸入发动机气缸。增压式发动机上装有增压器,外界的空气进入气缸之前,先经过增压器提高压力后,再进入发动机气缸。

⑥ 根据气缸排列的方式不同可以分为星型发动机和直列型发动机。

以上每一项对发动机的划分都是只能说明发动机的某一个侧面,对具体的发动机,应综合各种区别加以说明。例如,国产活塞五型(670型)航空活塞式发动机是九缸、单排星型、气冷式、汽化器式发动机并带有增压器;美国莱康明公司生产的 IO-540-C4D5D 是六缸、水平对置型、气冷式、直接喷射式、吸气式发动机。

4.2.2 基本工作原理

航空活塞式发动机将热能转变为机械能,是由活塞运动的几个行程来完成的。在四行程发动机中,活塞运动四个行程完成一个工作循环。在二行程发动机中,活塞运动两个行程完成一个工作循环。

1. 活塞式发动机机构常用名词

发动机工作时,活塞在气缸内做往复直线运动,通过连杆连接,使曲轴做旋转运动。下面介绍描述活塞运动的常用名词(见图4.5)。

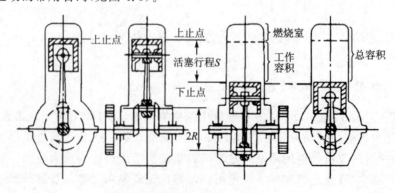

图 4.5 活塞式发动机机构常用名词

① 上止点:活塞顶距曲轴旋转中心距离最远的位置,如图 4.4(a)所示。
② 下止点:活塞顶距曲轴旋转中心距离最近的位置,如图 4.4(b)所示。
③ 曲轴转角:曲臂中心线与气缸中心线的夹角。
④ 活塞行程:上止点与下止点间的距离。
⑤ 曲臂半径:曲轴旋转中心与曲颈中心的距离,与活塞行程的关系为 $L=2R$。
⑥ 燃烧室容积:活塞在上止点时,活塞顶与气缸头之间形成的容积。
⑦ 气缸工作容积:上止点与下止点之间的气缸容积。
⑧ 气缸全容积:活塞在下止点时,活塞顶与气缸头之间形成的容积。显然,气缸全容积也等于燃烧室容积与气缸工作容积之和。
⑨ 压缩比 ε:气缸全容积与燃烧室容积的比值。

2. 奥托循环与狄塞尔循环

活塞式发动机作为热机,其热能转变成机械能是通过气体膨胀做功实现的。如果要持续不断地输出机械功,就要使气体周期性地重复膨胀。要在气体完成一次膨胀后,继续下一次膨胀,就要再重复一次热力过程,回到原来的气体状态,即进行一个热力循环过程。如果热力循环过程是可逆的,则该热力循环就是理想循环。

活塞式发动机的工作原理主要有奥托循环和狄赛尔循环两种:航空活塞发动机中的汽油机都是按奥托循环来工作的。活塞式发动机中四冲程煤油和柴油机采用的是狄塞尔循环,如奥地利钻石公司的 DA40 和 DA42 使用的 TAE 125 涡轮增压柴油发动机。柴油发动机是由德国发明家鲁道夫·狄塞尔于 1892 年发明的,柴油发动机也称为狄塞尔发动机。

狄塞尔循环与奥托循环工作原理相似,不同之处在于:狄塞尔循环的进气行程只吸入空气;在压缩行程中活塞将空气压缩到温度足以点燃燃料而无需电点火器;在活塞接近上止点时燃料直接喷入气缸,高温压缩空气点燃燃料。

为达到高的空气温度,狄塞尔循环的压缩比可达 14。狄塞尔循环也有四冲程和二冲程两种工作方式。狄塞尔循环的优点是效率高,可用较重和较便宜的燃料,如煤油和柴油。

3. 四行程发动机工作原理

四行程活塞式发动机每完成一个循环,活塞在上止点与下止点之间往返两次,连续移动四个行程(图 4.6):进气行程、压缩行程、膨胀行程(又称工作行程)、排气行程。

(1) 进气行程

进气行程的作用是使气缸内充满新鲜混合气。进气行程开始时,活塞位于上止点,进气门打开,排气门关闭。活塞在曲轴的带动下,由上止点向下止点运动,气缸容积不断增大,新鲜混合气被吸入气缸,如图 4.6(a)所示。曲轴转动半圈(180°),活塞到达下止点,进气门关闭,进气行程结束。

(2) 压缩行程

压缩行程的作用是对气缸内的新鲜混合气进行压缩,为混合气燃烧后膨胀做功创造条件。压缩行程开始时,活塞位于下止点,进、排气门关闭。活塞在曲轴的带动下,由下止点向上运动,气缸容积不断缩小,混合气受到压缩,如图 4.6(b)所示,气体的温度和压力不断升高。当曲轴旋转半圈,活塞到达上止点时,压缩行程结束。在理论上当压缩行程结束的一瞬间,电火花将混合气点燃并完全燃烧,放出热能,气体压力和温度急剧升高。活塞式发动机的压缩比为 5~8。压缩比越大,发动机效率越高。

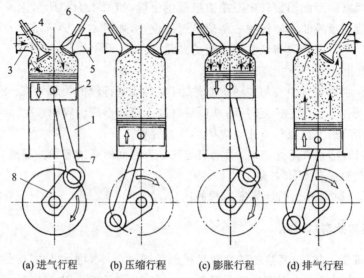

(a) 进气行程　　(b) 压缩行程　　(c) 膨胀行程　　(d) 排气行程

1—气缸；2—活塞；3—进气门；4—进气阀；5—排气门；6—排气阀；7—连杆；8—曲轴

图 4.6　活塞式发动机的工作循环

(3) 膨胀行程

膨胀行程的作用是使燃料的热能转换为机械能。膨胀行程开始时，活塞位于上止点，进、排气活门关闭着。燃烧后的高温高压燃气猛烈膨胀，推动活塞，使活塞从上止点向下止点运动，如图 4.6(c)所示。这样，燃气对活塞便做了功。在膨胀行程中，气缸容积不断增大，燃气的压力、温度不断降低，热能不断地转换为机械能。当活塞到达下止点时，曲轴旋转了半圈，膨胀行程结束，燃气也变成了废气。

(4) 排气行程

排气行程的作用是将废气排出气缸，以便再次充入新鲜混合气。排气行程开始时，活塞位于下止点，排气门打开，进气门仍关闭着。活塞被曲轴带动，由下止点向上止点运动，废气被排出气缸，如图 4.6(d)所示。当曲轴转了半圈，活塞到达上止点时，排气行程结束，排气门关闭。

排气行程结束后，又重复进行进气行程、压缩行程、膨胀行程和排气行程，航空活塞式发动机就是这样周而复始地往复运动。活塞在四个行程运动中，只有膨胀行程获得机械功，其余三个行程都要消耗一部分功，消耗的这部分功比膨胀得到的功小得多。因此，从获得的功中扣除消耗的那部分功，所剩余的功仍然很大，用于带动附件和螺旋桨转动。

二行程发动机的构造简单，曲轴每转过一周就有一个做功的行程；而四行程发动机则每转两周才有一个做功的行程。理论上，若二者在膨胀过程中做功相同，则二行程发动机的功率为四行程发动机功率的 2 倍。但二行程发动机的做功行程并不如相当的四行程发动机有效，因为它燃烧前的混合气内混合有大量的废气，且有一部分新鲜的混合气未经燃烧即由排气口排出，难以避免扫气过程(进、排气重叠期称为扫气期)的废气排出损失，导致油耗高，经济性差。

二行程活塞发动机热效率低，冷却和润滑困难，但其结构简单，质量较轻，运动部件少，维护方便，升功率密度大，能够达到某些超轻型飞机特别是低空短航时无人机的要求。例如西北工业大学无人机所为靶机和小型无人机研制了活塞 350、活塞 510 和活塞 700 等二行程活塞发动机。

4.2.3 主要机件及增压器

1. 主要机件

航空活塞发动机的主要机件包括气缸、活塞、连杆、曲轴、气门机构、进排气装置、机匣和传动部件等。这些机件的相互位置关系如图 4.7 所示。

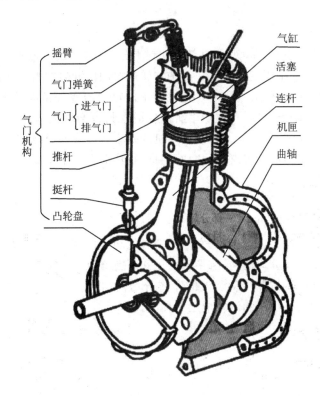

图 4.7 活塞发动机的主要机件

气缸呈圆筒形,固定在机匣上。气缸内壁是燃烧室的组成部分。在发动机工作时,汽油和空气的混合物在燃烧室中被点火燃烧变为高温、高压燃气,通过燃气膨胀使热能转变为机械能。

活塞装在气缸里面,通过连杆和曲轴相连,曲轴由机匣支撑。活塞在气缸内做往复运动。其顶面和气缸头部的内表面之间的空间是燃烧室,活塞上装有数个弹性很强的活塞环,又称涨圈,其作用是防止燃烧室内的高温高压燃气向外泄漏,并防止滑油从外部进入燃烧室。

曲轴与螺旋桨相连,有的发动机曲轴的轴头本身就是螺旋桨轴。燃气的压力作用在活塞的顶面上,活塞就被推动而做功。燃气所做的功,最终用来带动螺旋桨旋转,产生拉力,使飞机前进。活塞在气缸内只能做直线运动,因此必须把活塞的直线运动转变为螺旋桨的旋转运动,这个任务即由连杆和曲轴来完成。连杆的一端连接活塞,另一端与曲颈相连。当活塞承受燃气的压力做直线运动时,经过连杆的传动,就能推动曲柄使曲轴旋转,从而带动螺旋桨旋转。活塞、连杆和曲轴这三个在运动中密切关联的机件通常又合称为曲拐机构。

气门机构是由进气门、排气门以及凸轮盘(凸轮轴)、挺杆、推杆、摇臂等传动机件组成的。这些机件分别安装在气缸和机匣上。发动机运转时,气缸内不断进行气体的新陈代谢,气门机构的作用就是控制气门的开启和关闭,以保证新鲜混合气(或空气)在适当的时机进入气缸,保证燃烧做功后的废气适时地从气缸排出。

机匣是发动机的壳体,除了用来安装气缸和支撑曲轴外,还将发动机的所有机件连接起来,构成一台完整的发动机。

大功率航空活塞式发动机为了产生大的动力,一般转速都很高,约 3 000 r/min。但是螺旋桨的转速受到一定的限制,超过该限度,效率会突然降低,所以功率稍大的航空活塞发动机在螺旋桨轴和曲轴之间一般都装有减速器,使螺旋桨轴的转速低于曲轴的转速。

2. 增压器

活塞发动机所产生的功率与其所吸入的空气量有十分密切的关系,但吸入的空气量是由气缸的大小和数目决定的,是一个固定的数值。曲轴的转速由油门开启的大小和位置而定,但空气的密度随着飞行高度的增加而减小。所以,发动机功率的输出与空气密度成正比。随着飞行高度的增大,发动机的功率在降低,产生单位功率所消耗的燃料也会增大,因为由轴承及活塞等之间的摩擦所消耗的动力是固定不变的。因此,发动机的效率就会降低,导致发动机的高空性能变差。汽化器中虽然有高度调整的装置,但它的功用只能维持混合气中汽油及空气的比值不变,并不能补救高空动力的降低。

高空动力的降低可以使用增压器来补救高空动力的降低。增压器是一个由发动机带动的空气泵,可以增大进入发动机空气的压力,使发动机的进气压力在不同高度保持为常数。发动机通过增压器增大发动机的进气压力,可以增大发动机的有效功率,改善飞机的起飞性能和发动机的高空性能。增压器的作用可以分为两项:海平面增压和高空增压。

活塞式发动机上的增压器按照传动装置的布置分为内(传动)增压器和外(废气涡轮)增压器,相应的增压分为内增压、外增压和混合增压三种方式。

4.2.4 工作系统

航空活塞式发动机不但要具备上面所述的主要部件,还必须有许多附件相配合,才能正常工作。发动机的每个工作系统担负发动机工作中一个方面的任务。航空活塞式发动机一般都具有燃油、点火、润滑、冷却和启动等工作系统。

1. 燃油系统

燃油系统的功能是储存燃油,不断供给发动机适当数量的燃油,并将燃油雾化,同空气均匀混合形成可燃混合气,满足发动机在各种工作状态下的需要。

燃油系统必须完成三项任务:提供适量的汽油;将汽油雾化、汽化与空气混合;根据发动机不同工作状态的需要,调整最适当的混合气。

燃油系统有汽化器式和直接喷射式两种。它们的组成基本相似,主要组成部件有:油箱、燃油滤、燃油选择开关、燃油泵、燃油计量装置、系统显示仪表等。

在燃油选择开关选择好供油油箱后,主燃油泵将燃油从油箱中抽出并加压,经过主油滤的过滤送到燃油调节器,燃油调节器再根据外界条件(如飞行状态和外界大气温度、压力等)和发动机的工作状态(如发动机的转速、油门杆和混合比杆的位置)计量出合适的燃油量。若是汽化器式燃油系统(图 4.8),计量后燃油和空气在汽化器内混合,然后进入气缸;若是直接喷射式燃油系统(图 4.9),计量后燃油由燃油流量分配器平均分配后送到喷油嘴并喷到气缸进气门处,进气门打开后随新鲜空气一起进入气缸(有的发动机直接喷入气缸)。

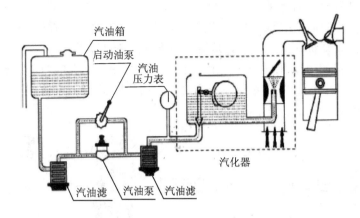

图 4.8　汽化器式燃油系统

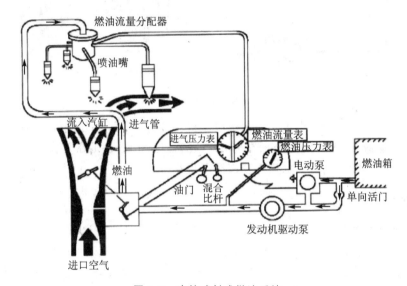

图 4.9　直接喷射式燃油系统

2. 启动系统

启动系统的功用是在发动机启动时将曲轴转动起来,使发动机从静止状态转入正常工作状态。为了能够使发动机正常启动,需要满足下列条件:一是启动时因为转速小,发动机主燃油泵不能正常供油,需要预先向气缸注油(如使用电动增压泵);二是启动机带动曲轴旋转时转速一般不低于 40~60 r/min(启动转速);三是电嘴应能适时地产生强烈电火花点燃气缸中的油气混合气。

航空活塞式发动机的启动方式通常采用直接启动式电动启动机和间接式电动惯性启动机,目前广泛使用的是直接启动式电启动机。启动电源可使用机载蓄电池,也可使用地面电源。通常情况下,使用机载蓄电池提供电源来启动发动机,当多次未能成功启动发动机,或机载蓄电池电压偏低或飞机未装蓄电池的情况下,则使用地面电源来启动发动机。

3. 点火系统

点火系统的功用是按照各气缸规定的点火次序,适时地产生高强度的电火花点燃气缸内的混合气。点火系统是发动机的重要系统,直接影响启动性能、发动机功率、经济性以及工作的可靠性。据各类统计数字表明,在活塞式发动机的故障中有 2/3 与点火系统有关。

现代航空活塞式发动机的点火系统都是借助高压电流通过邻近的两个电极时产生电火花来点燃混合气的,产生高压电的附件叫作磁电机。它设有相隔一定间隙的两个电极,分别与电源的正极和负极相连接(图 4.10)。如果把电压提高到一定的数值,两个电极的间隙中就会出现电火花,同时发出轻微的爆破声。

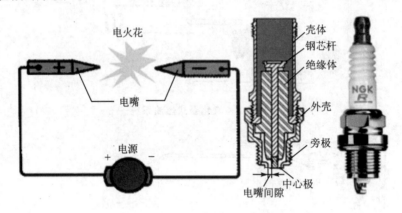

图 4.10 电火花的形成及电嘴结构示意图

现代大多数活塞发动机的点火系统都由磁电机、磁电机开关、高压导线、电嘴等组成,某些点火系统还有启动加速器、启动线圈或振荡器用于启动点火。磁电机在工作时,适时地产生高压电,并按照点火次序分配到各气缸,供电嘴产生电火花。

4. 润滑系统

润滑系统的功用如下:

① 保证发动机的润滑。一方面减少由于机件直接接触而形成的磨损,从而延长机件的寿命;另一方面是把干面摩擦变成液面摩擦,减少因摩擦而引起的能量损失,从而可使机械效率提高。

② 冷却。滑油通过机件表面时除了润滑零件外,还起带走热量的作用。

③ 密封。使活塞在运动时不致漏气,以免工作时因混合气和燃气进入机匣,使发动机功率下降和滑油变质。

④ 保持机件清洁。滑油具有不使杂质沉积在金属表面而浮游在滑油中的性质,并借本身的流动把杂质带走并过滤后除去。

⑤ 保护金属不受腐蚀。机件表面的润滑油油膜可将金属与空气隔开,防止金属腐蚀。

⑥ 作为控制系统的工作液。在螺旋桨飞机上主要作为变距的工作介质。

⑦ 作为调节装置传动介质。润滑系统将加压后的滑油输送到某些调节装置和其他设备,以带动有关部件。

发动机机件的润滑方法有三种:泼溅润滑、压力润滑和压力-泼溅润滑。

借转速较大的旋转机件(例如曲轴等)将滑油泼溅到摩擦面上的润滑方法叫作泼溅润滑。滑油经油泵加压后,沿专门的油路流至各摩擦面上的润滑方法叫作压力润滑。

发动机单独采用泼溅润滑的方法不能保证所有的摩擦面都得到良好的润滑和冷却;而单独采用压力润滑的方法,对于某些无法从专门的油路中获得滑油的机件也不能进行润滑。为了使所有的机件都能得到良好的润滑和冷却,现代的航空活塞式发动机一般都采用压力润滑为主、泼溅润滑为辅的混合润滑系统。混合润滑系统中的泼溅润滑并非利用积存在机匣底部的滑油,而是利用从某些接受压力润滑的机件的间隙处流出的或者从专门的油孔喷出来的滑油,借助于曲轴等旋转较快的机件将滑油泼溅到摩擦面上进行润滑。

5. 冷却系统

(1) 冷却系统的功能

活塞发动机工作时,气缸内混合气燃烧后的温度很高(最高温度可达 2 500 ℃～3 000 ℃),与高温燃气接触的机件或者零件,例如气缸头、气门、电嘴和活塞获得燃气的热量,温度就会升得相当高。如果不对发动机冷却,气缸温度过高会导致发动机产生故障。

气缸温度过高,材料强度一般都显著减弱,气缸以及气缸紧密相连的机件在动力负荷和热负荷的作用下很容易损坏,例如气缸头裂纹、活塞顶烧穿、气门变形等。同时,活塞与气缸壁之间的间隙、涨圈与涨圈之间的间隙、气门杆与气门杆套之间的间隙变化还会引起活塞涨圈内的滑油分解和氧化,形成胶状物质,粘住涨圈,影响气缸壁面的润滑,甚至因此磨伤和烧坏活塞。此外,气缸温度过高,还会使充填量减小,发动机功率降低,并可能产生早燃和爆震现象。因此,为了保证发动机工作可靠和能够发出应有的功率,必须对发动机进行冷却。同时,需要恰如其分地掌握好散热的界限,必须把气缸温度保持在一个适当的范围内。

图 4.11　Rotax914 水平对置四缸活塞发动机

冷却系统的功能是把气缸的一部分热量散发到大气中去,保证气缸的温度正常。冷却系统有气冷式和液冷式两种。目前,航空上多采用气冷式冷却系统,也有采用混合冷却的方式,如无人机广泛采用的奥地利产 Rotax912/914 活塞发动机(图 4.11),与高温高压燃气接触面大、承受热负荷高的气缸头采用强制水冷,气缸身则采用自然风冷。

(2) 气缸的冷却方式和影响因素

气缸中的热经过热传导、对流和辐射传播到温度较低的气缸壁,经气缸壁传导到气缸壁外的冷却介质中去。在一定时间内,要使气缸壁向外传导的热量增加,可利用的方法如下:①使外表面的散热面积增加,在气缸周围包以散热片。②使外面的空气随时流动,从而热空气远离气缸壁,而代以温度低的空气,因而气缸内外的温差增大,传导的效率也随着增高。③在气缸的周围绕以冷水或者冷却液体，以吸收热量；水或冷却液不断地循环流动，增大气缸内外的温差，提高热量的传播效率。因此，对气缸的冷却分为气冷法和液冷法两种。

影响气缸散热的因素如下：混合气的点火时间；混合气的燃烧时间；发动机的转速；发动机的负载；燃烧室的形状；气缸的大小。

点火过早，将增长燃烧气体存留在气缸中的时间，使气缸壁温度增高；点火过晚，将使排气温度增高。这两种情况都要损失较多的热量。如能在上止点瞬时燃烧，气缸与高温燃气的接触面最小，所传导的热量也最小。从点火到燃料全部燃爆需要一定的时间，燃爆时间越长，因散热而损耗的热能就越多。

燃烧室的形状，对热量损耗的影响很大。若用球形燃烧室，在其中心点火，最为理想。但实际上，因种种原因必须改变这种情况。不过，燃烧室的表面积与体积之比越小，热量损耗也越小。

(3) 液冷法

在气缸身及气缸头外包以金属套，称为液套或者水套，套中充装水或其他散热液体。液体循环流动就能产生散热效果。经过散热器后，仍流回金属套内，再度吸热，而后再回到散热器中去散热。如此循环，直至发动机停止工作为止。在液冷法中，水或其他液体是气缸壁与空气之间的媒介物，实际上散热仍旧由外界空气完成。

液冷式航空活塞式发动机除了在气缸周围有液套外，还需要水泵等设备，以作为冷却液循环的动力。冷却液循环可以通过热水上升冷水下降的对流现象完成，也可借助外力加速散热器中冷却液的循环。

(4) 气冷法

气冷式冷却系统利用迎面吹来的气流，吸收并带走气缸外壁的一部分热量，从而使气缸的温度保持在一定的范围内。气冷式发动机都以气缸头温度来标识气缸的受热程度，如某发动机的气缸头温度正常数值规定为 180～215 ℃，最高不超过 250 ℃，最低不低于 140 ℃。

为了增大表面的散热面积，在气冷气缸的外表包以突出的散热薄片。在气缸头及排气门附近，温度较高，故散热片多一些。在航空发动机中，散热所需的空气，一般是由螺旋桨及飞机在空气中前进所提供的，所以与气缸的排列位置有重要关系，必须使每一个气缸都有充分数量的冷空气流过它的全部表面。因此，各气缸的位置必须相互分离，彼此间留有相当的间隙，使空气能够从中流过。

(5) 气冷法与液冷法的比较

气冷法和液冷法的优缺点比较如下：

气冷法的优点：发动机的质量小；构造简单，维护容易，在极冷或者极热的气候中工作可靠；在战争时，气冷式发动机被子弹命中时，发生的危险小；气冷发动机适合用于高空飞行的飞机。

气冷法的缺点：发动机必须放在螺旋桨的后面，以接受自然吹来用于散热的冷气流；散热片及空气通路的装置增加了制造及设计的困难；迎风阻力大。

液冷法的优点：迎风面积小，前进阻力小；散热效率高，飞行性能好。

液冷法的缺点：质量大，构造复杂，不易维护；液冷式发动机被子弹打中后，水套中散热液很快就流尽，会引起整个发动机过热。

思考题

1. 增压式活塞发动机有何优点？
2. 简述四行程活塞式发动机的工作过程。

3. 活塞式发动机的主要机件有哪些？
4. 活塞由哪几部分组成？分别起什么作用？
5. 燃油系统的作用是什么？由哪些部件组成？
6. 润滑系统的作用是什么？润滑的方式有哪些？
7. 为了使发动机能够正常启动，需满足什么条件？
8. 比较气冷法和液冷法的优缺点。

4.3 涡轮喷气发动机

4.3.1 涡轮喷气发动机工作原理

1. 燃气涡轮发动机与活塞式发动机的异同

涡轮喷气发动机与活塞式发动机都属于热机，是把燃料化学能转换成机械能的设备。两者在实现方式上既有共同点，也有不同点，见表4.1和图4.12。

表4.1 涡轮喷气发动机与活塞式发动机的异同点

比 较	涡轮喷气发动机	活塞式发动机
不同点	进入燃气轮机的空气连续	进入活塞式发动机的空气不连续（间歇性进排气）
	在前后畅通的流动过程中喷油燃烧，若不计流动损失，则燃烧前后压力不变，故称为等压燃烧	喷油燃烧是在一个密闭的固定空间里，称为等容燃烧
共同点	均以空气和燃气作为工作介质；都是吸入空气，经过压缩增加空气压力，经过燃烧增加气体温度，然后使燃气膨胀做功	

2. 涡轮喷气式发动机的推力

涡轮喷气发动机工作时，将前方静止不动的空气吸入，这股空气经过压缩、燃烧和膨胀过程后以很大的喷射速度喷出，根据牛顿第三定律可知，发动机对外界气体施加了作用力，因而气体对发动机产生了一个大小相等、方向相反的反作用力，这就是推力。推力的定义是指流过发动机内、外部的气体对发动机内、外壁之间各个部件表面上作用力的合力，通常指该合力在发动机轴线方向的分力。

涡轮喷气式发动机属于直接反作用推进装置。低速工质（空气和燃料）经增压燃烧后以高速喷出而直接产生反作用推力。由于喷气发动机没有限制飞行速度的螺旋桨，而且单位时间流入发动机的空气流量比活塞式发动机大得多，从而能产生很大的推力，使飞机的飞行速度得到极大的提高。

涡轮喷气发动机工作时，首先空气由进气道以最小流动损失进入压气机压缩，压力增大，高压空气随即流入燃烧室，与工作喷嘴喷出的燃油混合，进行连续不断地燃烧，获得大量的热能，温度大大提高；之后，高温高压的燃气流入涡轮，在涡轮内膨胀，燃气的部分热能转变为涡轮旋转做功的机械能，使涡轮带动压气机转子和附件工作；最后燃气通过尾喷管继续膨胀，燃气的部分热能转变成动能，从而使燃气的速度大大提高，从喷口高速喷出，使发动机产生推力。

涡轮喷气发动机在高速飞行时具有推力大、质量轻的优点，因此常用于高空高速飞行。但是，

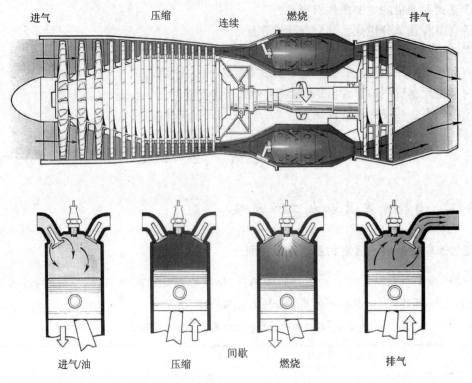

图 4.12 涡轮喷气发动机与活塞式发动机的工作过程

提高推力的同时也增加了耗油率。为了降低涡轮喷气发动机的油耗及扩大发动机的工作范围,一般将涡轮喷气发动机的转子结构由两根轴带动,称为双轴涡轮喷气发动机,如图 4.13 所示。

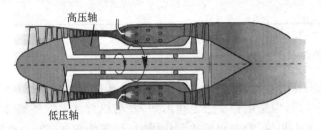

图 4.13 双轴涡轮喷气发动机

实际上,气体在发动机各个部件上作用力的轴向分力并不是都与推力方向相同。如图 4.14 所示,涡轮与尾喷管受到的是向后的轴向力,而压气机部件受到的是向前的轴向力。

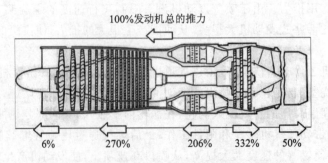

图 4.14 某涡轮喷气发动机推力在各部件上的分布

4.3.2 涡轮喷气发动机的发展

与喷气发动机原理有关的研究的历史久远,中国古代的火箭和走马灯就是喷气推进和涡轮机原理的体现。1913年,法国工程师雷恩·罗兰获得第一个喷气发动机专利,如图4.15所示。它属于无压气机式空气喷气发动机,与后来的冲压发动机基本相同。冲压发动机结构简单、推力大,特别适合高速飞行。无压气机式喷气发动机还有脉冲式发动机和火箭发动机。

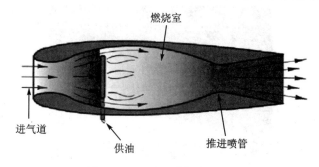

图 4.15　罗兰型喷气发动机

英国空军少校弗兰克·惠特尔1930年申请了专利,1937年4月研制出世界上第一台离心式涡轮喷气发动机。德国的汉斯·冯·奥海因在1938年10月试验了采用轴流-离心组合式压气机的HeS3涡轮喷气发动机,实测推力4 000 N,推重比(发动机产生的推力与发动机自身重力之比)为1.12。1939年8月,该发动机装在德国亨克尔公司的He-178飞机上成功首飞。这是世界上第一架试飞成功的喷气式飞机,开创了航空推进新时代。早期的涡轮喷气发动机和飞机尚处于试验阶段,在第二次世界大战中并没有发挥多大的作用。

二战后,美国、苏联和法国等国家通过购买专利,或借助从德国取得的大量技术资料和人员,陆续发展了本国第一代涡轮喷气发动机。其中,美国通用电气公司(GE)的J47轴流式涡喷发动机和苏联克里莫夫设计局的RD-45离心式涡喷发动机的推力都在26.5 kN左右,推重比为2～3,分别在1949年和1948年装在F-86和米格-15两种亚声速战斗机上服役。在抗美援朝战争期间,中苏空军与美国空军使用这两种战斗机展开了激烈空战,揭开了喷气式战斗机空战的大幕。

20世纪50年代初,加力燃烧室的采用使发动机在短时间内能够大幅度提高推力,为飞机突破声障提供了足够的推力。典型的发动机有美国的J57和苏联的RD-9B。它们的加力推力分别为70 kN和32.5 kN,推重比各为3.5和4.5,分别装在单发F-100和双发米格-19(我国歼-6战斗机原型机)战斗机上,成就了第一代超声速战斗机。

在20世纪50年代末和60年代初,世界各国研制了适合马赫数2.0以上飞机的一批涡喷发动机,如J79、J75、埃汶(Avon)、奥林帕斯(Olympus)、阿塔9C、R-11和R-13,推重比已达5～6。在20世纪60年代中期还发展出用于马赫数3.0飞机的J58和R-31涡喷发动机。到20世纪70年代初,用于"协和"(Concorde)超声速客机的奥林帕斯593涡喷发动机定型,最大推力达到170 kN(图4.16)。此后再没有重要的涡喷发动机问世。

涡轮喷气发动机的严重缺点是耗油率高,即经济性差,一般为0.80～1.0 kg/(daN·h)。面对涡轮喷气发动机的局限性,人们研制出了涡轮风扇发动机。

经过多年的发展,航空燃气涡轮发动机取代活塞式发动机开创了喷气时代,成为航空动力的主流。由于对高温高压燃气使用方法的不同,至今已经形成了四种主要燃气涡轮发动机类型:涡

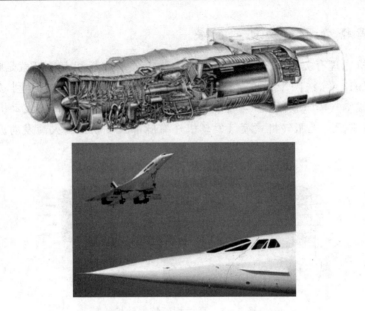

图 4.16 奥林帕斯 593 涡喷发动机与"协和"超声速客机(4 台发动机)

轮喷气发动机、涡轮风扇发动机、涡轮螺旋桨发动机和涡轮轴发动机，分别在不同时期的不同飞行领域发挥着各自的作用，使航空器性能跨上一个又一个新的台阶，见表 4.2。

表 4.2 航空燃气涡轮发动机的技术进步

年 代	20 世纪 40 年代	20 世纪 50 年代	20 世纪 60 年代	20 世纪 70 年代	20 世纪 80～90 年代	21 世纪 10 年代
机 种	涡喷	涡喷 涡桨	涡喷、涡扇 涡桨、涡轴	涡喷、涡扇 涡桨、涡轴	涡喷、涡扇 涡桨、涡轴	涡喷、涡扇 涡桨、涡轴
技术进步	轴流压气机 加力燃烧室 双转子 高空试验	可调静子 钛合金 涡轮	可调喷管 垂直起落 航空燃机	高推重比 高涵道比 三转子结构 数字控制	超声速巡航 矢量喷管 全权数字 电子控制	超高推重比 超高涵道比 变循环发动机 全电发动机

4.3.3 涡轮喷气发动机的性能指标

1. 核心机

燃气轮机的高压转子部分称为核心机，如图 4.17 所示。核心机可以作为燃气发生器，但是在双轴燃气轮机中的核心机(高压转子)并不是它的燃气发生器，双轴燃气轮机的燃气发生器部分还包括低压转子中的低压压气机和带动低压压气机的那一部分低压涡轮。核心机与燃气发生器是两个不同的概念。

一台高性能核心机可以发展一系列的发动机，包括涡轮喷气发动机、涡轮风扇发动机、涡轮螺旋桨发动机、涡轮轴发动机以及地面及舰船用的发动机。另外，按相似理论可以将核心机尺寸加大或缩小，以改变发动机的推力或功率大小。因此，国内外的航空发动机公司均不遗余力地开展高性能核心机和燃气发生器的研制工作。

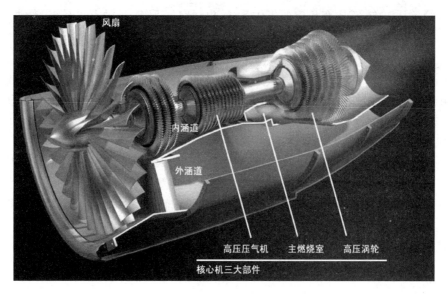

图 4.17 核心机

发动机推力的大小可以直接决定飞机的主要性能。但是,这并没有考虑发动机的尺寸、质量及燃油消耗,而这些因素又恰恰是飞机性能的重要影响因素,因此必须引入以下单位性能参数,才便于比较。

2. 性能指标

(1) 单位推力

发动机推力与通过发动机的空气质量流量之比称为发动机的单位推力,其单位为 $daN \cdot s \cdot kg^{-1}$。

$$F_s = V_s - V_0 \tag{4-1}$$

对于同一类型的发动机,单位推力可反映发动机尺寸大小。推力一定,单位推力越大,则所需空气流量越小,发动机尺寸越小。目前,涡轮喷气发动机在地面最大状态工作时的单位推力约为 $60 \sim 75 \ daN \cdot kg^{-1} \cdot s$。

(2) 单位燃油消耗率

产生单位推力每小时消耗的燃料称为单位燃油耗油率,其单位为 $kg \cdot h^{-1} \cdot daN^{-1}$(或 $kg \cdot h^{-1} \cdot N^{-1}$)。

$$\text{sfc} = \frac{3\,600 \cdot q_{mf}}{F} \tag{4-2}$$

耗油率是决定飞机航程和续航时间的重要参数,是发动机在一定飞行速度下的经济性指标。涡轮喷气发动机在地面静止时的耗油率为 $0.8 \sim 1.0 \ kg \cdot h^{-1} \cdot daN^{-1}$ 左右,涡轮风扇发动机已降到 $0.5 \sim 0.6 \ kg \cdot h^{-1} \cdot daN^{-1}$,甚至更低。

(3) 推重比

发动机的推力和发动机结构重力之比称为发动机的推重比。推重比是重要的飞机总体设计参数,对飞机的尺寸、质量以及主要飞行性能都有很大影响。军用歼击机的机动性要求有尽可能高的推重比。

4.3.4 涡轮喷气发动机的主要部件

航空燃气涡轮发动机的工作部件主要包括进气道、压气机、燃烧室、涡轮和尾喷管。为了使发动机能够稳定地工作,需要有相应的工作系统,包括空气系统、启动点火系统、滑油系统和燃油系统等。

1. 进气道

为了让气流顺利地进入发动机核心机,需要在飞机或发动机短舱进口到压气机进口增加一段管道,称之为进气道。对进气道的基本要求是保证供给发动机所需的空气量,并且使气流以均匀的速度和压力进入压气机,避免压气机叶片的振动和压气机失速。

飞行中,空气流过进气道存在一定的流动损失。这是因为进气道出口的气流速度是根据发动机的工作状态来确定的,与飞机的飞行速度一般是不相等的。为了满足各种飞行状态下气流速度的转变,进气道产生的流动损失不可避免。进气道的流动损失一般用出口与进口的总压比值来表示。

进气道类型可以按照形状及工作特性分为多种类型。最常用的是按照适用的飞行速度分为亚声速进气道和超声速进气道。

(1) 亚声速进气道

亚声速进气道属于皮托管式,主要用于亚声速($Ma<1.0$)或低超声速($Ma<1.5$)范围内飞行的飞机,如图 4.18 所示。这种进气道具有光滑的前缘,进口部分为圆形唇口,以适应不同方向流入的气流。通道开始部分为扩张形,以降低速度提高压力,出口段流道收敛,以获得较均匀的出口流场。

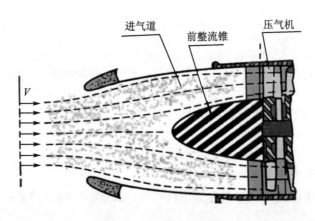

图 4.18 亚声速进气道

当飞机以低超声速飞行时,亚声速进气道前方会出现正激波。气流通过正激波时,气体的压力和温度会有明显变化,使气流产生流动损失。目前 $Ma<1.5$ 的超声速飞机几乎都是采用亚声速进气道,如米格-15、米格-17,美国的 A10,英国的"蚊"式,法国的"神秘"IVA 等。这是因为 $Ma<1.5$ 时,气流通过正激波的压力损失并不大,比如 $Ma=1.5$ 时,正激波压力系数可高达 0.931(歼-6 飞机以 $Ma=1.35$ 飞行时,压力系数为 0.97);同时,这种进气道的工作稳定,能适应各种不同的发动机工作状态和飞机飞行速度,而且不需要调节,构造也简单。

(2) 超声速进气道

如果 Ma 进一步增大,正激波导致的总压损失就会急剧增大,亚声速进气道会成为超声速飞行的阻碍,必须更换进气道结构,采用超声速进气道。超声速进气道要求从亚声速到超声速飞行范围内都具有满意的性能以及与发动机匹配工作,一般可以分为以下三种:

1) 外压式超声速进气道

外压式超声速进气道在进口前装有中心锥或斜板(图 4.19),以形成斜激波减速,降低进口正激波的强度,从而提高进气减速的效率。外压式进气道的超声速减速全部在进气口外完成,进气口内通道基本上是亚声速扩散段。

在设计状态下,正激波位于进口处,斜激波波系交于唇口处。外压式超声速进气道结构简单,工作稳定性好,飞行马赫数在 2.5 以下的飞机多采用这种形式的进气道,比如苏联的米格-21,中国的歼-7、歼-8,英国"闪电",美国"黑鸟",法国的幻影-2000 等采用的是中心锥形三维轴对称进气道,而苏联的米格-25、米格-29、苏-27,美国的 F-14/F-15,欧洲"狂风"、"台风"等采用的是楔形斜板式进气道。

2) 内压式超声速进气道

内压式超声速进气道由特殊型面构成的先收敛后扩张型的管道组成。特殊型面使超声速气流在管道的收敛段经过一系列压缩波减速,在管道最小截面处(称之为喉道)达到声速,然后在扩张段气流继续作亚声速减速流动,如图 4.20 所示。

图 4.19 外压式进气道　　　　　图 4.20 内压式进气道

虽然内压式进气道避免了气流在外压式进气道减速过程中的激波损失,也避免了气流通过斜激波时产生的折角,但是它存在非常严重的"启动"问题,因此当前很少应用了。

3) 混合式超声速进气道

混合式超声速进气道综合了内压式和外压式设计,在外部经过斜激波进行减速,然后以超声速由唇口进入进气道,在喉部或者扩张段经过正激波减为亚声速。

混合式进气道综合了外压式和内压式进气道的优缺点。混合式进气道气流进入时偏转小于外压式,相同 Ma 下总压恢复系数比外压式要高,外阻也较小。与内压式进气道同样存在"起动"问题,但是由于经过前段外压的减速,内部气流 Ma 较低,喉道面积调整范围也较小,缓和了"起动"问题。

(3) 其他新型进气道

近些年来,随着人们对隐身性能的要求和新一代作战飞机的研制,CARET 进气道得到了越来越多的重视,并已经在超级大黄蜂 F-18E/F 和猛禽 F-22 两种飞机上得到了应用。

CARET 进气道可以解释为存在两个相互干扰的压缩斜板式进气道,是受到高超声速乘波机理论的启发而提出的。CARET 进气道具有更高的总压恢复、较低的流动畸变、简单的构造,更重要的是,容易实现进气道的隐身设计。

20 世纪 90 年代,美国的洛克希德·马丁公司提出了 DSI 进气道概念,即"无边界层隔道超声速进气道"。DSI 是一种二维进气道,但没有边界层隔板,其进气口处只有一个鼓包,这个鼓包须跟前掠式唇口共同作用才能起到现有的进气道的作用。它不仅起到边界层隔板的作用,还可以对流入空气进行预压缩,起到其他超声速进气道里压缩斜板的作用,但具有更高的总压恢复,能满足所有性能和畸变要求。

这种创新设计的鼓包结构简单,没有复杂的机械装置,工作部件少,更加稳定可靠;还可以减少迎风面阻力,适合于与机身一体化设计,隐身效果好;结构简单,维护费用也很低。在亚声速巡航飞行时,其作用与普通超声速进气道一样,但在马赫数 1.5 以上的飞行时所起的作用还不太明朗,有待进一步研究;尤其是对于两侧布局的飞机来说,大迎角和大侧滑角飞行时造成气流不对称,会引起发动机喘振,影响发动机工作效率。目前,这种设计只有在美国的闪电 F-35 以及中国的枭龙、歼-10B 以及歼-20 中应用。

2. 压气机

燃气涡轮喷气发动机能够产生推力的前提是吸入了大量的空气,进入发动机的空气越多,产生的推力越大。能够使空气吸入发动机的部件是压气机。压气机的作用是对气体进行压缩,提高空气的压力,以便混合气燃烧以后能够更好地膨胀,从而增大发动机的推力。按照气体流动的方向,压气机可以分为离心式和轴流式两大类。

(1) 离心式压气机

小型燃气涡轮发动机的压气机一般采用离心式压气机(图 4.21),一般由进气装置、叶轮、扩压器和集气管等组成。

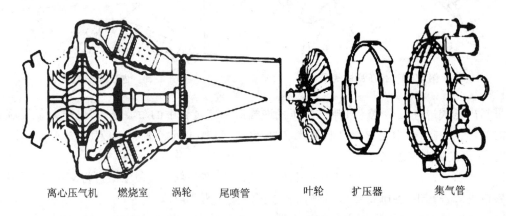

离心压气机　燃烧室　涡轮　尾喷管　　叶轮　扩压器　集气管

图 4.21　离心式发动机(左)与离心式压气机(右)

图 4.22 为早期涡轮喷气发动机上的一个双面进气离心式压气机,通过中间轴与涡轮相连接。离心式压气机叶轮一般有单面叶轮和双面叶轮两种形式。双面叶轮从两侧进气,可以增加进气量,而且这对于平衡作用在轴承上的轴向力也有好处。在叶轮的前面一部分叫导风轮,叶片向着旋转方向前弯,以迎合来流的相对速度,有的是与工作轮分开制造的,也有与工作叶轮叶片制成一体的。

离心式压气机的主要优点是结构简单,轴向尺寸短,工作可靠,性能比较稳定。与轴流式压气机相比,其单级增压比较大(4~6),现代离心式压气机增压比可以达到 15 左右。但是这种压气机迎风面积较大,流动损失也大,级间损失更大,工作时效率较低,因此一般只使用两级,不适用于多级。

自 20 世纪 50 年代以后,除小型涡轴、涡桨发动机及 APU 以外,不再使用离心式压气机。但是,它与轴流压气机配合作为压气机的最后一级,在小型动力装置上却得到了广泛应用,主要用于巡航导弹、无人驾驶侦察机、靶机和直升机。

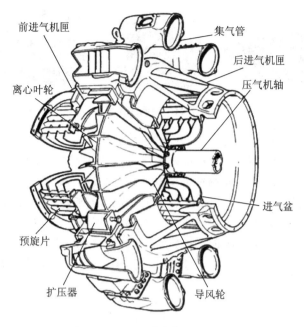

图 4.22 双面叶轮离心压气机

(2) 轴流式压气机

轴流式发动机内气流通过压气机基本上沿轴向流动,发动机内旋转的部件称为转子,不动的部件称为静子。如果发动机的转子部件仅由一根轴带动,称为单转子发动机,由二个或多个转子组件和静子组件组成的发动机称为双转子或多转子发动机,如图 4.23 所示。

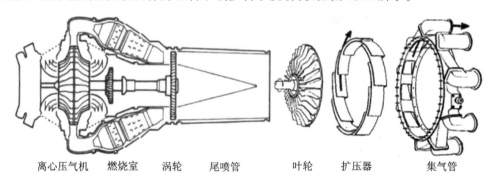

图 4.23 双转子轴流压气机

轴流式压气机主要由转子和静子组成,如图 4.24 所示。压气机是多级装置,一排转子叶片和一排静子叶片组成轴流压气机的一个级。与离心式压气机相比,轴流式压气机虽然结构复杂,但单位面积的流通能力更高,迎风面积较小,阻力小,级间流动损失小,可以通过增加级数来提高压气机的总增压比,从而获得更大的推力,因此轴流式压气机一般用于大型燃气涡轮发动机。

为了保证压气机工作稳定,在某些压气机第一级前面装有进口导流叶片,目的是引导气流进入压气机,获得所需要的流场分布。空气通过轴流式压气机不断受到压缩,轴流式压气机的通道截面积逐级减小,呈收敛形。

轴流式压气机工作时,转子叶片由涡轮带动高速旋转,加速空气并推向后排静子叶片。转子速度提高,空气在随后的静子通道中扩压并将动能转换成压力。静子叶片对空气偏斜有矫正的

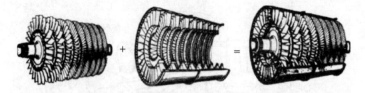

图 4.24 轴流式压气机

作用,并将空气以正确的角度送到下一级转子叶片或燃烧室。

压气机转子是一个高速旋转的部件,除了要求尺寸小、质量轻之外,还必须有良好的定心和足够的刚性。它主要由工作叶片、轮盘或鼓筒及连接件组成。转子的基本类型有鼓式、盘式和鼓盘式。鼓盘式转子兼有鼓式转子抗弯曲刚性好和盘式转子强度高的优点,应用广泛。

转子叶片呈翼型截面形状,叶片沿长度有压力梯度,保证空气维持比较均匀的轴向速度。向叶尖方向逐渐变高的压力抵消转子作用在气流上的离心作用。为了获得这些状态,必须将叶片从叶根向尖部"扭转",以便在每一点都具有正确的迎角。近年来,为了考虑真实气流速度分布特征,叶片也愈加"扭转",如图 4.25 所示。

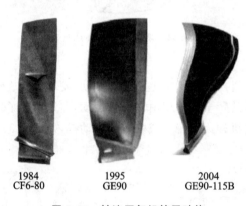

1984　　　1995　　　2004
CF6-80　　GE90　　GE90-115B

图 4.25 轴流压气机转子叶片

转子叶片主要由叶身和榫头组成,榫头形式和尺寸主要取决于叶片的强度,要求避免存在过大应力集中。榫头连接有多种形式,常见的有销钉式、燕尾式和枞树式三种,但压气机多使用的是燕尾形榫头,其具有承载较大、加工方便的优点。

为了简化压气机的结构,把发动机转子的叶片和轮盘设计成一个整体,采用整体加工或焊接(叶片和轮盘材料可以不同)方法制造而成,无须加工榫头和榫槽,称为整体叶盘,如图 4.26 所示。这样做不仅消除榫齿根部缝隙中气体的逸流损失,避免了叶片和轮盘装配不当造成的微动磨损、裂纹以及锁片损坏带来的故障,而且使发动机工作效率进一步提高。

图 4.26 整体叶盘

压气机静子主要由静子叶片和机匣组成,除了承受静子所受的轴向力、扭矩和振动负荷之外,还用来传递转子支承所承受的各种负荷。静子机匣既是发动机的主要承力壳体之一,又是气流通道的外壁。机匣有分半式和整体式两种结构。

轴流式压气机静子叶片可通过螺栓固定在压气机机匣上,或通过保持环固定到机匣上,如图 4.27 所示。叶片的叶型制成一定弯度,使叶片间通道呈扩散形,空气流过时速度减小,压力提高。

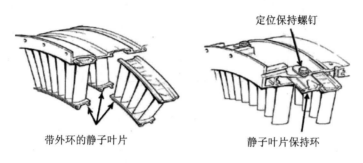

图 4.27 轴流压气机静子

当压气机的转速一定,空气流量减小时,会使迎角增大,进而使得气流在叶背上发生分离,有可能出现不稳定的工作现象,称之为失速。当迎角继续增大,有可能导致气流沿压气机轴线方向发生低频率、高振幅的振荡现象,称之为喘振。

喘振发生时,出现强烈的不稳定现象:流过压气机的气流沿压气机的轴线方向产生低频高振幅的强烈振荡,压气机出口平均压力急剧下降,出口总压、流量、流速产生大幅度脉动,并伴随有强烈放炮声。压气机喘振会导致发动机(首先是压气机)部件的强烈机械振动和热端超温,使压气机叶片断裂,引起发动机熄火停车,严重威胁发动机安全工作。如果不及时处理或处理不当,就会在极短的时间内造成发动机的损坏,使用中应避免喘振现象发生。

若要在单轴上实现高增压比,则必须在压气机设计中采用流量控制。控制形式有两种:第一种是在第一级上安装可调进气导向叶片或者在随后的一些级中采用可调静子叶片;第二种是从压气机的某一个或数个中间截面放气。此外,将单转子结构直接换成多转子结构,将压气机分成两个或三个转子,分别由各自的涡轮来带动,一台高增压比的压气机就成为二个或三个低增压比的压气机,也可以达到防止喘振的目的。

3. 燃烧室

燃烧室是将燃油喷嘴的燃油与压气机供应空气混合燃烧,将化学能转化为热能,把压气机增压后的空气加热到涡轮前允许温度,从而以最小的压力损失,在有限空间释放出最大的热量,实现供给涡轮所需的均匀加热的平稳燃气流。

燃烧室工作的好坏将直接影响发动机的工作性能。燃烧室在高温环境下工作,条件十分恶劣,因此对燃烧室的基本要求是点火可靠,燃烧稳定,燃烧完全,压力损失小,出口温度场分布满足要求,尺寸小,质量轻,排气污染小以及寿命长。这些要求之间往往会出现矛盾,实际中会根据不同的用途而折中考虑。

压气机来流空气速度高达 $100 \sim 180$ m/s,例如 BMW003 发动机压气机出口气流速度为 145 m/s,而 12 级台风的速度也就 24 m/s。正常混合比燃烧的煤油空气混合气体在常温下燃烧时,火焰传播速度只有 1 m/s。为了不让燃油火焰被吹灭,必须在燃烧室中创造出一个低轴向速度的区域,保证火焰在整个推力范围内燃烧。为了形成这个区域,必须将来流分为两股进入燃烧室:第一股约20%的空气质量流量从锥形进口进入(图4.28),锥形进口后面是漩涡叶片和多孔的扩张段,空气由此进入主燃烧区;第二股由火焰筒侧壁上开的小孔及缝隙进入(80%)燃烧室,其功用是:补充燃烧,与燃气进行掺混,降低燃气的温度,控制燃烧室出口处的温度分布。

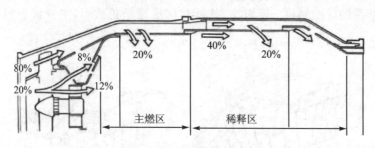

图 4.28　燃烧室分股进气

涡轮喷气发动机的燃烧室有三种基本结构形式:分管燃烧室、环管燃烧室和环形燃烧室。

(1) 分管燃烧室

分管燃烧室由多个(一般是8~16个)单管燃烧室(图4.29)组成。它们之间靠联焰管连接,起传播火焰和均压的作用。每一个单管燃烧室均有一个火焰筒,围绕它的是机匣。各个单管燃烧室结构相似,因此用较小的气源就可以进行试验研究,设计调试比较容易,在早期的涡轮喷气发动机用得较多,一般与离心式压气机配合使用。除此之外,分管燃烧室的单管可以单独拆换,维护也比较方便。它的缺点主要是空间利用率较低、启动性能较差,并且质量比较大。

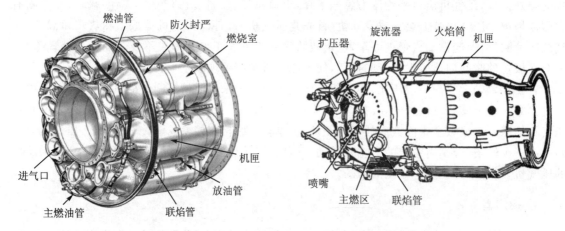

图 4.29　分管燃烧室(左)及其中一个单管燃烧室(右)

(2) 联管燃烧室

典型的联管燃烧室如图 4.30 所示。可以看出,联管燃烧室也是有单独的火焰筒,但这些火焰筒被包容在一个共同的环形通道里。联管燃烧室的优点是结构比较紧凑,外壳可传递扭矩,有利于减轻发动机的结构质量。它的火焰筒与单管燃烧室相似,设计调试仍较方便。

(3) 环形燃烧室

典型的环形燃烧室如图 4.31 所示。它是由四个同心的圆筒组成,最内、最外的两个圆筒为燃烧室的内、外壳体,中间两个圆筒所形成的通道为火焰筒。火焰筒的头部装有一圈燃油喷嘴和火焰稳定装置。环形燃烧室的气流通道与压气机出口和涡轮进口的环形气流通道可以有很好的气动配合,因而可以减少流动损失,还能得到较均匀的出口周向温度场。环形燃烧室的空间利用率最高,迎风面积最小,有利于减轻质量。近年来,很多新型发动机上都已采用短环形燃烧室,以进一步减轻发动机的质量。为了提高燃烧室的性能,出现了一些新形式的环形燃烧室,如 JT9D 发动机带单独头部环形燃烧室(图 4.32),PT6T 涡桨发动机回流形环形燃烧室(图 4.33)。

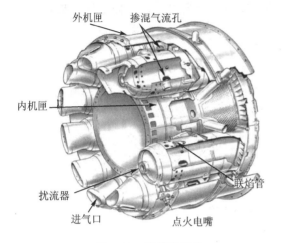

图 4.30 联管燃烧室

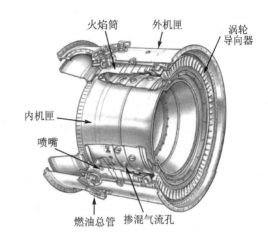

图 4.31 环形燃烧室

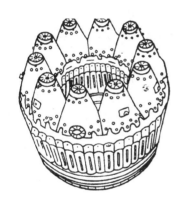

图 4.32 JT9D 发动机带单独头部环形燃烧室

图 4.33 PT6T 涡桨发动机回流形环形燃烧室

环形燃烧室有较多优点,但缺点也比较明显。首先,沿圆周均匀分布的各个离心喷嘴喷油所形成的燃油分布和环形通道的进气不易配合好。其次,环形燃烧室的设计调试比较困难,需要有大型的气源设备。由于仅有一个环形火焰筒,装拆维护也比较复杂。

综上,燃烧室一般由扩压器、火焰筒、燃油喷嘴、点火器和机匣组成。从压气机进来的气流首先通过扩压器降低速度,为燃烧室提供稳定、均匀的流场,随后进入火焰筒。火焰筒是组织燃烧的场所,由涡流器(旋流器)和火焰筒筒体等部分组成。火焰筒头部的旋流器使气流形成低轴向速度的区域,再与经过喷嘴雾化的燃油进行混合,经过点火器点燃,发生化学反应,产生热能。

4. 涡 轮

空气和燃油在燃烧室混合燃烧以后,释放的能量被涡轮吸收,一部分转化为机械能,一部分用来带动压气机转子、螺旋桨(涡桨)或旋翼(涡轴)来工作。涡轮分为径向式和轴流式两种。径向式涡轮一般与离心式压气机配合使用,总是单级,主要用于小功率的燃气涡轮发动机。轴流式涡轮一般与轴流式压气机配合使用,主要用于大型燃气涡轮发动机。

按照驱动涡轮方式不同,轴流式涡轮一般分为冲击式、反力式和冲击反力组合式三种。冲击式导向器叶片呈收敛形状,使燃气加速,压力降低,引向涡轮叶片,涡轮叶片承受燃气冲击;反力式导向器叶片改变燃气流方向,不改变压力,收敛式涡轮叶片通道承受燃气膨胀和加速产生的反作用力,如图4.34所示。燃气涡轮发动机多采用冲击反力组合式涡轮。类似于压气机,涡轮按照转子数目也分为单转子结构和多转子结构。

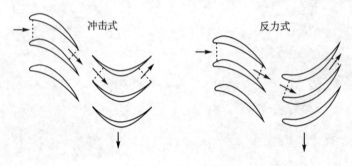

图4.34 冲击式和反力式涡轮

涡轮由静子和转子两部分组成。涡轮静子又称涡轮导向器,涡轮转子又称涡轮工作轮。类似于压气机,一排静子叶片和一排转子叶片组成涡轮的一个级。如CFM56-3涡轮风扇发动机有5级涡轮,包含1级高压涡轮(HP)和4级低压涡轮(LP);PW4000涡轮风扇发动机有7级涡轮(2HP,5LP)。由于气体通过涡轮膨胀做功,气体比容增大,密度减小,因而涡轮的气流通道截面是逐渐增大的,呈扩张形。

由于涡轮工作环境的特殊性,涡轮部件除了和压气机一样要保证足够的强度和刚性外,还要注意减少传热、改善部件工作条件。涡轮静子主要由导向器叶片和机匣组成。导向叶片位于涡轮机匣中(图4.35),安装方式应允许叶片发生膨胀。导向器叶片通常是空心结构,可以由压气机出口空气在其内部流过进行冷却,以减轻热应力和气动负荷的影响。

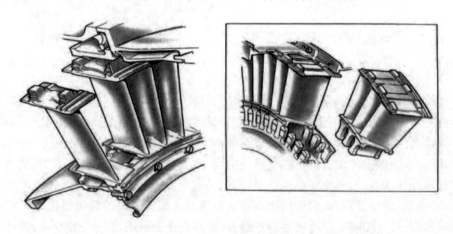

图4.35 涡轮静子

涡轮转子一般由工作叶片、涡轮盘、轴及连接件组成。CFM56的转子结构如图4.36所示。涡轮转子旋转速度和工作温度高,因此采用盘或盘鼓式转子,鼓式基本不用,通常由机械加工的锻件制成,可以与轴制成一体,也可以用螺栓连接涡轮轴,轮盘的外圆处还有涡轮叶片安装用的榫槽。为了限制从涡轮叶片向轮盘的热传导,每级轮盘的两面都通有冷却空气。

由于燃气温度高,涡轮部件必须冷却。这样既可以增加涡轮部件的寿命,又可以间接提升涡轮效率。在涡轮中,需要冷却的部件有导向器、榫头以及转子叶片。涡轮导向器叶片和转子叶片内部一般被设计成复杂的冷却通道,如图 4.37、图 4.38 所示。

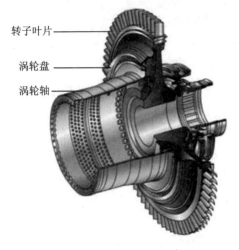

图 4.36　CFM56-3 高压涡轮转子结构

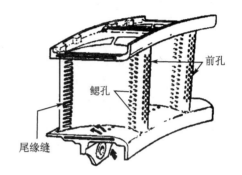

图 4.37　涡轮导向器叶片冷却

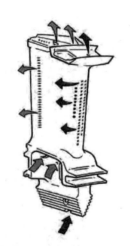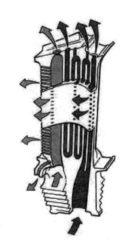

图 4.38　涡轮转子叶片冷却

单通道内部对流冷却效果较好,主要用来自压气机的空气对其冷却。多通道的内部冷却涡轮叶片效果更佳,冷却的方法有对流冷却、气膜冷却、冲击冷却等。当前大多数现代燃气涡轮发动机上将三种冷却方法组合使用。

更高的涡轮进口温度对于发动机性能有利,但是涡轮部件工作将受到很大的影响。在如此高温的工作条件下,涡轮部件的负荷决定它们到底能够使用多久,加之转速高,涡轮材料就必须承受极高的温度负荷和离心力。因此,正确选用涡轮部件的材料至关重要。

5. 尾喷管

尾喷管的功能是将从涡轮(或加力燃烧室)流出的燃气膨胀加速,将燃气中的一部分热能转变为动能,从尾喷管高速喷出,产生反作用推力。

最简单的尾喷管形式是由排气管和喷口两部分组成,如图 4.39 所示。排气管位于涡轮与喷口之间,使从涡轮出来的燃气由环形通道过渡到实心通道,为了避免涡轮盘后的涡流损失,需要增加整流锥。整流锥靠整流支板固定在排气管内。整流支板一般做成对称叶型,起半级涡轮作用,以保证燃气轴向排出,减少推力损失。它一般为空心结构,测量排气压力或温度的探头会安装在内部,一些油管路也要穿过其到达轴承腔。

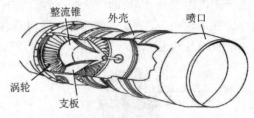

图 4.39 尾喷管

根据尾喷管出口气流喷射速度的不同,可以分为亚声速喷管和超声速喷管两类。亚声速喷管为收敛形喷管,超声速喷管为收敛扩张形喷管。在喷气发动机初期,飞机大多是亚声速或低超声速的,此时采用固定的简单收敛喷管,就是最简单形式的尾喷管。

有的尾喷管还带有反推力装置,以降低飞机落地后的滑跑速度,缩短飞机着陆时的滑行距离。反推力装置是燃气折转向斜前方(45°～60°)排气而产生反推力。目前常用的有堵塞片式(折流栅式)、斗门式(抓斗型折流门)、旋转门式(瓣式枢轴转动折流门)三种形式。

有的尾喷管还带有消音装置,以减少排气的噪声,如图 4.40 所示。一般采用波纹形或瓣形的消声器降低喷气速度,从而降低噪声;对于涡扇发动机,混合排气亦降低噪声。

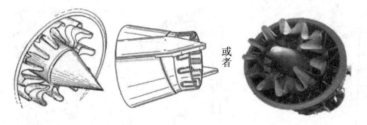

图 4.40 消音喷管

20 世纪 70 年代,高涵道比涡扇发动机采用了分开排气喷管。随着飞行速度的提高,涡扇发动机装备了加力燃烧室,喷管落压比增大,研制出喉部和出口面积都可调的收敛-扩张喷管。这种喷管保证了加力燃烧室工作不影响主发动机工作,且在宽广的飞行范围内保持发动机性能最佳。同时,国外开始大力研究利用推力矢量控制技术来提高战斗机机动性。典型的有美国研制 F119 和俄罗斯研制的 AL-31F 发动机,如图 4.41 所示。矢量喷管可以使燃气射流向上下左右不同方向偏转一个可以操纵的角度,对飞机产生一个俯仰或左右偏转的力矩,便于在高速飞行中对飞机进行操纵和控制。

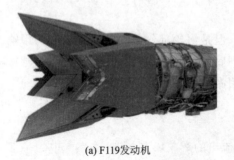

(a) F119发动机　　　　　　　　(b) AL-31F发动机

图 4.41 矢量喷管

排气系统承受很高的燃气温度,用镍或镍合金制成。为防止向飞机结构传递热量,通过在喷管周围流过通风空气,或给排气系统的发热段加隔热层,由纤维隔热材料制成的内层,外套薄不锈钢外皮,外层制成波纹形以增加强度。另外,排气系统有时还应用吸声材料,减小发动机的噪声。

6. 加力燃烧室

涡喷或涡扇发动机处于最大工作状态时产生最大的推力,这时候发动机的转速已经达到最大转速,涡轮前燃气温度无法再提高,要在短时间内进一步增加发动机的推力,就必须采取发动机加力措施。发动机加力有多种的方法,在涡轮出口设置加力燃烧室是增加推力的有效方法之一。大多数加力用于军用发动机,最为典型的民用加力是装载在协和式超声速客机上的奥林帕斯涡喷发动机。

在加力燃烧室中可以将主燃烧室内没有烧完的氧气进一步喷油燃烧,从而提高燃气温度以增大发动机的推力。加力可以提供60%~80%的推力增大幅度,但是燃油经济性极差。如F-14战斗机可以带7 264 kg燃油,但是在最大加力状态下,每分钟的燃油消耗达到近907 kg;如果一直开启最大加力,不到10 min就能烧光全部燃油。

加力燃烧室出口的燃气温度比主燃烧室出口的燃气温度高得多。假设可以将燃气中的剩余氧气完全燃烧完,那么当发动机进口的空气温度为288 K时,加力燃烧室出口燃气就有可能达到2 400~2 600 K。目前加力燃烧室的材料不允许这样高的燃气温度,而且在高温下燃烧产物易于分解。目前加力燃烧室出口燃气温度最高达到2 000 K左右。

加力燃烧室的结构如图4.42所示,由扩压器、喷油系统、点火器和火焰稳定器等组合件组成。由于加力燃烧室工作时需要将燃气中的大部分氧气燃烧掉,所以在结构上不再像主燃烧室那样设置火焰筒,而是在加力燃烧室的主气流中设置火焰稳定器。一般采用断面为V形的圆环或径向辐射条作为火焰稳定器。为了减少流动损失,常把稳定器分为两排或三排,在不同半径上前后错开排列。

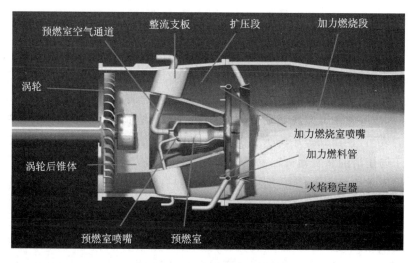

图 4.42 加力燃烧室结构图

4.3.5 涡轮喷气发动机的工作系统

1. 空气系统

发动机空气系统里的气流是指那些对发动机的推力无直接影响的空气流。这些气流主要用于发动机工作的以下几个方面：对发动机内部进行冷却，轴承腔封严，压气机防喘控制，涡轮叶片的间隙控制，发动机防冰等。这些气流还可以为飞机的使用提供引气，用于飞机空调、机翼防冰、探头加热等。

(1) 发动机冷却与封严

发动机内部空气气流的主要任务是内部封严、压力平衡和内部冷却，主要气流的流向如图 4.43 所示。

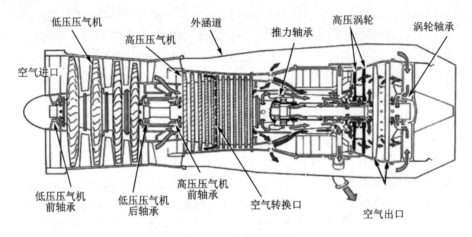

图 4.43 内部空气流向

燃烧室内燃烧释放的燃气温度大约是 1 800～2 000 ℃，燃气温度太高，不能直接进入涡轮导向器叶片，需要先冷却。冷却在稀释区实现，火焰筒与机匣间的二股空气流中，有 20% 引入火焰筒稀释区降低燃气的温度，其余 40% 用于冷却火焰筒壁。空气流形成一层冷却空气沿火焰筒壁的内表面流动，变为一层隔热空气膜，将火焰筒壁面与热燃气隔开。

涡轮前燃气温度越高，涡轮喷气发动机的热效率就越高，但是这个温度受到涡轮叶片和导向器材料的限制，因此需要对涡轮部件进行冷却。从涡轮叶片向涡轮盘的热传导要求对轮盘加以冷却，从而防止热疲劳和不可控的膨胀率和收缩率。冷却涡轮盘的空气进入轮盘之间的空腔，并往外流过轮盘的表面，在完成冷却功能之后，排入主燃气流。

封严件用于防止滑油从发动机轴承腔漏出，控制冷却空气流，防止主气流的燃气进入涡轮盘空腔。在燃气涡轮发动机上使用了多种封严方法，如篦齿封严、液压封严、石墨封严和刷式封严等。

(2) 发动机防喘

压气机防止喘振的主要措施是采用压气机可调静子叶片、放气机构和采用多转子，即通过改变迎角大小，避免叶片失速。在单轴上实现高增压比时，必须在压气机设计中采用流量控制。控制形式是在第一级上安装可调进气导向叶片。此外，随着该轴上的压比的提高，在随后的一些级中采用可调静子叶片。可调静子叶片机构是根据发动机状态控制静子叶片的角度，主要由可调静子叶片、摇臂、联动环、作动筒和控制器等组成，如图 4.44 所示。当压气机转速从其设计值下降时,静子叶片逐渐关小,使空气流到后面的转子叶片上的角度合适。反之,转速增加时,静子叶片逐渐开大。

放气机构是根据发动机状态控制放气活门的开关,可以打开放掉一部分压气机中间级的空气,一旦脱离喘振区,放气活门或者放气带关闭。放气机构主要由放气活门(放气带)、作动筒和控制元件等组成。活门关闭过早过晚均不利,关闭过早发动机没有脱离喘振范围,仍可能喘振;关闭过晚,放掉空气,造成浪费,影响发动机工作效率。

(3) 发动机防冰

当飞机穿越含有过冷水珠的云层或在有冻雾的地面工作时,发动机的进气道前缘、进气整流罩、进口导向叶片都有可能结冰。结冰会大大限制通过发动机的空气流量,从而影响发动机的工作性能,而且脱落下来的冰块被吸入压气机后会造成发动机部件损坏。

为了防止飞机某些部位结冰,根据结冰情况实时除冰,保证飞机安全飞行,人们常常采取适当的防冰与除冰技术。发动机防冰方法是对容易结冰的零件表面进行加温。常用热源有:压气机热空气、电加热和滑油加热。

防冰用的热空气一般来自高压压气机,经防冰调节活门和供气管路送到防冰部位,如图 4.45 所示。进口整流罩防冰系统用过的空气可以排入压气机进口或排出机外。调节活门一般由飞机防冰探测系统的信号自动作动,管道上可有压力、温度传感器监视防冰热空气的温度和压力,一旦超限,传感器便给出信号。

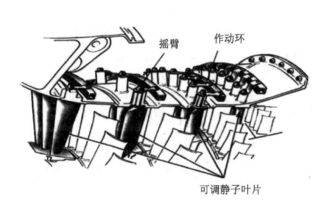

图 4.44 可调静子叶片

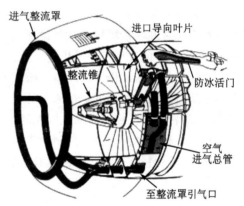

图 4.45 热空气防冰

2. 燃油系统

发动机燃油系统是从飞机燃油系统将燃油供到发动机的燃油泵开始,一直到燃油从燃烧室喷嘴喷出,这中间除燃油泵外还有燃油/滑油热交换器、燃油滤、燃油控制器、燃油流量计、燃油总管和燃油喷嘴等。燃油泵主要负责供油和增压。目前世界各国研制的航空发动机的主燃油泵普遍采用齿轮泵。另外,柱塞泵作为燃油泵也是一种合理的选择。

燃油一般从发动机燃油泵的增压级(低压泵)出来后进入到燃油/滑油热交换器,在这里冷却滑油的同时燃油得到加温,然后通过燃油滤到高压泵,如图 4.46 所示。而有的发动机燃油/滑油热交换器位于高压泵的下游,优点是外部燃油管较少,但是燃油漏进滑油冷却器的危险比低压系统高。

燃油控制器主要负责计量燃油,并供应动力油、伺服油以控制一些作动机构,如作动筒、活门等。液压机械式及气动机械式燃油控制器曾是民用航空发动机上使用最多的控制器。这种控制

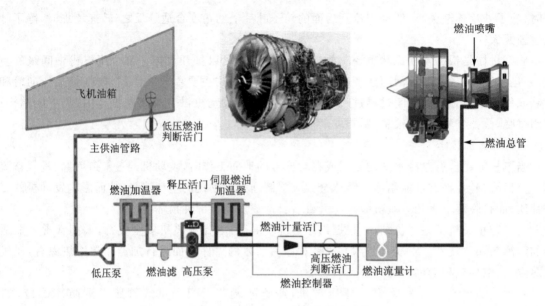

图 4.46 CFM56-3 发动机燃油系统

器有良好的使用记录和较高的可靠性,除控制供往燃烧室的燃油外,还操纵控制发动机可变几何形状,例如可调静子叶片、放气活门或放气带等,保证发动机工作稳定和提高发动机性能。

随着需要控制和监视的参数增多,控制回路不断增加,控制精度要求提高,以及发动机控制和飞机系统之间联系增加,监控、诊断、显示功能的扩充,液压机械和气动机械式控制器已不能满足要求,进一步的发展需要采用电子控制。

监控型控制器是作为从液压机械式控制向数字电子控制过渡出现的,为全面使用电子控制开辟了道路。这种控制器是在原有的液压机械式控制器的基础上,增加一个发动机电子控制器(EEC),两者共同实施对发动机的控制,例如 CFM56-3、JT9D-7R4、RB211-535E4 等发动机都采用了这种控制器。液压控制器作为主控制器,负责发动机的完全控制,而 EEC 具有监督能力,对推力进行精确控制,并对发动机重要工作参数进行安全限制。

随着电子技术的发展,出现了一种性能更加全面的控制器,称为全功能数字电子控制系统(FADEC)。这种系统包括发动机电子控制器(EEC)或电子控制组件(ECU)、燃油计量装置(FMU)或液压机械装置(HMU)等。

全功能数字电子控制系统是当今动力装置控制的发展方向,使发动机控制技术、控制精度、控制综合范围、科学维护使用方面达到新的水平。在全功能数字电子控制系统控制中,发动机电子控制器或电子控制装置是它的核心,是管理发动机控制的所有控制装置的总称。所有控制计算由计算机进行,然后通过电液伺服机构输出控制液压机械装置及各个活门、作动筒等,因此液压机械装置是它的执行机构。

经高压泵增压后的燃油进入燃油控制器,计量好的燃油离开燃油控制器到燃油流量计,以便测量实际供给喷嘴的燃油质量流量。然后到燃油分配活门,经燃油总管将计量燃油分送到各个喷嘴。燃油喷嘴的作用是把燃油雾化,使燃油能和空气充分混合,是发动机燃油系统的终点。燃油喷嘴可分为雾化型和汽化型(蒸发管)两种。

早期涡喷发动机采用的是单油路离心喷嘴。为了提高雾化效果,现在已发展到双油路喷嘴和空气雾化式喷嘴,如图 4.47 所示。

3. 启动点火系统

为了保证航空燃气涡轮发动机顺利启动,需要有两个相互协调工作的系统:启动系统和点火系统。发动机在地面正常启动时,两个系统必须同时工作。首先由启动系统将发动机压气机转子带转到一定转速,使适量空气进入燃烧室并与燃油喷嘴喷出的燃油相混合,然后由点火系统点燃燃烧室内的油气混合气,燃烧产生的高温高压燃气带动涡轮转动。此时,压气机在启动机和涡轮的共同作用下不断加速,当转速达到一定值时,启动机退出工作。

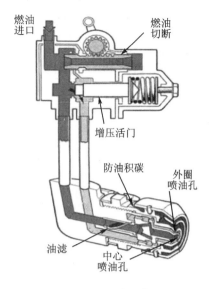

图 4.47 喷 嘴

(1) 启动系统

使发动机转子的转速由零增加到慢车转速的过程称为启动过程。航空燃气涡轮发动机的结构和循环过程,决定了它不能像汽车发动机那样自主点火启动。在静止的发动机中直接喷油点火,压气机没有旋转,前面空气没有压力,就不能使燃气向后流动,也就无法使涡轮转动起来,这样会烧毁燃烧室和涡轮导向叶片。所以,燃气涡轮发动机的启动特点如下:先要气流动,再点火燃烧,即发动机必须要先旋转,再启动。根据这个特点,必须在点火燃烧前先由其他能源来带动发动机旋转。

启动机的类型有很多,其中电动启动机和空气涡轮启动机使用较多。电动启动机主要用于涡轮螺旋桨、小型喷气发动机和辅助动力装置上。电动启动机就是一台直流电动马达,使用、维护方便,尺寸小,易使启动过程自动化。图 4.48 所示为一种电动启动机。它通过减速齿轮、棘轮机构或离合器与发动机连接,当发动机达到自维持转速后能自动脱机。

空气涡轮启动机用于大多数商用和某些军用喷气发动机,由单级涡轮、减速器、离合器和传

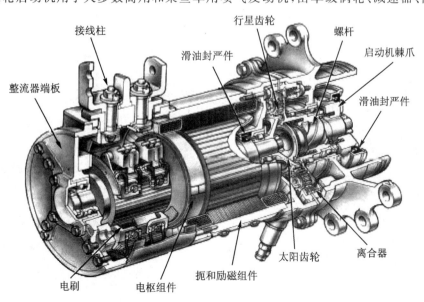

图 4.48 电动启动机

动轴等组成,如图4.49所示。空气涡轮启动机具有质量轻、扭矩大、结构简单的优点。但是空气涡轮启动机工作时需要有气源,可用气源有地面气源、机上辅助动力装置的引气和已启动的发动机的引气,因此它不单独启动。

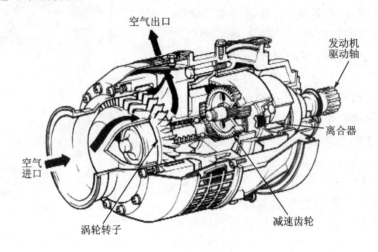

图 4.49 空气涡轮启动机

(2) 点火系统

点火系统的作用是发动机启动时产生电火花,点燃混合气,并且能在起飞、着陆和遇到恶劣天气下,提供连续点火。所有喷气发动机均采用高能点火,而且总是装备双套系统。

根据使用的低压电源不同,点火激励器分为直流点火器和交流点火器两种,如图4.50所示。典型的直流断续器控制的装置有一个感应线圈,由断续器机构操作,通过高压整流器给储能电容器充电。当电容器中的电压等于封严放电间隙的击穿值时,能量通过点火电嘴端面释放。装置扼流圈以延长放电时间,并装有一个放电电阻用以保证在系统断开 1 min 内把电容器残存的能量释放。点火装置中安全电阻使装置安全工作。

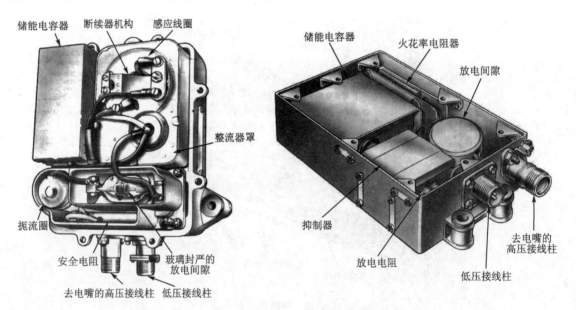

图 4.50 直流点火器(左)和交流点火器(右)

交流点火器接受交流电,通过变压器和整流器对电容器充电。当电容器的电压等于封严放电间隙的击穿值时,电容器通过电嘴的端面释放能量。与直流点火器类似,它也有安全和放电电阻。

4. 滑油系统

滑油系统的主要任务是把一定压力、一定温度而洁净的滑油送到需要润滑的地方,以保证发动机能正常工作,包括减小摩擦、降低磨损、冷却、清洁、防腐等。滑油还是螺旋桨调速器、测扭泵的工作介质。

选择滑油时,要注意其性能参数。滑油流动的阻力由滑油黏度表示。滑油流动慢,说明黏度高。黏度随温度变化,在冬天,一些牌号的滑油几乎变成固体。温度低,滑油黏度大,流动性变差,造成润滑、冷却、散热效果不佳,启动困难。温度高,滑油变稀,黏度小,不能形成一定厚度的油膜或者油膜可能被破坏,使润滑、冷却、散热效果不佳。

滑油系统一般由供油系统、回油系统和通风系统三个子系统组成。供油系统把一定压力、一定量的滑油送到需要润滑的区域,如轴承腔、附件齿轮箱等。回油系统把润滑后的滑油尽可能快地送回滑油箱。这样,既可以充分利用油箱中的滑油,又可以减少滑油在轴承腔等部位的停留时间,从而减少滑油接触高温的时间,有利于保持滑油的性能。通风系统将轴承腔、滑油箱和附件齿轮箱相互连通,以消除压差,提高滑油喷射效率,并将各收油池的滑油蒸气收集到一起,进行油气分离,分离出的气体通到机外。

滑油系统部件包括滑油箱、滑油泵、滑油滤、磁屑探测器、滑油冷却器、油气分离器等。图 4.51 所示为 PW4000 滑油系统主要组成部件。

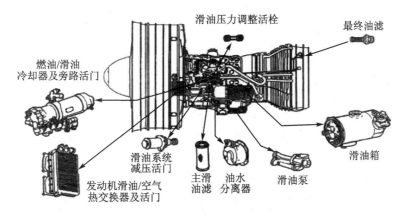

图 4.51　滑油系统部件

思考题

1. 燃气涡轮发动机一般有哪些类型？它们有什么区别？
2. 压气机的种类及各自的特点是什么？
3. 燃烧室内的气流是如何分配的？
4. 涡轮有哪几种类型？
5. 基本的排气系统由哪些结构组成？
7. 压气机防止喘振的方法有哪些？
8. 发动机的燃油系统包括哪些部件？

9. 发动机为什么需要启动机？发动机的启动过程是怎样的？

4.4 涡轮风扇发动机

4.4.1 涡轮风扇发动机的结构与分类

为了继续增加发动机推力，降低耗油率，需要增加进入发动机内的空气流量，这就衍生了一种新的发动机类型——涡轮风扇发动机，如图4.52所示。作为热机，发动机获得一定的机械能之后，通过将这部分可用能重新分配，将内涵涡轮转换的部分机械能通过涡轮驱动风扇传递给外涵空气，则发动机的总空气流量增加，气体的速度增量减小，排气速度降低，从而提高了发动机的推进效率，降低了燃油消耗率。工质的质量越大，参与推进的质量越多，发动机的推力就越大，这就是质量附加原理。

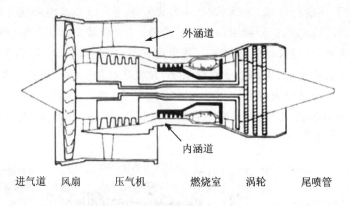

图 4.52 涡轮风扇发动机

涡扇发动机的工作原理就是利用了质量附加原理。涡轮风扇发动机核心机发出的可用能量，一部分用于驱动风扇及压气机转动，另一部分在推进喷管中用于加速排出空气和燃气产生推力。涡扇发动机的推力由两部分组成：内涵产生的推力和外涵产生的推力。对于高涵道比涡扇发动机，风扇产生的推力占到78%以上。

在涡轮风扇发动机中，由高压涡轮出来的燃气先在低压涡轮中膨胀做功，然后再到尾喷管中膨胀加速。由于在低压涡轮中已将高压涡轮出来的燃气能量用掉很多，所以相较于涡轮喷气发动机，由低压涡轮出来的燃气温度和速度大大降低了，由内涵道中流过的气体所产生的推力也就会低一些。

在涡轮风扇发动机中，进气道进来的空气，经过风扇后分成两部分，一部分流进压气机，经燃烧室、涡轮由尾喷管喷出，称为内涵气流，这股气流的流道称为内涵道；而另一部分由围绕内涵道的外部环形通道流过喷出机体的气流，称为外涵气流。涡轮风扇发动机有时又称为内外涵发动机。流经外涵道与内涵道的空气流量之比称为涵道比（也称流量比），用 B 表示。

内外涵气流可以在排气系统内混合排出（图4.53），也可以分别排出（图4.54）。

混合排气涡扇发动机常用在低涵道比发动机上，两股气流由内部混合器充分混合后排出，有利于降低噪音。军用歼击机为了便于安装加力燃烧室，都使用小涵道比混排涡扇发动机。目前使用中的军用混排加力涡扇发动机的涵道比一般均低于1.0，约为0.2~0.4。在民用航空领域里，随着涵道比的不断提高，不再采用混合排气的方案，而采用分开排气涡扇发动机。

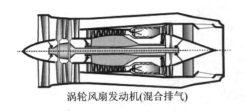
图 4.53 内外涵混合排气涡轮风扇发动机

图 4.54 分开排气的 GEnx 涡扇发动机

涡轮风扇发动机为提高热效率而提高涡轮前燃气温度不会给推进效率带来不利的影响。因此,现在高亚声速旅客机和运输机用的涡轮风扇发动机出现了"三高"的趋势:高涡轮前燃气温度、高压气机设计增压比和高涵道比。

涡扇发动机总空气流量变大,排气速度降低,与相同核心机的涡轮喷气发动机相比,推力大、推进效率高、耗油率低。涡扇发动机的发展是从民用发动机开始的。

涵道比低于 3 的发动机称小涵道比涡轮风扇发动机,涵道比大于 4 的称为高涵道比涡轮风扇发动机。高涵道比的涡轮风扇发动机的迎风面积大、喷气速度小,不适宜用于超声速飞行,目前民用旅客机一般采用这种发动机。而军用歼击机所用的涡轮风扇发动机则为带有加力燃烧室的小涵道比涡轮风扇发动机。

4.4.2 涡扇发动机的发展

涡扇发动机诞生于 20 世纪 50 年代,首先用于民用飞机,随后扩展到军用飞机。20 世纪 60 年代出现涡扇化热潮,70 年代和 80 年代发展提高、广泛应用,90 年代以后高度发展,取代涡喷发动机成为军民用飞机的主动力和航空推进技术研究发展的主要方向。

世界上第一台运转的涡轮风扇发动机是德国戴姆勒-奔驰研制的 DB670(或 109 - 007),于 1943 年 4 月在实验台上达到 840 daN,但因技术困难及战争原因没能获得进一步发展。世界上第一种批量生产的涡扇发动机是 1959 年定型的英国康维,推力为 5 730 daN,用于 VC - 10、DC - 8 和波音 707 客机。涵道比有 0.3 和 0.6 两种,耗油率比同时期的涡喷发动机低 10% ~ 20%。1960 年,美国在 JT3C 涡喷发动机的基础上改型,将 JT3C 的前三级低压压气机的叶片加长改成涡轮风扇发动机 JT3D。这样的改型使发动机推力加大(起飞推力增加 50%,巡航推力增加 27%),耗油率降低(巡航耗油率降低 13%),大幅改进了波音 707 的性能。

此后,涡扇发动机向低涵道比的军用加力发动机和高涵道比的民用发动机的两个方向发展。在低涵道比军用加力涡扇发动机方面,20 世纪 60 年代,英、美在民用涡扇发动机的基础上研制出斯贝-MK202 和 TF30,分别用于英国购买的"鬼怪"F - 4M/K 战斗机和美国的 F - 111(后又用于 F - 14 战斗机)。它们的推重比与同时期的涡喷发动机差不多,但中间耗油率低,使飞机航程大大增加。

美国在 20 世纪 60 年代开始发展用于 70 年代的"空中优势战斗机",强调要具有高机动性,因此要求飞机的推重比大于 1.0。这就要求发动机具有高的推重比(8.0 级)、低的巡航耗油率,而涡轮喷气发动机不能满足这些要求。于是利用涡轮风扇发动机耗油率低的特点,采用大量先进技术,发展了直径较小、推力大(11 000 daN 左右)、推重比大(8.0 左右)的带加力燃烧室的涡轮风扇发动机,并先后装备在 F - 15、F - 16 战斗机上。F - 15 于 1974 年装备美国空军,现在仍然是世界上最先进的战斗机之一(图 4.55),充分说明了战斗机采用涡轮风扇发动机后带来的益处。

图 4.55　F-15 战斗机(上)及其可装的 F100-PW-229(中)与 F110-GE-129(下)涡扇发动机

此后,新研制的战斗机均采用了带加力燃烧室的涡扇发动机,例如美国的 F/A-18、F-117,欧洲的"阵风"(M88-2 涡扇发动机),苏联的米格-29、苏-27 等。目前,推重比 10 一级的涡扇发动机已投入服役,如美国的 F-22/F-119、西欧的 EFA2000/EJ200 和法国的"阵风"/M88。美国研制的 F-135 发动机最大推力可以达到 191.3 kN。F-135 发动机共有 3 个子型号,用于 F-35A 的 F135-PW-100 型号,用于 F-35B 的 F135-PW-600 型,用于 F-35C 的 F135-PW-400 型。F135-PW-600 型发动机使 F-35B 战斗机具备了垂直起降能力。

20 世纪 60 年代初,美国空军提出的发展远程大型战略运输机计划要研制一种机身较宽、起飞总重在 350 t 左右的大型飞机。其载油量约为 150 t,有效载重约 120 t。为满足这种飞机的要求,需研制一种推力约为 196 kN,耗油率约比小涵道比涡扇发动机低 1/3 的大型发动机。在广泛应用各种先进技术的基础上,采用三高循环参数:高涵道比(5~8)、高总压比(25 左右)、高涡轮前温度(1 600~1 650 K),研制成功了"高涵道比涡轮风扇发动机"的新一代发动机 TF39、JT9D、CF6、RB211。有了这种发动机,才使美空军战略运输机 C-5A 于 1970 年装备部队使用。

美国的三大著名飞机制造商参加了研制这种飞机的投标:波音、洛克希德·马丁和道格拉斯公司。在美空军选中洛克希德·马丁公司的方案后,这三家公司均以参与投标的方案为基础,研制出新一代宽体机身(每排安排 10 个座位,以往的旅客机为 6 座)、能乘坐 350~450 乘客、航行 10 000 km 的大型客机:波音 747(1970 年投入运营)、DC-10(1971 年投入运营)、L1011(1972 年投入运营)。用于这三型飞机的发动机就是上述的高涵道比涡轮风扇发动机。可以说,如果没有新一代的高涵道比涡扇发动机,C-5A、波音 747、DC-10 等飞机就不可能出现。随后,在 70 年代后期、80 年代中期,除对 JT9D 等不断改进提高性能外,又发展了各种推力档次的发动机,以满足新的、各种型号客机的要求以及对老式客机的改造工程。

20世纪70年代第一代推力在200 kN以上的高涵道比(4~6)涡扇发动机投入使用以来,开创了大型宽体客机的新时代。后来,又发展出推力小于200 kN的不同推力级的高涵道比涡扇发动机,广泛用于各种干线和支线客机。CFM国际公司(由美国通用电气与法国赛峰集团合资建立)生产的100~150 kN推力级的CFM56系列已生产13 000多台,并创造了机上寿命超过30 000 h的记录。民用涡扇发动机投入使用以来,已使巡航耗油率降低一半,噪声下降20 dB,CO、UHC、NO_x分别减少70%、90%、45%。20世纪90年代中期装备波音777投入使用的第二代高涵道比(6~9)涡扇发动机的推力超过350 kN。其中,通用电气公司GE90-115B在2003年2月创造了569 kN的发动机推力世界纪录。目前,普·惠公司研制的新一代齿轮传动涡扇发动机PW8000,推力为110~160 kN,涵道比11,耗油率下降9%。

CFM国际公司的LEAP-X1C发动机采用法国SNECMA公司研制的碳纤维复合材料风扇叶片以及美国通用电气公司研制的陶瓷基复合材料涡轮部件。LEAP-X1C发动机拥有18片风扇叶片,其数量比CFM56-5C减少一半,是CFM56-7B的3/4。中国商飞为国产大型客机C919选择了由GE和法国赛峰提供的整套的一体化推进系统(IPS)。其中,CFM将提供飞机发动机部分(图4.56),奈赛公司(Nexcelle)将提供发动机短舱和反推力装置。

图4.56 CFM国际公司的LEAP涡扇发动机

涡扇发动机的推力由内涵产生的推力和外涵产生的推力组成。对于高涵道比涡扇发动机,风扇产生的推力占78%以上。

4.4.3 涡扇发动机的主要部件

除了风扇和混合器,涡扇发动机其他部件的结构几乎与涡轮喷气发动机相同,仅由于工作环境的不同,材料、加工工艺和制造方法稍有不同。

1. 风 扇

风扇转子实际上是直径较大、叶片较长的压气机。它的轮毂比小,叶片的展弦比大,设计和制造风扇叶片都有相当高的难度。现有的风扇叶片一般都带有阻尼凸台,其作用是为了减振,但它却使气动效率降低1%~2%,因此现代发动机用宽弦叶片替代这种结构,如图4.57所示。宽弦叶片可以达到同样的减振效果,但其叶片的弦长增加了40%左右。为减轻质量,采用了在蒙皮中加入蜂窝骨架的结构。

在民用涡扇发动机设计过程中,由于追求低耗油率指标,导致涵道比越来越大,所以风扇直径也越来越大。同时,为满足日益严格的国际民航适航条例的要求,风扇叶尖切线速度受到限制,以降低航空发动机风扇气动噪声。所以,高性能低噪声风扇的设计技术对于大涵道比发动机显得非常重要。

英国罗罗公司曾经利用三维气动力学分析软件设计了一个直径为2.79 m的掠形叶片风扇,如图4.58所示。该叶片前缘呈短弯刀形,使进入发动机的气流沿叶片展向平稳地减速,而不是突然减速。即使叶尖在超声速条件下工作,激波也是斜激波,从而提高了叶片的效率。另外,该掠形叶片采用超塑成形/扩散焊接的低展弦比空心结构,大大减轻了质量,增强了风扇的抗鸟撞能力,与不掠风扇比,该掠形风扇能使空气流量提高10%,叶片进口马赫数降低10%,抗鸟撞

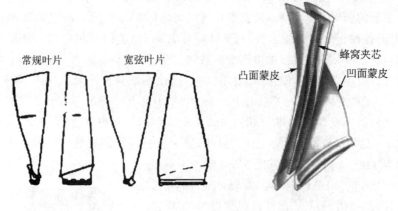

图 4.57 宽弦叶片

能力增强 10%,巡航效率也有所提高。

整体叶盘结构是提高发动机部件效率的新型结构,即将叶片和风扇盘用一定的焊接方法连接成一体,省去常规风扇盘连接的榫齿和榫槽,大大简化结构,减轻质量(如图 4.59 所示),从而有利于提高发动机工作效率和可靠性。整体叶盘结构主要用于风扇及高压压气机部分。

2. 齿轮传动

先进大涵道比涡扇发动机压气机的压比越来越高、负荷越来越重,这时多级转子之间的匹配问题就显得更为突出。随着对推力和耗油率的不断增高的要求,民用涡扇发动机的涵道比会越来越大。为了使叶尖切线速度不至于过大而产生很大噪声,就必须降低风扇的转速,但是风扇转速的降低与保持低压系统的效率相矛盾。一种解决办法是采取折中方法,适当降低转速;另一种解决办法就是采用齿轮驱动涡扇发动机。

图 4.58 弯掠风扇叶片

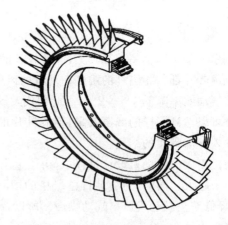

图 4.59 整体叶盘

齿轮传动涡扇发动机利用齿轮减速器确保风扇、增压压气机和低压涡轮工作于各自的最佳转速下,从而达到发动机最优化设计的目的。20 世纪 80 年代末,P&W 公司、菲亚特航空和 MTU 等公司开始联合研制齿轮驱动涡扇发动机,并将一些先进技术成功运用到了其合作研发的 PW1000 发动机(图 4.60),其噪声将满足苛刻的要求,并有 30 dB 的裕度。

齿轮驱动涡扇发动机就是在风扇和低压压气机之间引入一个减速齿轮箱,这样就可以根据风扇压比来选择最低的风扇转速,从而大大降低风扇的噪声;同时低压系统的转速可以按要求选择尽量高,以减小低压系统级数,减轻发动机质量。这样,齿轮驱动涡扇发动机的各部件都可以在最佳转速下工作,在保持高效率和低耗油率的前提下,使得噪声大幅度减小。

3. 混合器

混合排气涡轮风扇发动机在排出气体之前,需要将内外涵气体在混合器(图4.61)中掺混。实践表明,在同样的内涵输出能量和相同的涵道比的情况下,混合式和非混合式涡轮风扇发动机的性能是有差别的,采用混合式排气提高了风扇效率和推进效率,发动机推力稍有增加,降低了单位燃油消耗率,降低了排气速度,使噪声减小。

图 4.60 PW1000 发动机变速箱

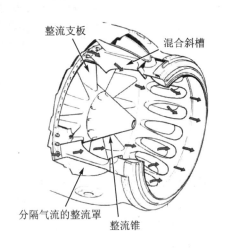

图 4.61 混合排气喷管

思考题

1. 涡轮风扇发动机为什么比涡轮喷气发动机省油且推进效率高?
2. 涡轮风扇发动机与涡轮喷气发动机结构上有什么不同?
3. 什么是涵道比?军用与民用涡扇发动机在涵道比方面有什么不同?

4.5 涡轮螺旋桨与涡轮轴发动机

涡轮螺旋桨发动机的工作原理与涡扇发动机相近。涡轮螺旋桨发动机驱动螺旋桨后的空气流相当于涡扇发动机的外涵道,由于螺旋桨的直径比普通涡扇发动机的大很多,空气流量也远大于内涵道,因此涡轮螺旋桨发动机实际上相当于超大涵道比的涡扇发动机。但涡轮螺旋桨发动机和涡轮风扇发动机在产生动力方面却有很大不同,涡轮螺旋桨发动机输出驱动螺旋桨的轴功率,尾喷管喷出的燃气产生的推力只占总推力的 5%~10%。为驱动大功率的螺旋桨,涡轮级数也比涡扇发动机要多。

涡轮轴发动机原理与涡轮螺旋桨发动机类似,主要区别是涡轮轴发动机将燃气发生器产生的可用功几乎全部从动力涡轮轴上输出,带动直升机的旋翼和尾桨,几乎没有反作用推力。

4.5.1 涡轮螺旋桨发动机

1. 涡轮螺旋桨发动机工作原理

在燃气发生器后面加装一级（或多级）涡轮，燃气在后一级涡轮（一般称为动力涡轮或低压涡轮）中膨胀做功，驱动该级涡轮高速旋转并发出一定功率，动力涡轮的前轴（动力轴）穿过核心机转子，通过压气机前的减速器驱动螺旋桨，就组成了涡轮螺旋桨发动机，如图 4.62 所示。这部分从高温燃气获得的能量是压气机及其附件所需能量之外的额外能量，用于驱动螺旋桨转动。

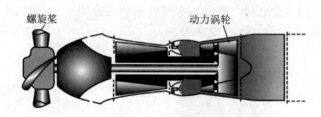

图 4.62 涡轮螺旋桨发动机原理

涡轮螺旋桨发动机的主要特点是将燃气发生器产生的大部分可用能量由动力涡轮吸收并从动力轴上输出，用于带动螺旋桨旋转；螺旋桨旋转时把空气排向后面，由此产生向前的拉力使飞机向前飞行。涡轮出口的燃气在尾喷管中膨胀加速并喷出，产生反作用推力。由于燃气的温度和速度极低，所产生的反作用力（推力）一般比较小，这个推力转化为推进功率时，仅约占涡轮螺旋桨发动机功率的 10% 以内。正因为排出发动机的能量大大降低了，即提高了推进效率，因此涡轮螺旋桨发动机的经济性好，具有相同燃气发生器的涡轮螺旋桨发动机在低速飞行时比涡轮喷气发动机和涡轮风扇发动机具有更大的推力。

涡轮螺旋桨作为动力的飞机推进原理与活塞动力飞机都是以螺旋桨旋转时所产生的力作为飞机前进的推进力，但是涡轮螺旋桨发动机驱动螺旋桨的动力来自燃气涡轮发动机，其螺旋桨通常以恒定的速率运转，而活塞发动机的螺旋桨转速是变化的。

涡轮螺旋桨发动机由核心机和螺旋桨组成，如图 4.63 所示。由于涡轮轴转速大于螺旋桨工作转速，它们之间装有减速器。涡轮发出的机械能带动螺旋桨，使它产生拉力。涡轮螺旋桨发动机的推力来自两个部分，一部分是由高速喷出的燃气所产生的反作用力，另一部分是由涡轮带动螺旋桨产生前进的拉力。

装有涡轮螺旋桨发动机的飞机飞行高度一般不超过 5 000 m，飞行速度一般不超过 700 km/h。飞行速度受限是涡轮螺旋桨发动机的主要缺点，因而主要用于中低速支线民航机、运输机。

与航空活塞式发动机相比，涡轮螺旋桨发动机具有尺寸小、质量轻、振动小、推进效率高和功率质量比大等优点，特别是随着飞行高度的增加，其性能更为优越；与涡轮喷气发动机和涡轮风扇发动机相比，又具有耗油率低和起飞推力大的优点。涡轮螺旋桨发动机的最大功率可超过 7 350 kW（活塞发动机不超过 2 940 kW），功重比为 4 以上（活塞发动机不超过 2），由于减少了往复运动的部件，涡轮螺旋桨发动机的运转稳定性好、噪声小、工作寿命长、维修费用低。

此外，涡轮螺旋桨发动机配装飞机后还具备以下综合优势：一是螺旋桨特性（含滑流增升、反桨）、飞机机翼构型决定了涡轮螺旋桨飞机较强的地面起飞/着陆性能，可以大幅度缩短起飞/着陆距离（在同样载荷条件下，与涡扇飞机相比，起飞滑行距离可减少 30% 以上）；二是较低的燃气

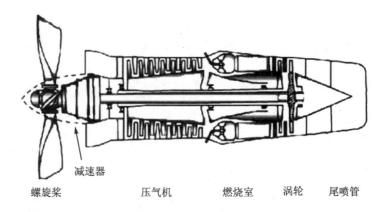

图 4.63 涡轮螺桨发动机结构

排放温度可以大幅度降低 NO_x、噪声排放及红外辐射；三是适中的热力循环参数带来的发动机成本效益。正是由于具有以上诸多优势，安装涡轮螺旋桨发动机的飞机占比逐步提高。

2. 涡轮螺旋桨发动机的组成与分类

涡轮螺旋桨发动机有定轴式、自由涡轮式两种。

(1) 定轴式涡轮螺旋桨发动机

定轴式（单轴式）涡轮螺桨发动机是涡轮螺桨发动机中最简单的类型。这种涡轮螺旋桨发动机将动力涡轮与燃气发生器的涡轮机械地连接在一起，成为定轴式或单轴式涡轮螺旋桨发动机（如图 4.64 所示），但其很难使同一根轴上的压气机、涡轮和螺旋桨的工作协调一致，启动时需要功率较大的启动机，而且启动时间较长。

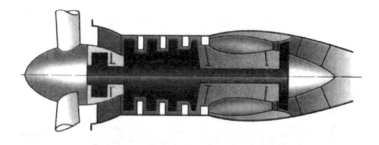

图 4.64 定轴式（单轴式）涡轮螺桨发动机

单轴式涡轮螺桨发动机的主要优点是结构简单，缺点是在非设计状态下工作时效率较低。当发动机从设计状态降低功率时，随着燃气发生器供油量减小，有两种处理方法：保持螺旋桨桨矩不变，发动机转速随供油量减小而下降，螺旋桨转速随之下降；若螺旋桨桨矩可调使燃气发生器转速保持不变，则压气机特性图上共同工作点将沿等转速线下降，使压气机增压比迅速下降，燃气发生器的热效率也随之降低。

国产运 8 运输机所用的涡桨 6 涡轮螺旋桨发动机（图 4.65）、英国"子爵"号四发旅客机用的"达特"(Dart)涡轮螺旋桨发动机均为定轴式涡轮螺旋桨发动机（图 4.66）。

定轴式涡轮螺旋桨发动机由燃气发生器（包括进气道、压气机、燃烧室、涡轮）、减速器和尾喷管以及附属系统及附件传动机匣等部件组成（图 4.67）；而自由涡轮式涡轮螺旋桨发动机除上述部件外，还包括一组自由涡轮（一级或多级）。

图 4.65　涡桨 6 涡轮螺旋桨发动机

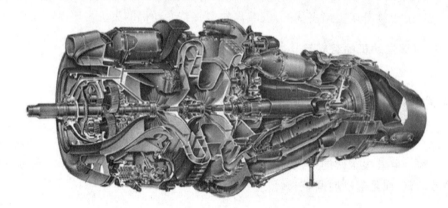

图 4.66　"达特"涡轮螺旋桨发动机

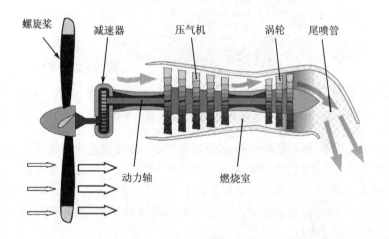

图 4.67　涡轮螺旋桨发动机结构

目前功率为 2 000 kW 及以下的涡轮螺桨发动机的空气流量都低于 10 kg/s。对于小流量的燃气发生器,采用离心式压气机时效率较高,特别是压气机的出口高压部分采用离心式压气机,可以避免轴流式压气机叶片短小、效率低和结构复杂等缺点,如英国罗罗公司的"达特"(Dart)涡桨发动机和美国 Honeywell 公司的 TPE‑331,如图 4.68 所示。

图 4.68 带双级离心式压气机的单轴涡轮螺桨发动机 TPE-331

(2) 分轴式涡轮螺旋桨发动机

多数涡轮螺旋桨发动机的动力涡轮与燃气发生器的涡轮是分开的。动力涡轮在单独的轴上，且以不同的转速工作。这种涡轮螺旋桨发动机也称为分轴式涡轮螺旋桨发动机，如图 4.69 所示。螺旋桨通过减速器直接与动力涡轮相连接。连接螺旋桨的动力涡轮不与燃气发生器相连接，故又称为"自由涡轮"。

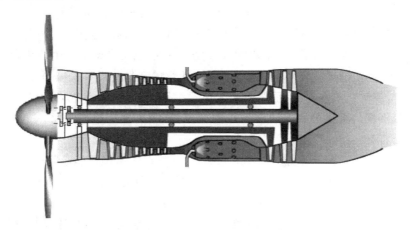

图 4.69 具有自由涡轮的分轴式涡轮螺旋桨发动机

分轴式涡轮螺旋桨发动机的优点是：采用变矩螺旋桨以后，可以根据飞行速度和动力涡轮的功率自动调节桨矩，保持螺旋桨转速不变。燃气发生器的工作不受螺旋桨转速的约束。与单轴式涡轮螺旋桨发动机相比，这种发动机启动时只需功率较小的启动装置。这种具有自由涡轮的涡轮螺旋桨发动机在加速过程中，燃气发生器的转速上升快，而驱动螺旋桨的自由涡扇转速上升却较慢。

分轴式涡轮螺旋桨发动机的燃气发生器一般采用单轴式燃气发生器。为了提高燃气发生器的性能，可以采用双轴式燃气发生器，连同驱动螺旋桨的轴，共有三根旋转轴，如图 4.70 所示。

(3) 涡轮螺旋桨发动机的减速器

在具有动力涡轮(自由涡轮)的涡轮螺旋桨发动机中，动力涡轮的转速较高，一般为 6 000～12 000 r/min。在定轴式涡轮螺旋桨发动机中，燃气发生器的涡轮转速更高，一般为 8 000～

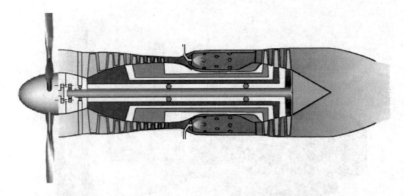

图 4.70　具有双轴式燃气发生器的分轴式涡轮螺旋桨发动机

18 000 r/min(小功率的涡轮螺旋桨发动机转速高的可达 40 000 r/min)。为了保证螺旋桨效率，螺旋桨的转速必须很低，一般只有 1 000 r/min 左右。为了协调涡轮和螺旋桨的转速，在涡轮螺旋桨发动机中，均要有减速器，以便将动力涡轮(在具有自由涡轮的涡轮螺旋桨发动机中)或燃气发生器涡轮(在定轴式涡轮螺旋桨发动机中)的转速降低到螺旋桨所要求的工作转速。减速器的传动比一般为 10～16，取决于螺旋桨和涡轮各自的速度。

减速器是使发动机输出轴转速降低到飞机推进器或附件所需转速和转向的齿轮装置。飞机推进器可以是飞机的螺旋桨，也可以是直升机的旋翼。涡轮螺旋桨发动机的减速器均采用齿轮传动，要求减速器在高负荷、高转速下工作可靠、效率高。由于在减速器的设计、加工中，做到了精益求精，其传动效率可高达 98%～99%。虽然传动效率这么高，但因传递功率大，其摩擦功率可高达 37～147 kW，需通过对齿轮、轴承喷入大量的滑油，以带走摩擦产生的热量。

涡轮螺旋桨发动机的减速器可分机内减速器、机外减速器及双桨式减速器。减速器与发动机置于一体，成为发动机的一部分，称为机内减速器，涡轮螺旋桨发动机均为机内减速器。当发动机安装在重型飞机的机翼上或安装在飞机的机身内，距离螺旋桨较远时，一般采用机外减速器。它主要用于直升机中，又称主减速器。

当涡轮螺旋桨发动机的功率超过 7 350 kW 时，一般单螺旋桨不能吸收这样大的功率，必须使用转向相反的两个(双)螺旋桨。传动双螺旋桨的减速器更为复杂，它的输入轴为一个，即自由涡轮的传动轴，而输出轴为套在一起(共轴心)、但旋转方向相反的两个轴。其特点是螺旋桨所产生的反扭矩可以全部抵消，飞机的稳定性和操纵性得以改善，且可提高螺旋桨效率。俄罗斯的图-95 轰炸机是世界上最大的装涡轮螺旋桨发动机的飞机，装有 4 台单台功率为 8 950 kW 的涡轮螺旋桨发动机，驱动 4 组共轴反转的双螺旋桨。

涡轮螺旋桨发动机的减速器与其他机械设备的减速器相比，其结构有以下两个特点：

① 传递功率大。涡轮螺旋桨发动机减速器通常传递功率为 2 200～4 400 kW，有的高达 11 000 kW。燃气发生器转子或自由涡轮的转速很高，螺旋桨的转速又低，这就使得一些齿轮在很高的圆周速度下工作，另一些齿轮又在很高的扭矩负荷下工作。为了保证高速齿轮可靠工作，必须采取措施使齿轮啮合良好，尽量减少啮合过程中对齿轮的冲击，减小齿轮负荷并保证工作温度适当。

② 传动比大，径向尺寸小。涡轮螺旋桨发动机减速器的传动比通常为 10～16。为了达到减速器的传动比要求，必然是齿轮尺寸很大，或者采用复杂的多级传动方式。

4.5.2 涡轮轴发动机

1. 涡轮轴发动机的基本工作原理

涡轮轴发动机与涡轮螺旋桨发动机基本相同,都由涡轮喷气发动机演变而来。涡轮螺旋桨发动机驱动螺旋桨,涡轮轴发动机则驱动直升机的旋翼轴获得升力和气动控制力,也可用作其他动力(轮船、坦克、发电等)。两者的主要区别有:

① 涡轴发动机通常带有自由涡轮,而其他形式的涡轮喷气发动机一般没有自由涡轮。

② 动力涡轮轴的输出方向有不同的要求,对涡轮螺桨发动机要求动力涡轮轴向发动机前方输出,以便将螺旋桨安装在发动机的前方;而涡轮轴发动机的动力涡轮轴不一定从发动机前方输出。

③ 减速器方面,涡轮轴发动机所带动的旋翼转速很低,仅 200 r/min 左右,减速比高,一般采用二个减速器,其中一个减速器安装在发动机上,称为"体内减速器",另一个减速器安装在直升机上,称为"体外减速器"。

④ 涡轮轴发动机的工作环境往往离地面较近,容易将沙石等杂物吸入发动机内。为了避免杂物损坏发动机,对涡轮轴发动机的进气道有特殊的要求。

涡轮轴发动机的自由涡轮位于燃烧室后方(如图 4.71 所示),高能燃气对自由涡轮做功,通过传动轴、减速器等带动直升机的旋翼旋转,从而升空飞行。

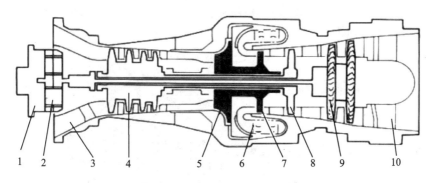

1—输出功率轴;2—体内减速器;3—进气道;4—低压压气机;5—高压压气机;
6—燃烧室;7—高压涡轮;8—低压涡轮;9—自由涡轮;10—排气装置

图 4.71 涡轮轴发动机结构示意图

参照涡轮风扇发动机理论,涡轮轴发动机带动的旋翼的直径应该越大越好。因为同一个的核心发动机,所配合的旋翼直径越大,在旋翼上所产生的升力就越大。但能量转换过程总是有损耗的,旋翼限于材料品质也不可能太大,所以旋翼的直径是有限制的。以目前的水平计算,旋翼驱动的空气流量一般是涡轮轴发动机内空气流量的 500～1 000 倍。

一般直升机飞得没有固定翼飞机快,最大平飞速度通常在 350 km/h 以下,因此涡轮轴发动机的进气口设计也较为灵活。通常将内流进气道设计为收敛形,驱使气流在收敛时加速流动,令流场更加均匀。进口唇边呈流线形,适合亚声速流线要求,避免气流分离,保证压气机的稳定工作。此外,由于直升机飞得离地面较近,一般必须去除进气中杂质,通常都有粒子分离器。粒子分离器可以与进气道设计成一体。分离器设计为一定螺旋形状,利用惯性力场,使进气中的砂粒因质量较大,在弯道处获得较大的惯性力而被甩出主气流之外,通过分流排出进气道之外。

尽管涡轮轴发动机排气能量不高，但对于敌方红外探测装置来说仍然是相当可观的目标。发动机排气是直升机主要热辐射源之一。作战直升机必须减小自身热辐射强度，要采用红外抑制技术。一方面，要设法降低发动机外露热部件的表面温度；另一方面，更重要的是，要将外界冷空气引入并混合到高温排气热流中，从而降低温度，冲淡二氧化氯的浓度，降低红外特征。先进的红外抑制技术通常将排气装置、冷却空气道以及发动机的安装位置作为完整、有效的系统进行设计制造。

涡轮轴发动机作为直升机的动力装置，与活塞式发动机相比，有着突出的优点。首先是质量小、体积小，即功重比高。同样功率为 600 kW 左右的发动机，涡轴发动机的质量还不到活塞式发动机的 1/3；大功率的发动机，它们的质量悬殊更大，采用涡轮轴发动机更为有利。其次是涡轮轴发动机没有往复运动的机件，振动小、噪声小。但是，涡轴发动机耗油率较活塞式发动机高。两种类型的小型发动机之间的耗油率约相差 30% 左右。对于大型发动机，它们之间的耗油率水平却已非常接近。此外在制造成本方面，小型涡轮轴发动机比较昂贵，因而在民用直升机领域，小功率涡轮轴发动机与活塞式发动机仍存在竞争。

2. 涡轮轴发动机分类与组成

涡轮轴发动机中，燃气发生器产生的可用能量基本上被动力涡轮吸收并从动力轴输出，通过直升机上的主减速器减速后驱动直升机的旋翼和尾桨。由于尾喷管中喷射出的燃气的温度和速度极低，所以基本上不产生推力。

涡轴发动机的主要组成部件除了与其他类型航空燃气轮机相同的进气道、压气机、燃烧室、涡轮及排气装置等五大部件之外，通常还有体内减速器。图 4.72 所示为英国、法国、德国联合研制的 MTR390 涡轮轴发动机。

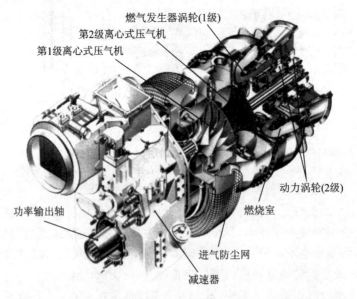

图 4.72 采用两级单面进气离心叶轮的 MTR390 涡轮轴发动机

涡轮轴发动机主要包括定轴式和自由涡轮式两种类型。

定轴式涡轮轴发动机也称为固定涡轮式涡轮轴发动机，其涡轮既驱动压气机又驱动功率输出轴，如图 4.73 所示。定轴式涡轮轴发动机的涡轮产生的功率远大于压气机所需的功率，通过减速器将其剩余的功率输出，用于带动直升机旋翼和尾桨。由于其功率输出轴与核心机为机械

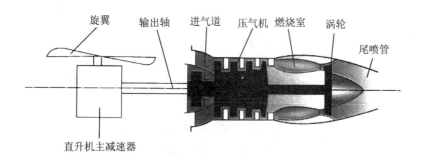

图 4.73 定轴式涡轮轴发动机

连接,因此具有功率传送方便、结构简单、操纵调节简单等优点,但也存在着启动性能差(启动加速慢)、加速性不好、功率输出轴转速高而需要大的减速器等缺点。

自由涡轮式涡轮轴发动机由燃气发生器和自由涡轮组成。产生输出功率的自由涡轮安装在发动机功率输出轴上,此轴与核心机转子无机械联系,它们之间仅有气动联系,如图 4.74 所示。由于自由涡轮是输出轴功率的,因此又称自由涡轮为动力涡轮。自由涡轮式涡轮轴发动机与定轴式涡轮轴发动机相比,启动性能好,工作稳定,加速性能较好,调节性能和经济性好,但其结构比较复杂。

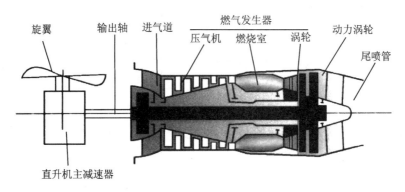

图 4.74 自由涡轮式涡轮轴发动机

大部分涡轮轴发动机为自由涡轮式涡轮轴发动机,定轴式涡轮轴发动机仅用于一些功率较小的发动机中。

4.5.3 涡轮螺旋桨与涡轮轴发动机的发展

1. 涡轮螺旋桨发动机的发展

涡轮喷气发动机的推力大,适用于高速飞行的飞机,其适用速度范围从高亚声速一直到超过声速的两三倍。但是,当飞机在较低的亚声速飞行时,涡喷发动机的推进效率低,耗油率高,很不经济。此外,"活塞式发动机+螺旋桨"的经典组合虽适应于低速飞行,但是由于活塞式发动机的功率较小,且随飞行高度的增加降低得很快,加上螺旋桨的限制,所以其使用速度一般不超过 800 km/h。

为了克服涡轮喷气发动机和活塞式发动机的缺点,涡轮螺旋桨发动机(图 4.75)在 20 世纪 40 年代后期、50 年代初期开始得到了迅速发展。但是由于当时设计的螺旋桨不适应于高亚声速飞行时使用,从 20 世纪 60 年代以后,大、中型涡轮螺旋桨发动机逐渐被涡轮风扇发动机所取代。20 世纪 80 年代,又开始了具有新型螺旋桨的桨扇发动机的研究,但由于噪声、安全性等技术问

图 4.75 罗罗公司生产的 RB50 Trent 涡轮螺旋桨发动机

题未能很好解决而未能大量投入使用。

国际上目前已经成功发展了四代涡轮螺旋桨发动机。表 4.3 给出了加拿大、美国、英国及欧洲的四代涡轮螺旋桨发动机性能参数。

表 4.3 国外涡轮螺旋桨发动机的性能参数

代别	国别	涡轮螺旋桨发动机型号	起飞功率 /kW	起飞耗油率 /(kg·(kW·h^{-1}))	总增压比	涡轮前温度/K	单位空气流量功率 /(kW·(kg·s^{-1})$^{-1}$)	装备飞机
第一代	加拿大	PT6A-27	507	0.34	6.3	1 228	181	比奇 B99、DHC-6 等
	加拿大	PT6A-65R	875	0.31	10	—	194	肖特 360
	美国	TPE331-10	746	0.34	10.8	1 278	—	MU-2G/J/L/N
	英国	达特 7MK532	1 495	0.41	5.6		141	F27,HS748
第二代	加拿大	PW124	1 790	0.29	14.4	1 422	232	F50
	美国	TPE331-3	626	0.38	10.4	1013	173	梅林 III
第三代	英国	AE2100	4 474	0.25	16		250	Saab2000,IPTN N250
	美国	CT7-5	1 294	0.29	16	1 533	285	CN-235
	美国	PW150	3 781	0.26	19			冲 8
第四代	欧洲	TP400-D6	7 979		25			A400 运输机

第一代是指 20 世纪 70 年代以前投产的,主要有达特(Dart)、PT6A 系列和 TPE331 系列的早期型号等发动机。第一代涡轮螺旋桨发动机循环参数水平较低,结构比较简单,耗油率高。压气机有轴流、离心和组合多种形式,主要采用单转子固定涡轮输出方式,发动机总增压比低于 10,涡轮一般采用非冷却结构、涡轮前温度一般不超过 1 300 K,耗油率范围为 0.35～0.41 kg/(kW·h),单位空气流量功率范围为 140～200 kW/(kg·s^{-1})。

第二代是指 20 世纪 70 年代末或 80 年代初期研制的,主要有 PW100 系列早期型号和

TPE331-14/15 等型号的发动机。第二代涡轮螺旋桨发动机循环参数有较大幅度提高,结构基本采用自由涡轮形式,耗油率较第一代降低了 15% 左右。发动机总增压比范围在 11~16,涡轮前温度提高到 1 300 K 左右,耗油率达到 0.29~0.32 kg/(kW·h),单位空气流量功率范围为 170~240 kW/(kg·s^{-1})。

第三代是指 20 世纪 90 年代以后投入使用的发动机,主要有 AE2100 和 PW150A。第三代涡轮螺旋桨发动机主要是在第二代发动机基础上继续提高发动机热力循环参数或采用新技术(冷却、数控、三维气动设计技术等)、新材料、新工艺进行改进改型,发动机总增压比达到 13~20,涡轮前温度达到 1 500 K 左右,耗油率范围为 0.25~0.31 kg/(kW·h),单位空气流量功率范围为 230~290 kW/(kg·s^{-1})。

第四代的典型代表是欧洲的 TP400-D6 涡桨发动机。第四代涡轮螺旋桨发动机的总增压比超过 20,涡轮前温度达到 1 600 K 左右,发动机耗油率范围降低为 0.21~0.27 kg/(kW·h),单位空气流量功率在 280 kW/(kg·s^{-1}) 以上。

先进涡轮螺旋桨发动机产品研发的重要途径之一是国际合作发展。为降低资金和技术风险,缩短研制周期,各大航空发动机制造厂商通常会基于自身在总体集成或单项部件/系统方面的技术优势,通过成立合资公司或项目组,划分各自的工作份额,合作研制新型涡桨发动机,如欧洲法国赛峰公司、英国罗罗公司、德国 MTU 公司、西班牙 ITP 公司等合作成立欧洲螺旋桨国际股份有限公司,共同研制了目前最先进的涡桨发动机 TP400-D6(图 4.76)。

TP400-D6 是安装在欧洲新一代军用运输机 A400M 上的新型涡轮螺旋桨发动机,由欧洲涡桨国际公司制造。这种三转子涡轮螺旋桨发动机单台海平面最大功率约为 8 283 kW,是苏联之外研制的功率最大的涡轮螺旋桨发动机。与涡扇发动机相比,该机的涡桨发动机具有很低的红外特征,缩短了被红外传感器发现的距离。

图 4.76 欧洲军用运输机 A400M 使用的 TP400-D6 涡轮螺旋桨发动机

近年来,为满足下一代 90 座级涡轮螺旋桨支线客机的发展需要,国外加大了涡轮螺旋桨发动机技术的研究步伐,2010 年,加拿大普·惠公司提出了功率为 3 675~5 145 kW 的下一代支线涡轮螺旋桨发动机(NGRT)方案。该方案的油耗指标将比 PW100 系列发动机降低 20%,维护成本降低 30%,并将采用全新的压气机设计。2012 年,GE 公司提出了功率为 2 940~4 410 kW 的 CPX38 涡桨发动机方案。该方案油耗指标比 PW100 降低 15%。该方案由 GE38 发动机衍生而来,并借鉴了 GEnx 发动机的高压压气机、高压涡轮以及新材料技术。2013 年,法国赛峰集团也提出了将发展功率在 3 675 kW 左右的下一代支线飞机用涡轮螺旋桨发动机,该发动机的油耗和二氧化碳排放比 2000 年的水平降低 20%~25%。

2. 涡轮轴发动机的发展

驱动直升机旋翼产生升力和推进力的动力装置包括活塞式发动机和涡轮轴发动机两大类。20 世纪 50 年代中期以前,直升机发动机都是活塞式发动机;50 年代中期,涡轮轴发动机开始用作直升机动力。与活塞式发动机相比,涡轮轴发动机具有质量轻,体积小,功率大,振动小,易于启动,便于维修和操纵等一系列优点,因此得到迅速发展与广泛使用。

涡轮轴发动机于1951年12月开始装在直升机上。那时它属于涡轮螺旋桨发动机,并没有自成体系。随着直升机在军事和国民经济上使用越来越普遍,涡轮轴发动机才获得独立的地位。

从1950年法国透博梅卡公司研制出206 kW的阿都斯特Ⅰ型涡轴发动机并装备美国的S52-5直升机上首飞成功以后,涡轮轴发动机在直升机领域逐步取代活塞式发动机而成为主流的动力形式。半个世纪以来,涡轴发动机已成功发展出四代(表4.4),功重比已从2 kW/daN提高到6.8~7.1 kW/daN。

表4.4 四代涡轴发动机的发展历程及主要性能参数

涡轴发动机分代	第一代	第二代	第三代	第四代
研制时间	20世纪50年代	20世纪60年代	20世纪70~80年代	20世纪80年代后
起飞耗油率/$(kg \cdot (kW \cdot h)^{-1})$	0.4~0.6	0.3~0.4	0.26~0.3	0.26~0.28
功率质量比/$(kW \cdot kg)^{-1}$	2~3	3~5	5~6	6~7
总增压比	4~6	5~10	10~15	15~20
涡轮进口温度/K	900~1100	1100~1300	1300~1500	1400~1600
代表型号	阿都斯特,宁巴斯,T53	阿赫耶1C-49,TV2-117A	T700-GE-701,TM333	T80,MTR390,RTM332

第三代涡轴发动机是20世纪70年代设计,80年代投产的产品,主要代表机型有马基拉、T700-GE-701A和TV3-117VM,装备AS322"超美洲豹"、UH-60A、AH-64A、米-24和卡-52。

第四代涡轴发动机是20世纪80年代末、90年代初开始研制的新一代发动机,起飞耗油率降低到0.26~0.28 kg/kW·h,功率质量比增加到6~7,总增压比为15~20,涡轮进口温度最高能达到1 600 K,代表机型有英、法联合研制的RTM322、美国的TS00-LHT-800、俄罗斯的TV3-117BK,用于NH-90、EH-101、WAIH-64、RAH-66"科曼奇"、PAH-2/HAP/HAC和卡-50等直升机,以及欧洲德、法、英合资成立的MTR公司为"虎"式直升机联合研制的MTR390(图4.77)。

图4.77 "虎"式直升机装备两台双级离心式压气机的MTR390涡轴发动机

乌克兰的D-136涡轴发动机起飞功率为7 500 kW,是世界上最大的涡轮轴发动机,装两台D-136发动机的米-26直升机可运载20 t的货物。以T406涡轮轴发动机为动力的倾转旋翼机V-22突破常规旋翼机400 km/h的飞行速度上限,提高到638 km/h。

4.5.4 桨扇发动机

20世纪70年代的世界能源危机中,一些国家开展了称为桨扇的新型螺旋桨的研究。一种介于涡轮风扇发动机与涡轮螺旋桨发动机之间的发动机称为桨扇发动机(Propfan engine),也称无涵道风扇(unducted fan,UDF)发动机,如图4.78所示。

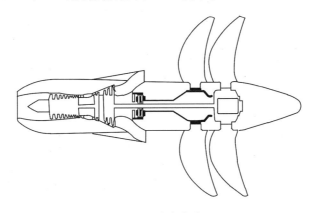

图 4.78 桨扇发动机

这种发动机由核心机和二个旋转方向相反的螺旋桨一起工作,桨叶较多(8~10片),叶片较宽,弯曲而后掠呈马刀形,可适应于高亚声速飞行。桨扇的直径比涡扇发动机的风扇直径大,因而可以有更高的推进效率,使耗油率比涡轮风扇发动机更低。桨扇发动机克服了一般螺旋桨在飞行马赫数达到0.65以后效率急剧下降的缺点,优越性保持到飞行马赫数0.8左右,使其既具有涡轮螺旋桨发动机的低油耗,又具有涡轮风扇发动机适于高速飞行的特点。

后来由于颤振与噪声问题难以解决,而能源危机有所缓解,美国GE公司等停止了GE36发动机的研制工作。仅俄罗斯于1994年研制成D-27桨扇发动机并试飞成功,为AN-70中型运输机提供动力。进入21世纪,为满足"绿色航空"的要求,这种经济性好的发动机再次获得关注,只是赋予了新的名字"开式转子"(open rotor)。

美国GE公司与法国斯奈克玛公司合资组成的CFMI国际公司为波音737和空客A320后继机研制发动机时,平行发展的两种型号发动机中,有一种就是开式转子发动机。此外,罗罗公司也与斯奈克玛公司在欧洲开展了一项开式转子发动机的研究计划(DREAM)。

思考题

1. 比较涡轮螺旋桨发动机与涡轮喷气发动机、涡轮风扇发动机的优缺点。
2. 为了简化结构,是否可以将螺旋桨通过减速器与双轴式燃气发生器的低压轴相连接?
3. 涡轮轴发动机与涡轮螺旋桨发动机有什么异同点?
4. 简述涡轮轴发动机的类型和构造特点。

4.6 其他类型发动机简介

4.6.1 火箭发动机

火箭发动机(rocket engine)是利用冲量原理,自带推进剂、不依赖外界空气的喷气发动机。

由于火箭发动机自身既带燃料,又带氧化剂,不需要从周围的大气层中汲取氧气,所以不但能在大气层内,也可在大气层之外的宇宙真空中工作。火箭发动机可用于航天器推进,也可用于导弹等在大气层内飞行。目前发射的人造卫星等航天器所用的推进装置都是火箭发动机。

现代火箭发动机主要分固体推进剂发动机和液体推进剂发动机。所谓"推进剂"就是燃料(燃烧剂)加氧化剂的合称。

1. 固体火箭发动机

固体火箭发动机为使用固体推进剂的化学火箭发动机。固体推进剂有聚氨酯、聚丁二烯、端羟基聚丁二烯、硝酸酯增塑聚醚等。固体推进剂点燃后在燃烧室中燃烧,化学能转化为热能,生产高温高压的燃烧产物。燃烧产物流经喷管,在其中膨胀加速,热能转变为动能,以高速从喷管排出而产生推力。

固体火箭发动机由药柱、燃烧室、喷管组件和点火装置等组成,如图4.79所示。药柱是由推进剂与少量添加剂制成的中空圆柱体(中空部分为燃烧面,其横截面形状有圆形、星形等)。药柱置于燃烧室(一般为发动机壳体)中。在推进剂燃烧时,燃烧室须承受 2 500～3 500 ℃ 的高温和 $100 \sim 2 \times 10^7$ Pa 的高压力,所以须用高强度合金钢、钛合金或复合材料制造,并在药柱与燃烧内壁间装备隔热衬。

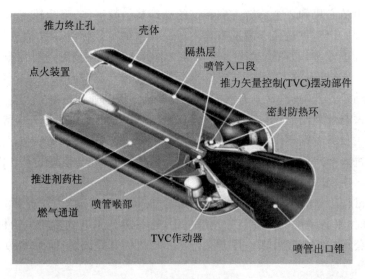

图 4.79 固体火箭发动机

点火装置用于点燃药柱,通常由电发火管和火药盒(装黑火药或烟火剂)组成。通电后由电热丝点燃黑火药,再由黑火药点火燃药柱。

喷管除使燃气膨胀加速产生推力外,为了控制推力方向,常与推力向量控制系统组成喷管组件。该系统能改变燃气喷射角度,从而实现推力方向的改变。

药柱燃烧完毕,发动机便停止工作。

与液体火箭发动机相比较,固体火箭发动机具有结构简单,推进剂密度大,推进剂可以储存在燃烧室中常备待用和操纵方便可靠等优点,缺点是比冲小(也叫比推力,是发动机推力与每秒消耗推进剂质量的比值,单位为秒)。固体火箭发动机比冲在250～300 s,工作时间短,加速度大导致推力不易控制,重复启动困难,不利于载人飞行。

固体火箭发动机主要用作火箭弹、导弹和探空火箭的发动机,以及航天器发射和飞机起飞的助推发动机。

2. 液体火箭发动机

液体火箭发动机是指液体推进剂的化学火箭发动机。常用的液体氧化剂有液态氧、四氧化二氮等,燃烧剂有液氢、偏二甲肼、煤油等。氧化剂和燃烧剂必须储存在不同的储箱中。

液体火箭发动机一般由推力室、推进剂供应系统、发动机控制系统组成,如图4.80所示。

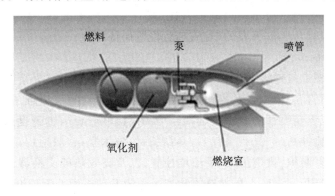

图 4.80 液体火箭发动机

推力室是将液体推进剂的化学能转变成推进力的重要组件,由推进剂喷注器、燃烧室、喷管组件等组成。推进剂通过喷注器注入燃烧室,经雾化、蒸发、混合和燃烧等过程生成燃烧产物,以高速(2 500~5 000 m/s)从喷管中冲出而产生推力。燃烧室内压力可达约 200 MPa,温度为 3 000~4 000 ℃,故需要冷却。

推进剂供应系统的功用是按要求的流量和压力向燃烧室输送推进剂。按输送方式不同,有挤压式(气压式)和泵压式两类供应系统。挤压式供应系统是利用高压气体经减压器减压后(氧化剂、燃烧剂的流量是靠减压器调定的压力控制)进入氧化剂、燃烧剂贮箱,将其分别挤压到燃烧室中。挤压式供应系统只用于小推力发动机。大推力发动机则用泵压式供应系统,这种系统用液压泵输送推进剂。

发动机控制系统的功用是对发动机的工作程序和工作参数进行调节和控制。工作程序包括发动机启动、工作、关机三个阶段。这一过程是按预定程序自动进行的。工作参数主要指推力大小、推进剂的混合比。

液体火箭发动机的优点是比冲高(250~500 s),推力范围大、能反复启动、能控制推力大小、工作时间较长等。液体火箭发动机主要用作航天器发射、姿态修正与控制、轨道转移等。

3. 其他能源的火箭发动机

(1) 电火箭发动机

电火箭发动机是利用电能加速工质,形成高速射流而产生推力的火箭发动机。与化学火箭发动机不同,这种发动机的能源和工质是分开的。电能由飞行器提供,一般由太阳能、核能、化学能经转换装置得到。工质有氢、氮、氩、汞、氨等气体。

电火箭发动机由电源、电源交换器、电源调节器、工质供应系统和电推力器组成。电源和电源交换器供给电能;电源调节器的功用是按预定程序启动发动机,并不断调整电推力器的各种参数,使发动机始终处于规定的工作状态;工质供应系统则是储存工质和输送工质;电推力器的作用是将电能转换成工质的动能,使其产生高速喷气流而产生推力。

按加速工质的方式不同,电火箭发动机有电热火箭发动机、静电火箭发动机和电磁火箭发动机三种类型。电热火箭发动机利用电能加热(电阻加热或电弧加热)工质(氢、胺、肼等),使其气化;经喷管膨胀加速后,由喷口排出而产生推力。静电火箭发动机的工质(汞、铯、氢等)从贮箱输入电离室被电离成离子,然后在电极的静电场作用下加速成高速离子流而产生推力。电磁火箭发动机是利用电磁场加速被电离工质而产生射流,形成推力。电火箭发动机具有极高的比冲(700～2 500 s)、极长的寿命(可重复启动上万次、累计工作可达上万小时),但产生的推力小于100 N。这种发动机仅适用于航天器的姿态控制、位置保持等。

(2) 核火箭发动机

核火箭发动机用核燃料作能源,用液氢、液氮、液氨等作工质。核火箭发动机由装在推力室中的核反应堆、冷却喷管、工质输送系统和控制系统等组成。在核反应堆中,核能转变成热能以加热工质,被加热的工质经喷管膨胀加速后,以 6 500～11 000 m/s 的速度从喷口排出而产生推力。核火箭发动机的比冲高(250～1 000 s)、寿命长,但技术复杂,只适用于长期工作的航天器。这种发动机由于核辐射防护、排气污染、反应堆控制,以及高效热能交换器的设计等问题未能解决,至今仍处于试验之中。此外,太阳加热式和光子火箭发动机尚处于理论探索阶段。

4.6.2 多(全)电发动机

多电发动机是多电飞机的核心系统之一,除提供飞机飞行所需的推力外,还为飞机上所有用电系统提供电力,发动机上的机械液压和气压系统均采用电驱动,不需要额外的润滑系统,如图 4.81 所示。

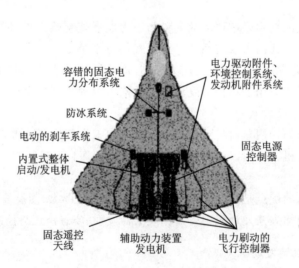

图 4.81 多电飞机结构示意图

在传统发动机基础上改进的多电发动机,采用内置式整体启动/发电机为发动机和飞机提供所需的电源,用全电气化传动附件取代机械液压式传动附件,发动机的控制系统也由集中式全权限数字电子控制系统改为分布式控制系统,发动机的燃油泵、滑油泵和作动器也改为电力驱动。这种结构上的改变,可大大增强系统的功能性并降低系统的复杂程度,减轻发动机质量,节约成本,提高发动机性能,优化发动机的结构,以及获得更高的可靠性和维修性。多电发动机在传统发动机的基础上的改动部件主要包括内置整体启动/发电机、主动磁浮轴承、电动燃油泵和电力作动器等。

(1) 整体启动/发电机

多电发动机的整体启动/发电机装在风扇轴上,提供飞机所用的大量电力。利用电机的可逆原理,在发动机稳定工作前作为电启动机工作,带动发动机转子(图 4.82)在一定转速后喷油点火,使发动机进入稳定工作状态;此后,发动机反过来带动电机,成为发电机,向飞机用电设备供电。

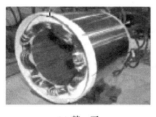

(a) 静 子　　　　　(b) 转 子

图 4.82　POA 计划的起动发电机

采用整体启动/发电机可取消功率提取轴和减速器,减小发动机的质量和迎风面积,所产生的电功率有两根以上的发电机轴分担,可以重新优化燃气发生器,有利于控制喘振和扩大空中点火包线,改善发动机适用性,易于获得大的功率电力。

(2) 主动磁浮轴承

磁浮轴承为航空发动机获得双倍推力的关键机电系统部件,如图 4.83 所示。工作原理如下:位移传感器用于监视轴的位置,并将信息传入控制系统,控制系统确定必要的控制信号,使旋转轴位于轴承作动器的中心,控制信号被送入功率放大器,转变为电磁作动器的增大电流。

主动磁浮轴承具有无磨损、无须润滑、寿命长、转速高、无噪声、无污染、运行成本低、安全性高、振动小等许多优点。

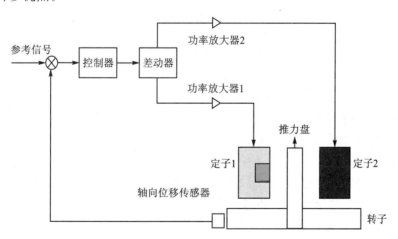

图 4.83　磁浮轴承控制系统原理

(3) 电动燃油泵

目前航空发动机主燃油泵为固定排量的齿轮泵,由发动机附件传动齿轮箱驱动,其转速与发动机的转速直接相关。为保证根据发动机需求提供准确的燃油流量,需将燃油泵多余的燃油重新流回至燃油箱,导致了功率的损耗及油温的升高,同时也增加了燃油冷却装置。

当采用电动燃油泵时,可根据发动机的需要,通过电子控制器直接调整燃油泵的转速和燃油阀的位置以获得发动机实际需求的燃油量,而无须或最大限度地减少燃油流回,既省掉了传动结构和相应的润滑系统,也降低了燃油控制系统的复杂性,还提高了发动机的可靠性。

(4) 电力作动器

电力作动器是全电发动机的重要部件之一。传统航空发动机所采用的作动器需要独立液压源,可靠性差、易污染、质量大、维护性差,且通常都有泄漏的问题,当作动系统出现故障时,难以判断作动器的故障原因。

采用电力作动器时,结合数字电子和控制系统容错设计技术,电力作动器的工作状态、性能衰减都能够实时监测,在故障出现时能进行有效地识别和隔离,从而进一步提高了可靠性。电力作动器使用的功率源为电力源,使得其对安装位置的要求更灵活,更易于使用和维护。

4.6.3 冲压发动机

冲压发动机是一种利用迎面气流进入发动机后减速,使空气提高静压的一种空气喷气发动机。它通常由进气道(又称扩压器)、燃烧室、推进喷管三部组成,如图 4.84 所示。冲压发动机没有压气机(也就不需要燃气涡轮),又称为不带压气机的空气喷气发动机。

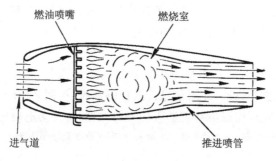

图 4.84 冲压发动机

这种发动机压缩空气的方法是,靠飞行器高速飞行时的相对气流进入发动机进气道中减速,将动能转变成压力能(例如进气速度为 3 倍声速时,理论上可使空气压力提高 37 倍)。冲压发动机工作时,高速气流迎面向发动机吹来,在进气道内扩张减速,气压和温度升高后进入燃烧室与燃油(一般为煤油)混合燃烧,将温度提高到 2 000～2 200 ℃甚至更高,高温燃气随后经推进喷管膨胀加速,由喷口高速喷出而产生推力。冲压发动机的推力与进气速度有关,如进气速度为 3 倍声速时,在地面产生的静推力可以超过 200 kN。

冲压发动机的构造简单、质量轻、推重比大、成本低,但因没有压气机,不能在静止的条件下启动,不宜作为普通飞机的动力装置,而常与别的发动机配合使用,成为组合式动力装置,如冲压发动机与火箭发动机组合,冲压发动机与涡喷发动机或涡扇发动机组合等。安装组合式动力装置的飞行器,在起飞时开动火箭发动机、涡喷或涡扇发动机,待飞行速度足够使冲压发动机正常工作时,再使用冲压发动机而关闭与之配合工作的发动机;在着陆阶段,当飞行器的飞行速度降低至冲压发动机不能正常工作时,又重新启动与之配合的发动机。当冲压发动机作为飞行器的动力装置单独使用时,这种飞行器必须由其他飞行器携带至空中并具有一定速度时,才能将冲压发动机启动后投放。冲压发动机或组合式冲压发动机一般用于导弹和超声速或亚声速靶机上。

1. 冲压发动机的类型

根据燃料的形式,冲压发动机分为固体冲压发动机和液体冲压发动机两大类。

(1) 固体冲压发动机

采用固体燃料的冲压发动机称为固体冲压发动机。冲压发动机采用的固体燃料称为贫氧推进剂,又称富燃料推进剂,是特种固体推进剂的一种,主要特点是氧化剂含量比常规固体火箭推进剂低,作为燃料的黏合剂和添加剂的含量相对较大。表 4.5 所列为各类贫氧推进剂的性能参数。

表 4.5 各类贫氧推进剂的性能参数

贫氧推进剂类别	热值/(MJ·kg^{-1})	密度/(kg·m^{-3})	比冲/(N·S·kg^{-1})
镁贫氧推进剂	20~23	1 600~1 700	6 000~7 000
含硼贫氧推进剂	29~36	1 650~1 700	9 000~10 000
碳氢贫氧推进剂	约 33	约 1050	约 10 000

(2) 液体冲压发动机

采用液体燃料的冲压发动机称为液体冲压发动机。液体冲压发动机采用高密度、高体积热值的烃类液体燃料,与普通喷气燃料相比,能有效提高燃料单位体积的热值,在燃料箱容积一定时,能有效地增加导弹所携燃料的能量,降低发动机的油耗比,从而满足导弹高速和远射程的要求;或在导弹航速和射程不变的情况下,减小发动机燃料箱容积,使导弹小型化,从而提高导弹的机动性和突防能力。

按应用范围划分,冲压发动机分为亚声速、超声速、高超声速三类。

① 亚声速冲压发动机:亚声速冲压发动机使用扩散形进气道和收敛形喷管,以航空煤油为燃料,飞行时增压比不超过 1.89,飞行马赫数小于 0.5 时一般不能正常工作。亚声速冲压发动机用在亚声速航空器上,如亚声速靶机。

② 超声速冲压发动机:超声速冲压发动机采用超声速进气道(燃烧室入口为亚声速气流)和收敛形或收敛扩散形喷管,用航空煤油或烃类燃料。超声速冲压发动机的推进速度为亚声速到 6 倍声速,用于超声速靶机和地对空导弹(一般与固体火箭发动机相配合)。

③ 高超声速冲压发动机:这种发动机燃烧在超声速下进行,使用碳氢燃料或液氢燃料,飞行马赫数高达 5~16。由于超声速冲压发动机的燃烧室入口为亚声速气流,也有将前两类发动机统称为亚声速冲压发动机,而将第三种发动机称为超声速冲压发动机。

目前,冲压发动机主要有三种装备用途:

① 超声速飞机:主要用作歼击机与轰炸机的动力装置。例如正在研究中的冲压式发动机与涡轮喷气发动机组合,后者放在冲压发动机的进气道内。起飞时使用涡轮喷气发动机,冲压发动机在 $Ma=0.4$ 时启动,设计的飞行速度为声速的 4 倍($Ma=4$)。

② 洲际飞航导弹:有一种正在研究中的洲际飞航导弹,其飞行速度约为声速的 3.0~3.5 倍,高度约为 21~24 km,航程大于 8 000 km。

③ 中程近程导弹:在射程从几十千米直到 2 400 km 范围内的中程及近程导弹上目前经常采用冲压发动机。例如有一种装有冲压式发动机的地对地导弹飞行速度 $Ma=3.5$,飞行高度 24 km,航程 2 400 km;另一种空对空导弹从歼击机发射,可以用来攻击轰炸机或其他飞机,速度是声速的 3 倍。

此外,为了训练歼击机及导弹武器射击用的超声速靶机,使用冲压发动机也是非常经济的,因为这种发动机成本比其他发动机要低得多。

2. 超燃冲压发动机

超燃冲压发动机是燃烧室内气流速度为超声速的冲压发动机,适用于马赫数 6~25 的速度范围,是高超声速航空器、跨大气层飞行器和可重复使用空间发射器的推进装置。

经过多年的发展,国外已研究设计过多种超燃冲压发动机的方案,主要包括普通超燃冲压发动机、亚燃/超燃双模态冲压发动机、亚燃/超燃双燃烧式冲压发动机、吸气式预燃室超燃冲压发动机、引射超燃冲压发动机、整体式火箭液体超燃冲压发动机、固体双模态冲压发动机和超燃组合发动机等。其中,双模态冲压发动机和双燃烧室冲压发动机是研究最多的两种类型。

(1) 双模态冲压

亚燃/超燃双模态冲压发动机是指发动机可以亚燃和超燃冲压两种模式工作的发动机。当发动机的飞行马赫数低于 6 时,在超燃冲压发动机的进气道内产生正激波,实现亚声速燃烧;当马赫数大于 6 时,实现超声速燃烧,使超燃冲压发动机的马赫数下限降到 3,扩展了超燃冲压发动机的工作范围。

(2) 双燃烧室冲压

对于采用碳氢燃料的超燃冲压发动机来说,当发动机在马赫数 3~4.5 范围工作时,会发生燃料不易着火的问题。为解决这一问题,人们提出了亚燃/超燃双燃烧室冲压发动机概念。这种发动机的进气道分为两部分:一部分引导部分来流进入亚声速燃烧室,另一部分引导其余来流进入超声速燃烧室。突扩的亚声速燃烧室起超燃燃烧室点火源的作用,使低马赫数下燃料的热量得以有效释放。由于亚燃预燃室以富油方式工作,故不存在亚燃冲压在贫油条件下的燃烧室-进气道不稳定性。这种方案技术风险小,发展费用较低,较适合巡航导弹这种一次性使用的飞行器。

超燃冲压发动机的工作原理如图 4.85 所示,超声速气流进入发动机燃烧室与燃料混合点燃,燃烧后的气流经尾喷管喷出产生推力。

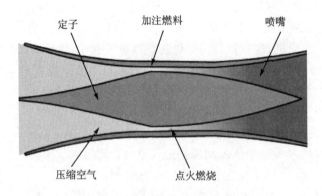

图 4.85 超燃冲压发动机工作原理图

与亚燃冲压相比,前体与进气道可以吸入更多的空气,并使之滞止,提高气流的静压与静温,超燃冲压进气道中没有正激波,气流的滞止在斜激波系中进行。图 4.86(a)所示为发动机模块的结构,图中模块侧壁被剖开以显示模块内部结构。发动机迎面气流经过飞行器下表面,在垂直方向压缩后,进入发动机模块的进气道。模块下方外罩做成楔形板,侧壁是后掠形的,侧壁结构可以在水平方向继续压缩进口空气。随着飞行速度的变化,飞行器的迎角有所改变,楔形的外罩和后掠形的侧壁可以自动调节气流量,并且减少流场进口气流角度的变化。这种几何形状固定的超燃冲压进气道性能,接近于可调式进气道,而且结构简单、质量轻,省略了复杂的进气道面积调节系统。每个模块由四部分组成:顶壁、外壳、侧壁和三个氢喷射支板。两个侧面支板互相对称,弦长是中间支板弦长的3/2,如图4.86(b)所示。支板的堵塞比,即支板横截面积与喉道横截面积之比约为60%,气流在后掠支板处完成最后的压缩过程,后掠支板缩短了进气道的长度。利用后掠支板还可以沿轴向和横向设置许多燃料喷嘴,从而也缩短了燃烧室的长度。

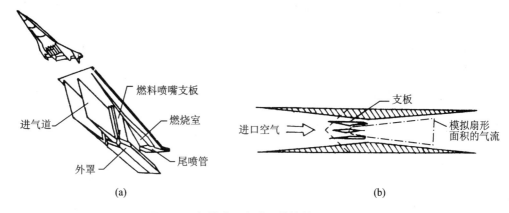

图 4.86 超燃冲压发动机模块简图

燃烧室的作用是把化学能转化为热能。与亚燃冲压不同,超燃冲压燃烧室内没有喷嘴环、预燃室或其他的点火装置,以及火焰稳定器。超燃冲压燃烧室是一个自由通道,在燃烧室内支板壁面,沿发动机轴向和横向设置许多氢气喷嘴,氢气以平行或垂直于超声速气流的方向喷射。当飞行 $Ma>6$ 时,燃烧室进口静温已经超过氢-空气混气的自燃温度,因此氢气从喷嘴中喷射出来以后,就会自动着火、稳定燃烧。

供氢规律应该按照飞行状态设计,尤其在燃烧室进口 Ma 较低时,如果在一个位置上燃料供应过大,将引起流场强烈的扰动甚至热堵塞。理论分析表明,在等截面管中向超声速气流加热,则气流 Ma 降低。若继续增大加热量,则在出口会出现临界状态。为了提高热效率,向气流加入尽可能多的热量,燃烧室面积沿轴向必须扩张,亦即在等截面燃烧室后面连接一个扩张段,以避免继续加热时发生热堵塞。

超燃冲压发动机具有以下特点:

一是超燃冲压发动机具有结构简单、质量轻、成本低、比冲(单位质量流量推进剂产生的推力)高和速度快的优点。与火箭发动机相比,超燃冲压发动机无须携带氧化剂。因此,有效载荷更大,适用于高超声速巡航导弹、高超声速航空器、跨大气层飞行器、可重复使用的空间发射器和单级入轨空天飞机的动力。由于有重要的军事和航空航天应用前景,超燃冲压发动机备受世界各国重视。高昂的试验费用是制约超燃冲压发动机研制的主要因素之一。

二是超燃冲压发动机的缺点是在静止状态下不能自行启动,须用助推方法将其推进到一定速度后才能有效工作,且其低速性能不好。

4.6.4 脉冲爆震发动机

脉冲爆震发动机是利用脉冲爆震波产生的周期性冲量的非定常推进系统。根据自身是否携带大气,可以分为吸气式脉冲爆震发动机和火箭式脉冲爆震发动机。

爆震波的起始可以通过多种方式实现,目前使用较多的分别是直接起爆、缓燃向爆震转变和激波聚焦起爆这三种起爆方式。直接起爆需要一个点火源能够驱动一股足够强劲的爆炸波,使得可燃混合物直接形成爆震波,因此需要很大的点火能量,对于碳氢燃料需要 105 J 以上的能量。DDT 是以相对较低的点火能量使可燃混合物形成缓燃波,缓燃波通过与受激波压缩的反应物、反射激波、固体障碍物等的相互作用加速形成爆震波。而 SDT 则是在特殊来流条件和结构中通过激波之间的聚焦产生局部的高温高压区域来起始爆震波。

脉冲爆震发动机可以分为火箭式脉冲爆震发动机和吸气式脉冲爆震发动机。它们的基本工作过程是相似的,不同的是火箭式脉冲爆震发动机需要自带氧化剂。

脉冲爆震发动机详细的循环过程如下:

① 填充隔离气体,以防止新鲜可燃混合物与燃烧产物接触时过早燃烧。

② 可燃混合物填充过程。爆震室前端封闭的阀门打开,可燃混合气体由此流入管内并到充满爆震室为止,关闭爆震室封闭端。

③ 点火。

④ 爆震波的起爆、形成及其传播过程如图 4.87 所示。在封闭端或其附近点火,点火节奏必须与可燃混合气体的填充时间很好匹配,否则会造成燃料浪费或者降低爆震波强度。被点着的可燃混合气体开始以爆燃形式燃烧,待从封闭端反射回来的一系列压缩波赶上向开口端传播的压缩波后,经不断地加强从而形成稳定的 C-J 爆震波。由于封闭端的法向速度为零,所以爆震波后紧跟着一束膨胀波。

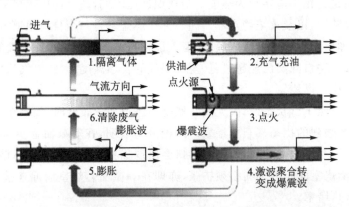

图 4.87 脉冲爆震发动机基本工作过程

⑤ 爆震波从开口端传出,膨胀波反射进爆震室内。当爆震波离开管口时,爆震室内充满了高温、高压燃气,并以很快的速度向外排出,此时在管口不断产生膨胀波并向管内传播。

⑥ 爆震燃烧产物排出。在膨胀波的作用下,经一段时间后,爆震室内气体参数与外界环境气体参数达到平衡。

⑦ 当爆震室内的压力低于燃料空气喷射压力时,以上循环过程重复进行。

纯火箭式脉冲爆震发动机由爆震室、推力壁、燃料氧化剂喷射系统、流量控制系统、增压燃油氧气储存系统、爆震起爆和频率控制系统、辅助电源系统等组成。

相对于其他推进系统,脉冲爆震发动机的最大优点是结构比较简单,而且可成比例地放大或缩小。脉冲爆震发动机不需要压气机对来流进行预压缩,因而也不需要涡轮做功,在起飞时也不需要助推器起飞,极大地降低了结构的复杂性和发动机的研制成本。

由于爆震燃烧过程具有很高的燃烧速度和反应物转换速率，脉冲爆震发动机相对于以缓燃为基础的发动机具备以下潜在优点，其中最重要的一点是它具有更高的热循环效率，这是因为爆震过程非常接近等容燃烧过程。

① 热循环效率高（等压热循环效率为 27%，等容热循环效率为 47%，爆震热循环效率为 49%）。

② 由于没有压气机、涡轮等转动部件，故其结构简单、质量轻、推重比大（大于 20）、比冲大（大于 2 100 s）。

③ 单位燃料消耗率 sfc 低（小于 1 kg/(kg·h)，当飞行马赫数 $Ma=1$ 时，等容循环的 sfc 为等压循环的 36%，爆震循环的 sfc 为等压循环的 29%）。

④ 工作范围宽，可在飞行马赫数 $Ma=0\sim10$、飞行高度 $H=0\sim50$ km 的条件下工作。推力可调，推力范围为 $5\sim500\,000$ N。与冲压发动机不同，它可在地面启动。

⑤ 使用自由来流或机载氧化剂，能分别以吸气式发动机或火箭发动机方式工作。

⑥ 脉动发动机中火焰以亚声速传播，燃烧室压力低，比冲小，单位燃料消耗率较高。而脉冲爆震发动机中爆震波以超声速传播，燃气压力高，比冲大，单位燃料消耗率较低。

⑦ 工作可靠，相对于涡轮喷气发动机，噪声较小。

⑧ 由于采用间隙式循环，壁温不高，故可采用普通的材料；由于无高速旋转部件，加工相对简单，投资不大，故相对容易实现。

脉冲爆震发动机主要用于以下装置或器件：无人驾驶飞机动力装置；靶机、引诱飞机、假想目标、靶弹动力装置；高超声速隐身侦察机动力装置；远程导弹；战略飞机动力装置；微型动力系统；脉冲爆震内燃机。

4.6.5 组合式发动机

组合式发动机就是由两种发动机组合而成的发动机。发展组合发动机的目的在于使飞行器在不同的飞行条件下都能得到良好的推进性能。

通常可用的组合发动机有三种：

① 火箭冲压发动机：用火箭发动机作为冲压发动机的高压燃气发生器，可以在较大的空气燃料比范围内工作，适宜于超声速飞行。

② 涡轮冲压发动机：由涡轮喷气发动机（或涡轮风扇发动机）与冲压发动机组合而成，前者的加力燃烧室同时也是后者的燃烧室。涡轮冲压发动机兼有涡轮喷气发动机在小马赫数时的高效率和冲压发动机在马赫数大于 3 时的优越性能。

③ 涡轮火箭发动机：用火箭发动机作为涡轮喷气发动机的燃气发生器，单位迎面推力大，但耗油率高。

此外，还有液压蒸汽火箭涡轮发动机、带液化空气的火箭涡轮发动机等。

思考题

1. 火箭发动机主要有哪些类型？有什么特点？
2. 简述多电发动机的结构组成。
3. 简述超燃冲压发动机的特点。
4. 简述脉冲爆震发动机的优点与应用方向。

第 5 章　飞行控制系统及地面保障

飞机、航天飞机和宇宙飞船等载人飞行器上的飞行员需要不断了解飞行器的飞行状态、发动机的工作状态和其他分系统（如座舱环境系统、武器系统、供电系统等）的工作状况，以便按飞行计划操纵飞行器完成飞行任务；各类自动控制系统需要检测控制信息，以便实现自动控制。这些都是由机载设备完成的。机载设备是各种测量传感器、各类显示仪表和显示器、导航系统、雷达系统、通信系统、制导系统、自动控制系统、电源电气系统等设备和系统的统称，如图 5.1 所示。

图 5.1　航空机载设备和系统

机载设备将飞行器的各个组成部分连接起来，相当于飞行器的大脑、神经和指挥系统。它能帮助飞行员安全、及时、可靠、精确地操纵飞行器，保障飞行器的各项任务功能、战术技术性能的实现，自动完成预定的飞行任务（如自动导航、自动着陆等），完成某些飞行员无法完成的操纵任务（如高难度的特技飞行动作、危险状态的自动改出等）。

飞行控制系统的功用是保证飞行器的稳定性和操纵性，提高完成任务的能力与飞行品质，增强飞行的安全及减轻驾驶员负担。飞机的飞行控制包括人工操纵和自动控制两种。人工操纵是指驾驶员通过机上机械操纵系统操纵舵面和油门杆来控制飞机的飞行。自动飞行控制系统是对飞机实施自动或半自动控制，协助驾驶员工作或自动控制飞机的飞行姿态，如自动驾驶仪、发动机油门的自动控制、结构模态抑制等。

5.1　机载设备

5.1.1　飞行仪表

飞行仪表主要用于检测飞行参数，即飞行时的线运动参数和角运动参数。这些参数有飞行速度和加速度、飞行高度和升降速度以及飞机姿态角（俯仰角、滚转角和偏航角）。

1. 飞行速度与高度测量

(1) 空速表

飞行速度是指飞机质心运动轨迹切线方向的速度,所选坐标系不同飞机的飞行速度也不同。飞机相对于地球的运动速度有升降速度和地速。升降速度(也称高度变化率)是指飞机质心沿地垂线方向运动的速度分量,测量此速度是为了保证飞机水平飞行;地速是指飞机质心沿地平面方向运动的速度分量,测量此速度是为了执行导航、轰炸、照相等任务。飞机相对于空气的运动速度有侧滑速度和空速。侧滑速度是指飞机在垂直截面内横轴相对于气流的速度;空速是指飞机在纵轴对称平面内相对于气流的运动速度。在无风情况下,空速与地速相等;有风时地速是空速和风速的向量和。空速又分真实空速和指示空速。飞行中了解指示空速主要是为了防止飞机失速,以保证安全飞行。地速可用线加速度积分法和无线电波多普勒效应来测量,空速主要用压力法测量。

图 5.2 为气压式空速表构造示意图,其中表壳内开口膜盒外接的是空速管的静压孔,开口膜盒内接空速管的总压孔。因此,开口膜盒感受的是总压与静压的差,即动压。由伯努利方程可知,动压 $p = \frac{1}{2}\rho v^2$,这样就可以间接得到速度值,通过指针即可读出飞机的空速或马赫数。

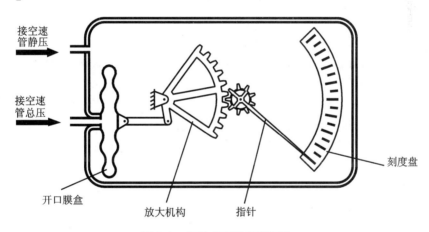

图 5.2 气压式空速表原理图

(2) 飞行高度表

飞行高度是指飞行器质心在空中相对于某一基准平面的垂直距离。按照所选基准平面的不同,飞行高度分为以下 4 种:

① 绝对高度。选择实际海平面为基准面,飞机质心在空中距离实际海平面的垂直距离。

② 相对高度。选择某一指定参考面(例如起飞或着陆机场的地平面)为基准面,飞机的质心在空中距离所选参考面的垂直距离。

③ 真实高度。选择飞机正下方地面目标的最高点且与地平面平行的平面为基准平面,飞机的质心在空中距离此平面的垂直距离。

④ 标准气压高度。选择标准海平面为基准面(国际标准局规定标准海平面的大气压力为 101.325 kPa),飞机的质心在空中距离标准海平面的垂直距离。

飞机在起飞、着陆飞行时需要相对高度;飞机在执行搜索、轰炸、照相和救援等任务时需要真实高度;空中交通管制分层飞行时需要标准气压高度。

飞机上最常用的测高方法有气压测高和无线电测高;此外,还有激光测高、同位素测高和垂直加速度积分测高等测量方法。

(3) 升降速度表

气压式升降速度表的构造原理如图 5.3 所示。静压通过粗细不同的管道分别输入膜盒内外。当飞行高度变化时,开口膜盒内的气压随高度发生变化,而通过毛细管进入膜盒外的气压由于毛细管的阻滞作用,变化缓慢,不能同步,从而形成内外压力差,这个压力差使膜盒变形。高度变化越快,压力差就越大,膜盒变形越大,通过杠杆和齿轮将这种变形放大,并带动指针转动,在刻度盘上指示出高度的变化率,即升降速度。当高度停止变化时,最终膜盒内外达到压力平衡,指针回到零位,指示升降速度为零。

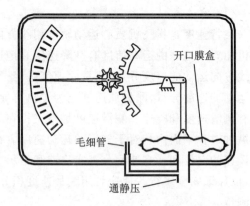

图 5.3 气压式升降速度表

(4) 大气数据系统

现代飞行器的飞行控制系统、发动机控制系统、导航系统、火控系统、空中交通管制系统和仪表显示系统等需要准确的静压、动压、温度、高度、高度变化率、高度偏差、指示空速、真实速度、马赫数、马赫数变化率、空气密度等信息,而上述这些参数只是空气总压、静压、总温的函数,如果靠分立的传感器和测量系统各自提供这些信息,不仅增加体积、质量、成本,而且不便于维护,也不利于提高这些信息的测量精度。

由于上述大气数据信息可由静压、动压和总温三个参数计算出来,所以由静压、动压和总温传感器提供的原始信息,再加上一些修正用的传感器信息(如迎角、侧滑角),经解算装置或计算机的运算而得到大量大气数据信息的系统叫大气数据系统,也叫大气数据计算机系统。目前高性能飞机、航天飞机等飞行器均采用数字式大气数据系统。

从数字式大气数据系统的原理图(图 5.4)可知,它是由总温传感器、总压和静压传感器、迎角传感器、输入接口、数字计算机、输出接口和显示器几部分组成。

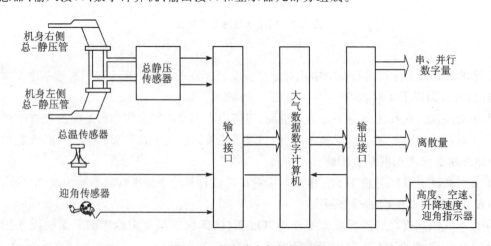

图 5.4 数字式大气数据系统

总压、静压传感器感受来自机身左右两侧总-静压管或机头总-静压管的总压、静压;总温由类似电阻式温度传感器(探头)的总温传感器提供;迎角传感器(不一定每个飞机的大气数据系统都有)提供静压误差修正信息,有的大气数据系统还考虑侧滑角对静压误差的修正信息。这些传感器的输出信息均传输到输入接口。目前在数字式大气数据系统中应用的总压、静压传感器是压阻式或谐振式压力传感器。前者输出与总压、静压成一定函数关系的电压信号,后者输出与总压、静压成一定函数关系的频率(或周期)信号。测温电路将总温传感器输出的总温信号转换为电压信号。

输入接口由多路转换器、模-数转换器或频率-数字转换器组成,将各类传感器输出的电压或频率信息转换成数字计算机所需的数字信号。数字计算机在程序存储器编排好的程序指令指引下,完成大气数据的计算,并协调控制整个大气数据系统的工作。

输出接口将数字计算机的计算结果转换成各机载系统所需大气数据信息要求格式的串、并行数字信号、离散信号和模拟信号,由高度、真实空速、马赫数等专用显示器或电子综合显示器显示大气数据信息。

为了提高大气数据系统的可靠性,在飞机、航天飞机上均装有多套大气数据系统,而气压式高度表、空速表、马赫数表作应急仪表用。空间飞行的航天器,因飞行环境接近真空,故不用上述方法测量高度和速度;但航天器返回大气层飞行时,还是采用这种方法测量高度和速度。

2. 飞行姿态角的测量

飞行姿态是飞行中飞行器机体轴相对于地面的角位置,是相对于地球坐标系的,与气流方向无关。通常用三个角度 α, β 和 γ 来表示,如图 5.5 所示。

① 俯仰角 α。飞机机体纵轴与水平面的夹角。
② 偏航角 β。飞机机体纵轴在水平面上的投影与该面上参数线之间的夹角。
③ 滚转角 γ。飞机对称平面与通过飞机机体纵轴的铅垂平面间的夹角。

姿态角的测量是由陀螺仪及陀螺仪与其他测量传感器组成的仪表来完成的,飞行员可操纵驾驶杆(盘)和脚蹬改变飞行姿态,并由飞行仪表上的指示判定它们。

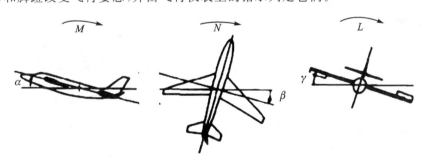

图 5.5 飞行姿态角 α, β 和 γ

(1) 陀螺仪

陀螺仪不仅在航空器和航天器上得到了广泛应用,在船舶、导弹和运载火箭上的应用也非常广泛。陀螺仪分为机械陀螺、静电陀螺和激光陀螺等多种类型。下面以机械陀螺为例介绍其基本特性。

简单的陀螺在飞行器上并没有实用价值。将有一定惯性质量高速旋转的转子安装在有一个或两个自由度的支架上(内环和外环),使陀螺的转轴具有一个或两个自由度,就构成了一个陀螺仪。图 5.6 所示为一种典型的双自由度陀螺仪,其中转子的转轴、内环轴和外环轴相交于一点,这个点称为陀螺的支点,陀螺可以绕这个支点作任意转动。

高速旋转的陀螺转子的重要物理特性如下:

① 定轴性。定轴性是指高速旋转的转子具有维持其转轴在惯性空间内方向不变的特性,如图5.7所示。将陀螺仪的底座固定在飞行器上,随飞行器一起运动,而陀螺的转子由于其定轴性则保持方向不变,通过测量转子轴和基座之间的夹角就可以得到飞行器的姿态角。

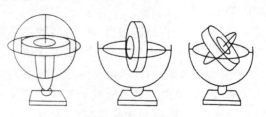

(a) 陀螺静止时轴线方向易改变

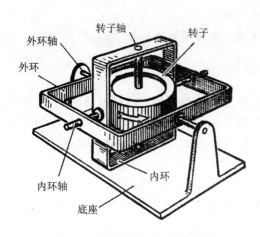

图5.6 陀螺的基本构造示意图

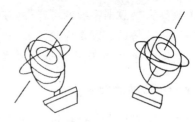

(b) 陀螺运动时轴线方向保持不变

图5.7 陀螺的定轴性

② 进动性。进动性是指当转子受到外力矩的作用(如图5.8所示,根据右手法则,由 G 产生的力矩矢量为图中 M 的方向),转子的转轴并未向 G 的方向转动,而是力图使转子转动矢量以最短路径向外力矩矢量靠近,即 H 靠向 M。这时陀螺并没有从支架上掉下来,而是以一定的角速度绕垂直轴线转动,且其转动角速度方向与外力矩作用方向互相垂直,这种转动称为进动。

1) 陀螺地平仪

陀螺地平仪是指示飞机倾斜角和俯仰角的飞行姿态仪表。它利用陀螺的定轴性创造了一个始终保持水平状态的人工地平线标记。这个标记和

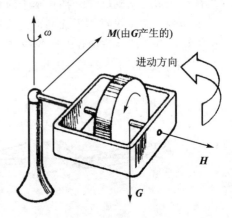

图5.8 陀螺的进动

陀螺的旋转平面一致,始终平行于地面;而仪表上的小飞机标记,则随飞机而动。飞机倾斜时,小飞机也倾斜,但旋转平面人工地平线始终保持不变,即可测出飞机的倾斜角和倾斜方向,如图5.9所示。

2) 航向陀螺仪

利用陀螺的定轴性来测量飞机的航向和转弯角度,如将陀螺轴对准磁北极,即可测出飞机的磁航向,故又称陀螺半罗盘。但它不能主动对准磁北极,须与磁罗盘配合使用,将它与磁罗盘进行组合就成为目前常用的陀螺磁罗盘。其工作原理如图5.10所示。

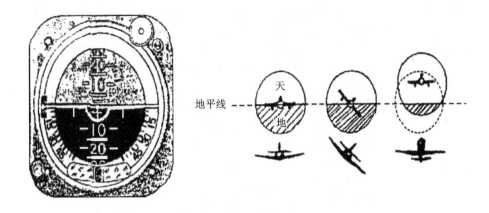

图 5.9 陀螺地平仪指示器

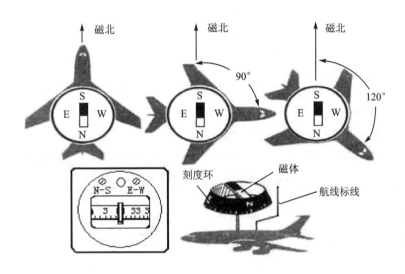

图 5.10 陀螺磁罗盘工作原理

3) 航向姿态系统

航向姿态系统是一种测量、显示飞机航向角、俯仰角和滚转角的飞行仪表,由全姿态陀螺仪、磁航向传感器(或天文罗盘)和全姿态指示器组成,如图 5.11 所示。

全姿态陀螺仪主要由航向陀螺和垂直陀螺(一种陀螺地平仪)组成。这两个陀螺仪均装在随动环内,在飞机机动飞行时既能使航向陀螺的外环轴始终保持在地垂线方向上,又能使垂直陀螺的转了轴和外环轴始终保持正交,以保证全姿态陀螺仪提供正确的航向、俯仰、倾侧姿态信息。

全姿态指示器是航向姿态系统的显示器,综合显示飞机的航向角、俯仰角和倾侧角。显示部分主要由球形刻度盘、小飞机标志和刻度指标等组成。球形刻度盘上有经线和纬线。经线上有航向刻度,纬线上有俯仰刻度。刻度盘上半球涂成浅色,以示天空;下半球涂成深色,以示地面。上、下半球之间的分界线是人工地平线。小飞机标志固定在表壳上。全姿态陀螺仪输出的航向角、俯仰角和倾侧角信号通过全姿态指示器内的三套伺服系统使球形刻度盘和倾侧指标转动。飞机全姿态以小飞机标志的中点作为判读点,由相对于刻度盘经线的位置读取航向角;由相对于刻度盘纬线的位置读取俯仰角;根据倾侧指标相对于壳体面板上倾侧刻度的位置读取倾侧角。此外,指示器还接受速率陀螺输出的飞机转弯速率信号,根据转弯指标相对于转弯刻度的位置判

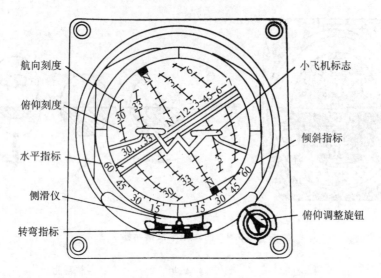

图 5.11 全姿态显示器

读飞机有无转弯、转弯方向和速率大小;根据侧滑仪判读飞机有无侧滑。用面板上的俯仰调整旋钮可以适当调整球形刻度盘相对小飞机标志的俯仰角度。航向姿态系统的航向角信号由全姿态陀螺仪中航向陀螺仪测量轴上的同步器提供;俯仰角信号由全姿态陀螺仪中垂直陀螺仪与倾侧随动环间的同步器提供;倾侧角信号由倾侧随动环与壳体之间的同步器提供。

20 世纪 70 年代后期出现的航向姿态系统,采用惯性导航技术中的捷联惯性测量装置来给出飞机的航向角和姿态角信息。新的系统具有质量轻、精度高、工作可靠性高等优点,在与其他导航系统组合时,还可输出多种精确的导航信息。

4) 转弯倾斜仪

转弯倾斜仪由转弯仪和侧滑仪组合而成,其中转弯仪就是利用陀螺进动性原理构成的。当飞机转弯时,飞机带着陀螺偏转,等于给陀螺加了个外力矩,陀螺就会进动,使陀螺翻转,从而带动指针偏转,指示出飞机转弯的方向和速率。图 5.12 给出飞机在转弯时陀螺受到左转力矩的作用,力矩矢量 M 向上,自转矢量 Ω 就会向 M 矢量进动,引起陀螺向右翻转,带动指针向左偏转,指示飞机正在左转弯。指针偏转的角度则代表转弯快慢的程度,即盘旋的角速度。

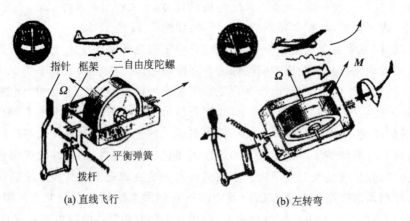

图 5.12 转弯仪的工作原理

（2）惯性仪表

惯性仪表的工作原理是利用重物的惯性测量机动飞行的程度，也就是测量飞机的加速度。

1）测滑仪

测滑仪用来测量飞机转弯时有无侧滑现象，并判定侧滑方向，如图 5.13 所示。当飞机作正确盘旋转弯时，作用在小球上的重力和惯性离心力的合力方向与飞机竖轴一致，小球在玻璃管中间不动；一旦飞机产生侧滑，合力方向与竖轴不一致，小球在侧向惯性力的作用下向侧滑方向偏转，从小球的位置即可判别飞机有无侧滑及侧滑方向。

2）载荷因素表

载荷因素表的工作原理是飞机作机动飞行时，重锤在惯性力的作用下产生偏转，带动指针拽出飞机所受载荷因素的大小，也就是受到过载的程度，也称过载表，如图 5.14 所示。过载反映重力加速度，又称加速度表。电子加速度计则将重物的位移量通过电位计，把加速度信号转换为电信号再输入到显示屏。

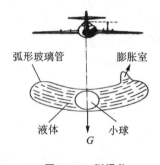

图 5.13 侧滑仪

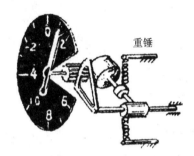

图 5.14 载荷因素表

5.1.2 发动机仪表

用来测量和检查发动机工作状态的仪表包括温度表、压力表、油量表、转速表等。发动机远离座舱，装在发动机或油箱上的传感器只有通过电信号传输才能在座舱仪表板上显示。各种仪表上的传感器不尽相同，但指示器原理相似，都是通过线圈或磁铁在磁场内的转动来带动指针指示。传感器的工作原理，将在下列仪表中分别介绍。

1. 排气温度表

排气温度表是利用热电偶测温的。它根据双金属片组成的热电偶在测温时会产生温差电势，使线圈带电后在磁场中转动的原理实现测温，如图 5.15 所示。

2. 滑油压力表

滑油压力表是利用膜盒测油压，电流比值改变，从而改变了线圈磁场方向，使带指针的小磁铁相应转动，如图 5.16 所示。

3. 油量表

油量表与压力表原理相同，仅传感器是由浮子带动电刷来改变电阻值的，如图 5.17 所示。

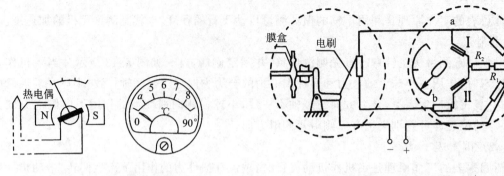

图 5.15 排气温度表　　　　　图 5.16 滑油压力表

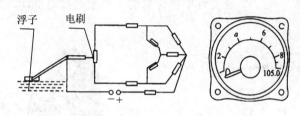

图 5.17 电动式油量表

4. 转速表

利用同步电机将发动机涡轮转速传给指示器中的磁铁,然后应用涡流电动原理将转速换成电磁力矩,使涡流片与指针同向转动,经游丝的反作用力短平衡后,即指出相应的发动机转速,如图 5.18 所示。

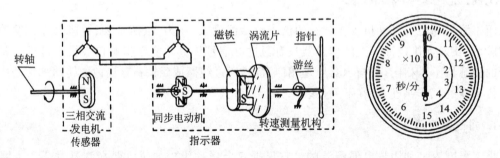

图 5.18 转速表工作原理图

5.1.3 辅助仪表

辅助仪表用来测量和显示航空器辅助系统的工作状态,主要包括航空时钟、飞行记录器、飞行综合数据处理和显示系统等。

1. 航空时钟

航空时钟用于测量和显示时间,测量和显示当前时刻和续航时间等,分为机械航空时钟和电子航空时钟两类,如图 5.19 所示。电子航空时钟可以连续显示格林尼治时间(GMT),也可以按需要显示续航时间和精确计时时间。

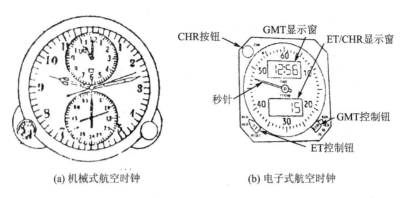

(a) 机械式航空时钟　　　　　　(b) 电子式航空时钟

图 5.19　航空时钟

2. 飞行记录器

飞行记录器是一种用于记录各种飞行信息的机载自动记录设备,又称为飞行数据记录器(俗称黑匣子)。飞行记录器所记录的信息主要用于事故分析、视情维修、飞行试验。飞行记录器有刻箔式、光学示波器式、摄影式、磁带式、数字式等。飞行记录器按用途不同分为飞行参数记录器、机舱话音记录器、飞行综合数据记录器等。

飞行参数记录器实际上是一种数据采集与处理系统,通常由三个主要部分组成,即输入部分、信号变换部分和输出部分。飞行参数记录器可以记录航空器在发生重大事件前约 25 h 内的气压高度、指示空速、航向、垂直加速度、航班日期、与地面通话次数等重要参数。飞行参数记录器的工作是自动接通和自动断开的,一般由前起落架终点电门控制。飞机离地且收起起落架后,终点电门接通系统电源,系统开始工作;飞机着陆时前起落架放下后,终点电门断开系统电源,系统停止工作。

机舱话音记录器主要用于记录机组人员和地面人员的通话、机组人员之间的对话以及驾驶舱内出现的各种音响(包括飞机发动机的运转声音)等。它的工作原理类似普通磁带录音机,并且总是记录最近 30 min 内的各种声音。

飞行综合数据记录器需要记录的参数很多,主要有飞行参数、发动机参数、通信和无线电导航及仪表着陆参数、液压系统参数、灭火系统参数等。数字式飞行综合数据记录器具有足够的记录和保持数据的能力,可以提供飞机坠毁后保存下来的关于坠毁事故发生前一段时间内的特定飞行参数的记录,其数据保持时间至少为 25 h。

3. 电子综合显示器

随着航空器性能的不断提高,航空器上的仪表显示器数量也迅速增加,有些航空器上的仪表显示器甚至多达百种。这样不仅使座舱仪表板拥挤不堪,同时也增加了飞行员搜索所需参数、进行综合判断的困难,甚至由此造成操纵不及时而发生飞行事故。因此,从 20 世纪 30 年代开始就陆续出现了各式各样的综合仪表,便于飞行员集中观察。电子综合显示器就是这种要求的产物。

电子综合显示器主要包括飞行参数综合显示器、导航参数综合显示器、多功能显示器、地图显示器等。这些显示器以数字、符号、线段和图形等形式,按照预定的排列规律,将飞行员当时所需要的一组信息在显示屏幕上同时显示出来,如图 5.20 所示。

电子综合显示器一般包括三个基本组成部分,即显示电路、显示器件和电源。显示电路输入

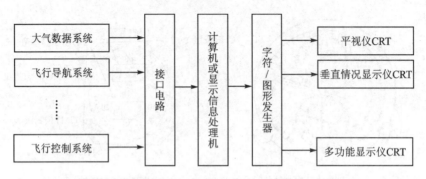

图 5.20　电子综合显示器组合框图

需要显示的参数信号,经过处理形成控制显示器件工作的显示信号;显示器件则是将显示信号(电信号)换成相应的光信号,显示出参数信息的图像,供观察人员观察。在电子综合显示器上采用阴极射线管(CRT)和平板显示器作为显示器件,目前平板显示器发展很快。

中央屏幕系统就是一种电子综合显示器,近年来已在军用飞机和大、中型民用飞机上得到广泛应用。中央屏幕指示系统只用少量的 CRT 显示器就能将飞机的许多重要参数综合显示出来,对实现驾驶舱设备的高效率起到了重要的作用,如图 5.21 所示。

图 5.21　有中央屏幕系统的现代大型客机驾驶舱布局

5.1.4　其他机载设备

1. 雷达设备

雷达(radio detection and ranging,Radar)是利用无线电波发现目标并测定其位置的设备,通常指以脉冲技术进行工作的无线电系统,这种系统的无线电脉冲由发射机发射。

(1) 雷达分类

雷达按照接收回波的方式可分为一次雷达和二次雷达。若所发射的脉冲由具有反射特性的物体反射回接收机,则称为一次雷达;若所发射的脉冲触发远处的发射机,使其将应答脉冲发回原处,则称为二次雷达,如图 5.22 所示。一次雷达由发射机发射一束信号,然后再接收其中由目标反射回来的一小部分信号,并利用这部分反射信号测定目标的高度、速度、航向等;二次雷达首先向航空器发射无线电信号,然后由航空器的应答机在约定的精确时间间隔内向二次雷达发射返回信号,利用返回信号可得到航空器的相关信息。

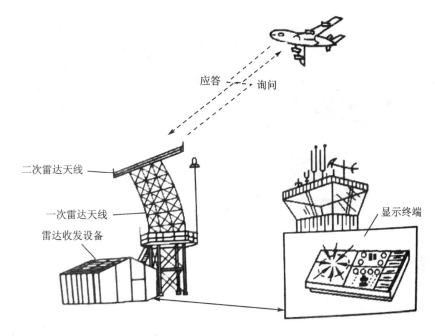

图 5.22 一次雷达与二次雷达

雷达按照工作信号的不同可分为脉冲雷达和连续波雷达。脉冲雷达断续地发射脉冲信号,利用发射脉冲同回波信号之间的间隔时间来测定目标的距离和方位,如气象雷达。连续波雷达(通常指调频雷达)发射连续的无线电信号,其工作频率按照某一规律周期性改变,由于存在时间差,调频雷达接收到的回波信号的频率总是不同于当时发射信号的频率。目标距离近,发射信号和回波信号的频率差小;目标距离远,频率差就大。因此,只要计算出发射信号和回波信号的频率差,就可知道目标的距离,如无线电高度表。

雷达天线如图 5.23 所示。

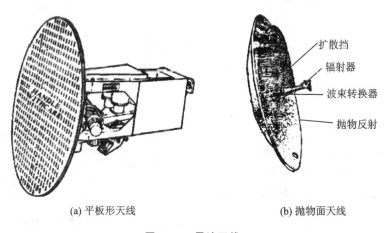

(a) 平板形天线　　　　(b) 抛物面天线

图 5.23 雷达天线

(2) 雷达工作原理

目标的空间位置可以用多种坐标来表示,最为简便的是采用极坐标,如图 5.24 所示。

目标 A 的空间位置可用斜距 γ、方位角 β 和仰角 ε 三个量(或表示为方位角 β、水平距离 D 和高度 H 三个量)。

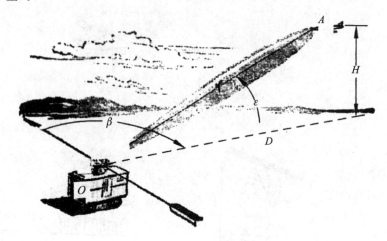

图 5.24　目标空间位置的确定

雷达通常采用方向性很强的旋转天线发射很窄的波束,波束照射到目标时,雷达就能收到回波,回波最强时天线的指向也就是目标 A 的方向。此时,天线旋转的角度就是方位角 β,天线上仰的角度就是仰角 ε,斜距可以根据雷达发射信号和接收信号的时间间隔 t 算出($2\gamma = ct$,c 为光速)。

(3) 机载雷达的用途

机载雷达是指航空器自身携带的雷达设备,一般由天线、发射机、接收机、数字信号处理机和计算机等组成。机载雷达设备种类繁多,如机载预警雷达、机载攻击雷达、机载气象雷达、机载多普勒导航雷达、机载自动着陆雷达、机载测高雷达等。

航空器利用机载雷达可以探测飞机、舰艇、导弹以及其他军事目标,并依靠雷达引导航空武器对目标进行攻击,机载雷达也因此被誉为"空中鹰眼"。在现代战争中,人们不仅关心航空器的传统性能(飞行速度、飞行高度、续航性能、机动性能、载弹量等),而且尤其关注机载雷达性能的优劣。例如,超视距作战中,如果我方的导弹制导雷达的作用距离大,就可能抢在敌机之前发射导弹将其摧毁。

除了军事用途外,雷达在交通运输上可以用来为飞机、舰船导航,在天文学上可用来研究星体,在气象上可以用来探测台风、雷雨、乌云团等,如图 5.25 所示。

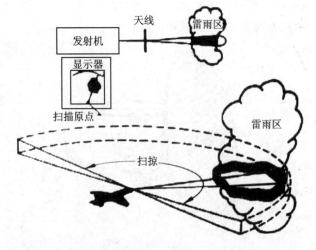

图 5.25　机载雷达天线波束扫掠得到的雷雨区平面位置图形

2. 通信设备

任何航空器在空中飞行时都必须进行"空对空"和"空对地"的联络,实现这种联络的工具就是航空器的无线电通信设备。在大型飞机上,往往还装备有"机内有线通信系统"。航空无线电通信设备大体可分为民航通信设备和军航通信设备两大类。

(1) 民航通信设备

按照国际民航组织(ICAO)的统一规定,民用通信设备主要使用甚高频波段的调幅电台,其无线电频率限制在 118~135.975 MHz 范围内,每隔 25 MHz 为一个频道,共设置 720 个频道,供不同情况下选用。机场上空的进场和离场管制、地面调度管理和空中交通管制所使用的频道也包括在 118~135.975 MHz 内。全世界统一规定空中和海上遇难时的求援频道为 121.500 MHz。

甚高频范围内(118~135 MHz)的无线电波只能实现直线通信,通信距离不能超出地平线的范围。为了实现远距离通信,有些民用飞机上还加装了短波电台(频率范围 2~30 MHz 内或更低),因为短波无线电信号可以利用电离层反射到远方的地面,如图 5.26 所示。

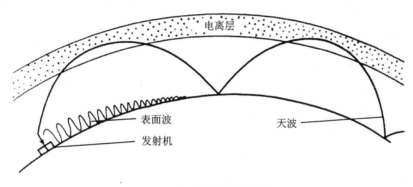

图 5.26 短波电波的传播过程

(2) 军航通信设备

按照设在瑞士的国际无线电频率管理委员会的规定,军航通信设备的无线电频率主要安排在甚高频波段 225~400 MHz 内,频道间隔为 25 kHz,共 7 000 个频道。我国的军用航空通信电台以前承袭苏联的老式设备,工作频率在民航通信范围的附近,受民航业务和电视业务的干扰很大。目前,我国的军航通信频率正逐步向国际通用标准转化和更新。军航通信电台的工作模式是双工的,即双方可同时收发信号。

3. 电气设备

机载电气设备包括电源、配电设备和用电设备三个部分。电源是产生并供给电能的装置,配电设备用于传输和分配电能,用电设备用于将电能转换为其他能量(光能、机械能等)。

(1) 电 源

航空器的电源一般由主电源、二次电源和应急电源组成。主电源是航空器全部电能的来源,其发电机由主发动机带动工作,如图 5.27 所示。二次电源是变换主电源的电压、电流或频率的电源设备,如变压器、变流器等;应急电源是一个独立的电源设备(如蓄电池),当主电源不能提供足够的功率时(或主电源失效时),应急电源向航空器上的重要用电设备供电。

与其他能源比较,电能有许多突出的优点:容易变换为其他形式的能量;传输简单,容易实现操作过程的自动化;设备质量轻,占用空间小。

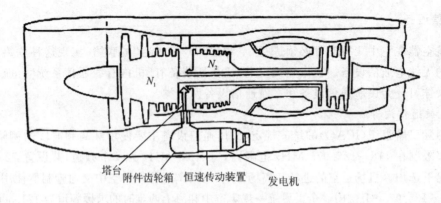

图 5.27　飞机上的主电源发电机

(2) 配电设备

配电设备是电源与用电设备之间的中间连接设备，主要组成部分包括电网、配电器具(各种开关等)、电流和电压的检测仪表、安全保护器具(熔断器等)、电网滤波器(防止无线电干扰)、安装联络设备(配电控制板、插头座等)。

(3) 用电设备

随着航空器性能和自动化程度的不断提高，各种用电设备也相应发展起来。现代航空器上的用电设备包括无线电设备(雷达、导航、通信设备等)、自动控制设备(自动驾驶仪等)、各种电力传动机构、灯光照明设备、座舱温度调节设备、防冰加热设备等。

电力传动机构利用电动机或电磁铁将电能转变为动能，经过输出装置(齿轮、连杆等)带动部件工作，简称电动机构。现代航空器需要操纵的机构太多，不可能由飞行员一个人承担，因此广泛应用电动机构。常见的电动机构有电力启动机(用于启动发动机)、调整片操纵机构、电动油泵、电动绞车、活动式着陆灯传动机构、水平尾翼应急电动机构等。

现代飞机安装了大量的电加热元件用来防止飞机结冰和提高机体温度，以便保证飞机的气动外形和飞机部件的正常工作，同时也是为了给飞行员和乘客提供良好的驾乘环境。例如，机翼前缘、发动机进气道、风挡玻璃的防冰和座舱、飞行服和食品的加热等。

灯光照明设备用于航空器内部和航空器外部的照明。航空器内部的照明包括座舱照明、客舱照明、仪表显示等；航空器外部的照明包括着陆灯、滑行灯、航行灯、编队灯和防撞灯等，如图 5.28 所示。

4. 生命保障设备

(1) 气密座舱

随着航空器飞行高度的增加，空气越来越稀薄，压力越来越小，温度越来越低，这些变化都可能威胁航空器上人员的生命安全。高空大气条件对人体的生理影响主要包括压力和温度的影响。

随着高度的增加，由于大气变得很稀薄，人不能吸入足够的氧气供细胞和组织使用，从而发生高空缺氧。生理研究指出，在海平面 3 000 m 以上时，人体就将出现不同程度的缺氧症状。随着高度的增加，外界空气压力会减小到很低，人体内某些封闭腔和半封闭腔(如耳朵、肠胃)会产生疼痛的感觉。空气压力的下降还会导致体液的沸点降低，高度大于 19 000 m 时，人的一切体液(血液、组织液等)都会发生气化或产生气泡，浑身出现浮肿，这种现象叫作"体液沸腾"。

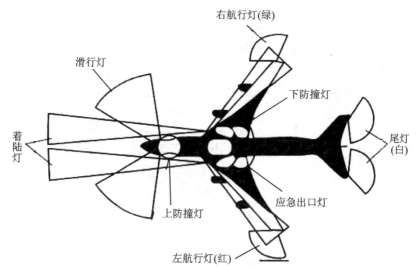

图 5.28 飞机上的机外照明设备

随着高度的增加,大气温度也会下降,在 11 000 m 以上的高空,空气温度一般为 −56 ℃。这么低的温度会使飞行员丧失工作能力,或者使乘客冻伤甚至冻死;而飞机高速飞行时将产生"气动加热"现象,导致飞行员头痛中暑,丧失工作能力。

为了避免上述恶劣情况的发生,飞机采用了气密座舱。气密座舱是采用气密性良好的座舱结构,使舱内与外界大气隔开。气密座舱具有增压空气源,以保证高空飞行时座舱内的空气压力高于舱外大气压力,这样既可以使乘员有足够的氧气,又可以避免低压导致的各种疼痛以及"体液沸腾"。气密座舱还可以控制舱内的空气温度,使其处在适宜范围内。

(2) 个体防护设备

个体防护设备是指在各种有害的环境条件下提高飞行员生存能力的装备,通常包括供氧装备、抗荷设备、海上救生设备等。

供氧装备(又称氧气设备)是高空飞行或弹射救生时供给飞行员氧气的系统和附件的总称,一般由氧气源、调节附件、供气面具、加压服等组成,如图 5.29 所示。氧气源是储存或产生氧气的装置,包括氧气瓶、液氧转换器、化学产氧器和电化学产氧器等;调节附件是调节氧气压力、流量和浓度的装置,如减压器、氧气调节器等;供氧面具包括供氧面罩、加压头盔等。

抗荷设备用于提高飞行员承受过载的能力,一般由气源、气滤、抗荷调压器、抗荷服和信号装置组成。飞机做转弯、盘旋、筋斗等机动飞行时,飞行员会受到很大的正向过载作用,导致飞行员四肢沉重、心跳加快、头部血压下降、产生各种生理机能障碍(如黑视或晕厥)。为了提高飞行员承受正向过载的能力,必须采用抗荷设备。

(3) 救生设备

救生设备的作用是在飞机失事的情况下,保证飞行员顺利离开飞机并安全着陆。救生设备主要包括降落伞和弹射座椅。

飞机最早使用的救生设备是降落伞。在紧急情况下,飞行员从座舱侧边爬出,然后自动或手动打开降落伞实现安全着陆。但是当飞行速度很大(400 km/h 以上)时,飞行员靠体力爬出座舱进行跳伞已不可能,因为气流压力太大,飞行员靠体力很难克服,即使顺利地爬出了飞机,也容易被高速气流吹向机体(如尾翼)造成碰撞。

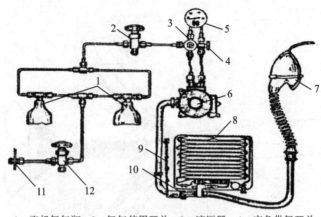

1—飞机氧气瓶；2—氧气使用开关；3—液压器；4—应急供氧开关；
5—压力表及示流器；6—调节器；7—面罩；8—降落伞氧气设备；
9—链条；10—钢丝插销；11—充氧开关；12—充氧接头

图 5.29 飞行员加压供氧设备

为了帮助飞行员在高速飞行中安全逃离，第二次世界大战末期出现了弹射座椅。弹射救生过程一般如下：当飞行员紧急离机时，首先抛掉座舱盖，然后操纵点火器使弹射座椅工作；弹射座椅和飞行员弹射出舱后，经过一定时间的稳定减速，安全带解开，人椅分离；下降到一定高度后，自动或手动拉开降落伞；飞行员安全着陆后，使用应急物品生存和求救，最后安全返回，如图 5.30 所示。

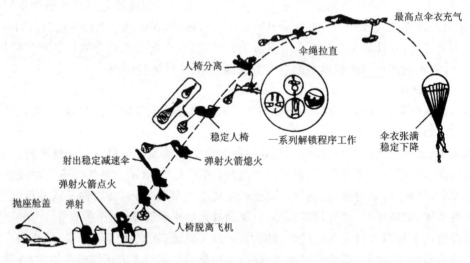

图 5.30 弹射救生过程

思考题

1. 飞行器机载设备的主要作用是什么？
2. 飞行器飞行时需要测量哪些参数？
3. 气压式高度表如何测量绝对高度、相对高度？
4. 怎样提高大气数据系统测量飞行高度、飞行速度等参数的精度？
5. 在陀螺地平仪和航向陀螺仪中如何利用陀螺仪的两个特性来测量姿态角？
6. 电子综合显示器为什么容易实现综合显示？

5.2 飞行控制系统

5.2.1 飞行控制系统概述

1. 飞行控制系统的功用

自飞机诞生以来,驾驶员主要通过机械操纵系统操纵相应舵面对飞机进行控制。随着飞行任务的不断复杂化,不仅要求飞机的飞行距离远、高度高,而且还要求有良好的操纵品质。为了改善飞机的操纵品质,解除驾驶员在长距离飞行中的疲劳,使其集中精力完成飞行任务,飞行控制系统应运而生。

飞行控制系统的主要作用有两点:一是实现飞机的自动飞行,二是改善飞机的性能。

1) 实现飞机的自动飞行

飞机的自动飞行控制就是利用一套专门的系统,在无人参与的条件下,自动操纵飞机按规定的姿态和航迹飞行;通常可实现对飞机的三轴姿态角及飞机三个方向空间位置的自动控制和稳定。例如,对于完全无人驾驶的飞行器(无人机或导弹等),实现完全的飞行控制。

对有人驾驶的飞机(如民用客机或军用飞机),虽然有人参与驾驶,但在某些飞行阶段(如巡航等),驾驶员可以不直接参与操纵,而由飞行控制系统实现对飞机飞行的自动控制,但驾驶员应完成对自动飞行指令的设置和监督自动飞行的进行,并可以随时切断自动控制而实现人工驾驶。采用自动驾驶的好处主要如下:

① 长距离飞行时解除驾驶员的疲劳,减轻驾驶员的工作负担;

② 在一些坏天气或复杂的环境下,驾驶员难于精确控制飞机姿态和航迹,自动飞行控制系统可以实现对飞机姿态和航迹的精确控制;

③ 有一些飞行操纵任务,驾驶员难于精确完成,如进场着陆,采用飞行控制则可以较好地完成这些任务。

2) 改善飞机的性能

一般来说,飞机的性能和飞行品质是由飞机本身的气动特性和发动机特性决定的。但随着飞机飞行高度及速度的增加,飞机的自身特性将会被破坏。如飞机在高空飞行时,由于空气稀薄,飞机的阻尼特性变差,致使飞机角运动产生严重的摆动,靠驾驶员人工操纵将会很困难。此外,设计飞机时,为了减小质量和阻力,提高有用升力,常将飞机设计成静不稳定的。对于这种静不稳定的飞机,驾驶员是难于操纵的。为了解决这类问题,使阻尼特性不好的飞机变好,现代飞机上常用增稳系统或阻尼器系统来实现。这种系统也是一种控制系统,但不是用来实现飞机的自动飞行控制,而是用来改善飞机的某些特性,实现所要求的飞行品质和飞行特性的。这种系统虽然不能实现飞行自动控制,但仍用于飞行控制,是飞机飞行不可缺少的组成部分。

2. 飞机飞行控制的发展

早期的飞机,功能简单,性能较低,由人工操纵即可完成飞行。随着航空技术的发展和飞机性能的提高,人工操纵产生了很多困难,因而要求实现飞机飞行的自动控制。

1912年,美国的爱莫尔·斯派雷和他的儿子制成了世界上第一套自动驾驶仪。该驾驶仪的作动器由压缩空气驱动,用于测量飞机姿态角的陀螺也是气动的。该系统仅用来保持飞机平飞时的俯仰角和滚转角的稳定。现代典型自动飞行控制系统的发展是在第二次世界大战期间。当时，由于战争需要长距离的飞行，美国研制了功能完善的C-1电气式自动驾驶仪，可实现飞机的三姿态稳定。在二战后期，德国研制了无人驾驶的飞行器——导弹（如V-1飞航式导弹、V-2弹道导弹）。在这种自动飞行的飞行器上，自动驾驶仪不仅用来稳定导弹的姿态，而且还与飞机上其他装置相配合控制飞机的航迹（如定高、自动下滑等）。第二次世界大战后，自动飞行获得了较大的发展。自动驾驶仪与飞机上其他航空电子设备相耦合，实现了飞机航迹的自动控制。1947年9月美国C-54飞机完成了跨大西洋不着陆的自动飞行，从起飞到着陆实现了全过程的自动化。

随着飞机飞行速度的增加，飞行包线扩大，飞机自身特性变差，所以20世纪五六十年代以后，阻尼器系统、增稳系统和控制增稳系统开始用于飞机的飞行控制，使飞行控制系统的功能从单纯实现自动飞行逐步发展到改善飞机的性能和飞行品质。特别是随着微电子和计算机技术的发展，在控制增稳系统的基础上发展了电传操纵FBW（fly by wire）系统，并在一些军用飞机以及大型民用飞机上取消了机械操纵系统。

由于科学技术的发展和客观上的需要，对飞机的性能要求越来越高，因此在飞机总体设计时，只考虑气动布局、飞机结构以及发动机的协调配合已无法解决它们之间的矛盾，并且很难设计出期望性能的飞机。20世纪70年代以来提出和发展的主动控制技术ACT（Active Control Technology），在飞机设计初始阶段就考虑了飞行控制系统，实现了飞机气动布局、飞机结构设计、发动机选型和飞行控制四个方面的协调配合，并保证使飞机获得最佳飞行性能，实现一些非常规的机动。自动控制技术不仅在军用飞机上获得了广泛应用，而且从20世纪80年代开始在民用客机上也得到了应用。

此外，由于对飞机的要求日益提高，现在飞机上已安装有多种系统。20世纪80年代以后，这些系统被逐步综合起来，实现了综合化管理，形成了综合控制技术。采用这种技术，可使飞机的性能进一步提高，减少设备和维护工作量，减轻驾驶员的工作负担。目前，世界上一些先进的军用飞机，已开始实现飞行控制与火力控制的综合、飞行控制与推进控制的综合，进而实现飞行/推进/火力控制系统的综合，以使各系统协同工作，更好地完成各种飞行任务。在综合和控制技术发展的基础上，航空工业技术先进的国家继续军机的战术任务飞行管理系统的研究，并力争在新一代飞机上加以应用。战术任务飞行管理系统的主要任务是飞行任务与飞行航迹管理，是提高飞机完成任务的效率和飞行安全的关键。目前民用飞机已广泛采用了飞行管理系统，从而使运行效益和飞行安全大大提高。

计算机技术的日新月异，使实现复杂而完美的飞行控制功能成为可能。20世纪60年代以前，飞行控制系统采用模拟计算机或模拟电路，限制了飞行控制功能的发展。随着数字计算机的发展，数字式飞行控制系统已取代了模拟飞行控制系统。可以预料，现代控制理论、新型计算机和新型飞行器结构、气动布局等几个方面的结合，必将不断地推出性能极佳和可靠性极高的飞行器。

展望未来的飞行控制技术，随着计算机技术及控制理论与技术的发展，智能控制技术不仅会在飞行控制系统设计中得到广泛应用，而且在无人机作战飞机系统方面也将发挥重要作用，成为无人作战飞机发展的基础。

5.2.2 电传操纵系统

1. 飞机操纵系统的发展

驾驶员通过操纵位于飞机不同部位上的气动操纵面，改变作用于飞机上的气动力及力矩，从而实现不同的飞行任务。在座舱中,驾驶员移动驾驶杆或脚蹬,通过操纵系统偏转位于不同翼面上的气动操纵面,实现对飞机运动的控制。100 多年来,飞机操纵系统的发展大致经历了以下几个阶段。

1) 机械操纵系统

飞机诞生以后的 30 多年中,飞机的操纵系统是简单的机械操纵系统,由钢索的软式操纵发展为拉杆的硬式操纵。驾驶杆及脚蹬的运动经过钢索或拉杆直接拖动舵面运动,如图 5.31(a)所示。驾驶员在操纵过程中必须克服舵面上所承受的气动力,并依据这种感觉来操纵飞机。只要对传动的摩擦、间隙和传动系统的弹性变形加以限制,就可以获得满意的性能。

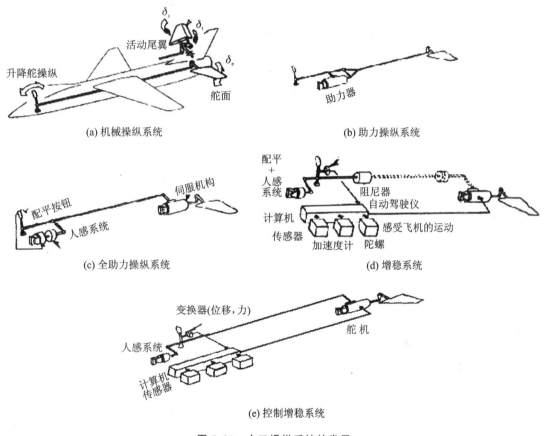

图 5.31 人工操纵系统的发展

2) 加装液压助力器的操纵系统

随着飞机尺寸、质量及飞行速度的不断增加,舵面铰链力矩不断增大,使得驾驶员难于直接通过钢索或拉杆拉动舵面。20 世纪 40 年代末出现了液压助力器,如图 5.31(b)所示,作为一种辅助装置来增大施加在舵面上的作用力,以发挥飞机的全部机动能力,这就是飞机的助力操纵系统。在该系统中驾驶员仍然可以通过拉杆或钢索感受到舵面上所受到的气动力,并依据这种感觉来操纵飞机。

3) 全助力操纵系统

超声速飞机出现后,超声速飞行时飞机的焦点急剧后移,纵向静稳定力矩剧增,此时需要相当大的操纵力矩才能满足飞机机动性要求。此外,由于尾翼上出现了超声速区,升降舵的效率大为降低,因此不得不采用全动平尾进行操纵。但由于全动平尾的铰链力矩很大,而且数值的变化范围较宽,非线性特性影响严重,使驾驶员无法直接承受舵面上的铰链力矩,依据它来操纵飞机很困难,因此出现了全助力操纵系统,如图 5.31(c)所示。在这种系统中,舵面与驾驶杆没有直接联系,驾驶员的操纵指令直接控制助力器上的分油活门,从而通过助力器改变舵面的偏转并承受舵面的铰链力。因此,驾驶杆上所承受的杆力仅用于克服传动机构中的摩擦力,与飞行状态无关;驾驶员也无法根据杆力的大小来感受飞机飞行状态的变化,因而不符合飞行操纵要求。为使驾驶员获得必要的操纵感觉,感受到适当的杆力和杆位移,在系统中增加了人感装置。人感装置是用弹簧、缓冲器以及配重等构成的系统,用来提供驾驶杆上所受的人工感力。这种人工感力虽然在移动操纵面时是不需要的,但在操纵飞机时给驾驶员提供适当的操纵品质还是必要的。驾驶杆的操纵情况(如杆力梯度、杆位移梯度)要随飞行状态变化,利用特定的力臂调节器等来实现,如美国的 F-86、F-104、B-727 以及苏联的米格-15 都采用了这种全助力操纵系统。

4) 加装增稳装置的操纵系统

20 世纪 50 年代中期以来,随着飞机向高空高速方向发展,飞行包线不断延长,飞机的气动外形很难既满足低空、低速的要求,又满足高空、高速的要求,常会出现飞机在高空、高速飞行时,静稳定性增加而阻尼不足,但在低速飞行时稳定性又不够的现象。通常,单纯依靠改变人工操纵系统和飞机的气动外形,难以满足飞机操纵品质的要求。为了提高飞机的稳定性和改善飞机的阻尼特性,第一次将人工操纵系统与自动控制结合起来,将增稳系统引入到人工操纵系统中,从而形成了具有稳定功能的全助力操纵系统,如图 5.31(d)所示。这种系统采用角速率陀螺或加速度计测量飞机相关变量的变化,形成人工阻尼和增稳信号,通过串联或并联舵机操纵舵面,使飞机在高空或高速条件下,仍然具有良好的操纵品质。从驾驶员操纵角度来看,增稳系统是飞机的组成部分,使驾驶员操纵起来犹如一架具有优良品质的"等效飞机"。在这个系统中,增稳系统和杆是相互独立的,增稳系统并不影响驾驶员的操纵。由于舵面既受驾驶杆机械传动指令控制,又受增稳系统产生的指令控制,为了操纵安全起见,增稳系统对舵面的操纵权限受到限制,一般仅为舵面权限的 3%~6%。

5) 加装控制增稳系统的操纵系统

增稳系统在增大飞机的阻尼和改善稳定性的同时,一定程度上降低了飞机操纵反应的灵敏性,从而使飞机的操纵系统变坏。为了克服这个缺点,在增稳系统的基础上,进一步发展成为控制增稳系统。它与增稳系统的主要区别在于:在控制增稳系统中,将驾驶员操纵驾驶杆的指令信号变换为电信号,经过一定处理后,引入到增稳系统中,作为增稳系统的指令输入信号来控制舵机的运动。通过合理地设计获得满意的操纵性和机动性,较好地解决了稳定性与操纵性之间的矛盾。控制增稳系统的典型结构如图 5.31(e)所示。由于驾驶员还可通过该系统直接控制舵面,因此控制增稳系统的权限可以增大到全权限的 30% 以上。

传统的机械操纵系统以及带增稳或控制增稳的机械操纵系统都存在一些缺点,主要如下:

① 在大型飞机上机械操纵系统越来越笨重,尺寸过大;

② 不可避免地存在一些非线性,如传动间隙等,其所产生的迟滞现象是造成系统自振的重要因素;

③ 由于机械操纵系统直接固定在机体上,容易传递飞机的弹性振动,引起驾驶杆偏移,有时会造成人机诱发振荡等;

④ 由于控制增稳系统权限有限,无法解决现代高性能飞机操纵与稳定中的许多问题。

此外,保证飞机有良好操纵性能的机械操纵机构相当复杂,且不易与自动飞行控制及控制增稳系统相协调。

6) 电传操纵系统

20 世纪 70 年代初成功地研制和开发了电传操纵系统,较好地克服了机械操纵系统所存在的一些缺点。电传操纵系统就是将控制增稳系统中的机械操纵部分完全取消,驾驶员的操纵指令完全通过电信号,利用控制增稳系统实现对飞机的操纵。电传操纵系统结构如图 5.32 所示。

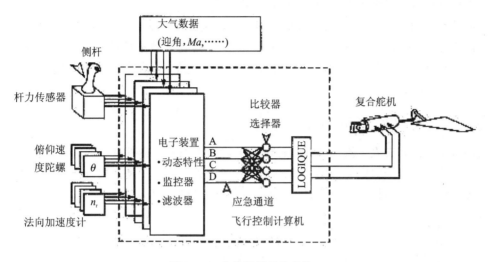

图 5.32　电传操纵系统结构

2. 飞机电传操纵控制及电传操纵系统特点

电传操纵系统是把飞行员的操纵指令变换为电信号以操纵航空器的自动操纵系统。电传操纵系统由侧杆(微型驾驶杆)、传感器(敏感元件)、放大器(放大电信号)、机载计算机、执行机构(舵机)等组成。在飞行员操纵侧杆后,传感器感受到杆力并将力信号转变为电信号,电信号经过放大器放大后传递给机载计算机综合处理,执行机构在计算机的控制下,驱动舵面偏转,改变航空器的飞行状态,如图 5.33 所示。

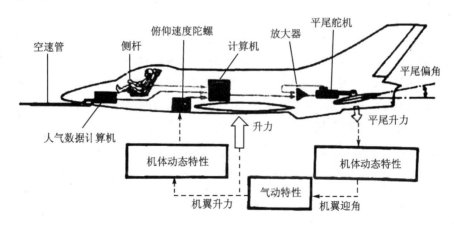

图 5.33　飞机电传操纵控制示意图

电传操纵系统不是简单地用电信号的传递来代替机械传动,而是把主操纵系统和自动控制系统结合起来,所以又称为电子飞行控制系统。与机械操纵系统相比,电传操纵系统的特点如下:

① 结构简单,体积小,质量轻,便于安装和维修;

② 由于取消连杆、杠杆、滑轮、钢索等机械操纵装置,消除了传动中的摩擦,改变了操纵品质;

③ 由于利用电缆传送信号,电信号便于与飞机上其他系统综合处理,互相沟通,因此电传操纵不是简单地用电信号传递代替机械传动,而是把电传主操纵与实现高性能飞行控制结合起来,使飞机高性能地多种飞行成为可能。

电传操纵虽然有很多优点,但是由于采用了大量的电气设备,在使用过程中有可能受到电磁干扰以及雷击,这对电气设备的可靠性威胁很大。特别是现代先进战斗机采用了越来越多的复合材料,飞机机体对电磁波的屏蔽作用越来越小,这个问题就越来越严重。因此,现在美国已经开始了光传操纵系统的研究和试飞,它将电信号转化为光信号,利用光纤来传输,从而彻底避免了传输过程中的电磁干扰。

5.2.3 自动控制系统

飞机的飞行控制有人工操纵和自动控制两类。人工操纵是指驾驶员通过飞机上的操纵装置操纵飞机气动舵面和油门杆来控制飞机的飞行。飞机的自动控制是指通过飞机自动控制系统自动操纵气动舵面和油门杆来控制飞机的飞行,这时驾驶员只进行监控。

1. 自动驾驶仪

飞行器运动可分为绕飞行器质心的转动运动和飞行器的质心运动。转动运动是指飞行器的俯仰、偏航和滚转运动,质心运动是指飞行器加速(减速)、上升和下降等线位移运动。上述运动的特点对飞机和导弹都是一样的。

现以飞机等速水平直线飞行为例,说明驾驶员操纵飞机俯仰角运动的过程。

当飞机作等速水平直线飞行时,为了产生足够的升力需要有一个起始的俯仰角 θ_0(等于平飞时的迎角 α_0)。为了维持这个飞行状态,还需要偏转一个起始升降舵面的转角 δ_{e0},以保持飞机纵向力和力矩的平衡,如图 5.34 所示。

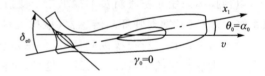

图 5.34 飞机等速水平直线飞行

如果受到某种干扰使飞机抬头,飞机俯仰角在原来 θ_0 基础上增大到 θ,即出现图 5.35 中的俯仰角增量,驾驶员通过观察陀螺地平仪的指示就可知飞机抬头了。为了维持原来的 θ_0 俯仰角的水平飞行状态,驾驶员应前推驾驶杆,使升降舵面后缘向下偏转 $+\Delta\delta_e$,舵面形成的附加空气动力引起附加的低头力矩,飞机在附加低头力矩作用下,回复到原来 θ_0 角位置;在 θ 逐渐回到 θ_0 的同时,驾驶员也逐渐将驾驶杆拉回来。对 $-\Delta\theta$(对应 $-\Delta\delta_e$)可进行类似分析。

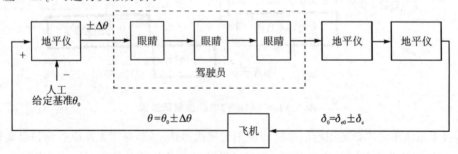

图 5.35 驾驶员驾驶飞机过程

由上述可知，驾驶员在操纵飞机并维持平直飞行状态时要不断地察看陀螺地平仪的变化，依据它的变化来操纵驾驶杆，不断地调整升降舵面。如图 5.35 中出现 $+\Delta\theta$（飞机抬头）或 $-\Delta\theta$（飞机低头）时，驾驶员就推或拉驾驶杆，使升降舵面产生后缘向下或后缘向上的偏转，产生低头或抬头力矩，使飞机恢复到原来俯仰 θ_0 的飞行状态，升降舵面也回到原来 δ_{e0} 的位置。

当用自动驾驶仪代替驾驶员操纵飞机时，自动驾驶仪应该模仿驾驶员操纵飞机的过程。首先，自动驾驶仪应有一个能够敏感飞机俯仰角的装置，代替驾驶员目视陀螺地平仪（显示俯仰角的变化），为此将陀螺地平仪的指示状态改变为传感器，并对传感器输出与俯仰角成比例的电信号进行功率放大，使之能驱动升降舵面转动。其次，舵面偏转角的大小应与飞机俯仰角的大小成一定比例，以代替驾驶员不断推或拉驾驶杆，操纵升降舵面转动。据此可组成利用自动驾驶仪稳定飞机平直飞行框图，如图 5.36 所示。由飞行框图可以看出，自动驾驶仪由敏感元件（测量俯仰角的传感器）、综合放大装置（信号综合、功率放大）和执行装置（舵机）这三部分组成，并代替了驾驶员。

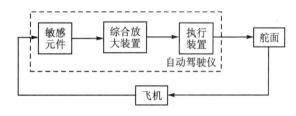

图 5.36 用自动驾驶仪稳定飞机

飞机配置自动驾驶仪大大减轻了驾驶员的体力劳动和脑力劳动，而且它是实现复杂飞行控制系统的一个基础装置。图 5.37 为电动式自动驾驶仪的工作过程，受感元件为地垂陀螺。舵机为伺服机构，按电位计信号操纵舵面恢复平衡。

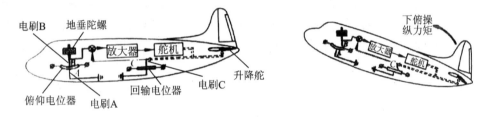

图 5.37 电动式自动驾驶仪的工作过程

综上所述，自动驾驶仪能稳定飞机的俯仰角运动，也称自动驾驶仪工作于稳定工作状态。如果驾驶员想改变飞机原来的 θ_0 飞行状态，需要拉或推驾驶杆，操纵升降舵面偏转，迫使飞机抬头或低头，改变平直飞行高度。当飞机到达要求的飞行状态后，再将驾驶杆收回到原来平直飞行时的位置。

同样，仿照驾驶员改变飞机飞行状态的过程，在利用自动驾驶仪时可形成图 5.38 所示框图，与图 5.36 相比，多了一个操纵装置，人工指令代替了驾驶员推（拉）驾驶杆。人工给一个指令电压到综合放大装置，驱动舵机工作，升降舵面转动，从而改变飞机飞行状态。

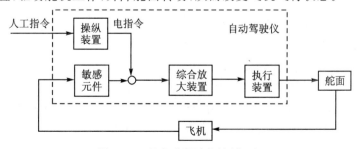

图 5.38 用自动驾驶仪控制飞机

可见,自动驾驶仪能控制飞机的俯仰角,从而改变飞行状态,称为自动驾驶仪工作于控制工作状态。

2. 飞行轨迹控制

轨迹控制是要求飞行器质心以足够的准确度保持或跟踪给定的飞行轨迹。

许多飞行器的任务要求控制飞行轨迹。例如,飞机空中照相,要求在一定的高度上飞行;空中加油机在执行任务、飞机编队飞行、飞机执行轰炸任务等都要求保持在选定的高度上飞行;飞机着陆时沿下滑道飞行、导弹的精密制导也都是要求轨迹控制的例子。

(1) 高度稳定与控制

高度稳定和控制是在纵向自动驾驶仪稳定和控制飞机俯仰角运动基础上加上高度传感器形成的,如图 5.39 所示。图中表示的是利用控制升降舵面的方法来稳定和控制飞行高度。

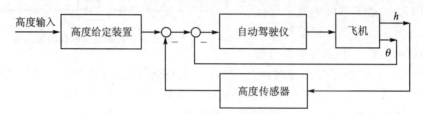

图 5.39　飞机高度稳定与控制过程

高度传感器包括高度差传感器(给定飞行高度与实际飞行高度之差的传感器)和高度差变化率传感器(飞机上升、下降速度传感器),是敏感高度和高度变化的传感器。在现代飞行控制系统中,飞行高度和相应的变化率信号由大气数据计算机或无线电高度表提供;在低空或近地飞行时需要的高度信号可由无线电小高度表提供。

高度给定装置是设置预选飞行高度的输入装置,可以预先设置飞行高度。同自动驾驶仪有稳定和控制两种工作状态一样,飞行高度控制系统也有高度保持的稳定状态和飞行高度预选控制状态。

高度的稳定状态要求高度控制系统自动保持飞机在给定的高度上飞行。当飞机受到外界干扰时,例如气流下扰,飞机上升到高于预定高度,高度和高度差传感器就会敏感这种改变,输给综合装置一个相应的电信号,经自动驾驶仪操纵升降舵面后缘向下偏转,形成低头力矩,使飞机下降,返回到预定高度。反过来,当飞机在气流作用下下沉,低于预定高度时,则升降舵面后缘向上偏转,飞机爬升,返回至预定高度。

高度的控制状态是要求高度控制系统能自动改变飞行高度,达到预定高度后再保持定高飞行。当驾驶员通过高度输入装置将飞行高度调到期望高度上时,其输出的电信号经自动驾驶仪操纵升降舵面后缘做相应的向上(向下)偏转,飞机就自动进入爬升(下降)飞行;飞机接近期望高度后就自动拉平,并保持在新高度上飞行。

(2) 自动着陆控制

着陆是飞行器航行中的一个重要阶段。着陆时,飞行员必须在很短的时间内完成许多要求很高的操作,若仅靠目视着陆,飞行员需要在很远的距离上就能清晰地看到跑道。以民航飞机为例,要求在飞行高度不低于 300 m 时,水平能见度不小于 4.8 km。为了保证飞机能在夜间或不良气候条件下安全着陆,必须由无线电导航系统向飞行员提供飞行器与正确的下滑航道之间偏离程度的高精度指示。

确切地说,着陆包括进近和着陆两个阶段。飞行器从距机场 30～50 km 处接收着陆系统的无线电信号开始下降高度到跑道延长线上空几十米的决断高度,这一阶段称为进近。在决断高度上,飞行员主要依据能否清晰地看到跑道对着陆或复飞做出决断。若飞行员能清晰地看到跑道,且飞行器在正确的下滑航道上,则可继续下滑、拉平、平飞、飘落触地并沿跑道表面滑行直到停止,这一阶段称为着陆,如图 5.40 所示。

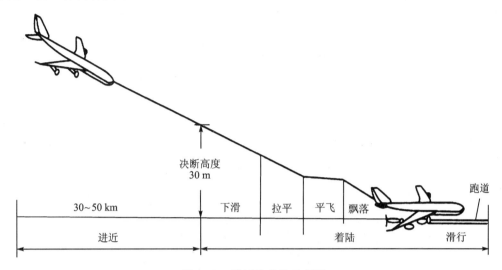

图 5.40 进近和着陆示意图

国际民航组织 ICAO 按照跑道上的水平能见度 RVR,把气象条件分为三类,同时还规定了决断高度 DH,如表 5.1 所列。

表 5.1 各类着陆条件

类 别	水平能见度距离/m	决断高度 DH/m
Ⅰ	800	60
Ⅱ	100	30
ⅢA	200	0
ⅢB	50	0
ⅢC	50 以内	0

目前民航机场主要使用的着陆无线电导航系统为仪表着陆系统 ILS(instrument landing system)和微波着陆系统 MLS(microwave landing system)。前者可引导飞机在Ⅰ类或Ⅱ类气象条件下着陆(称为仪表着陆或盲目着陆);后者可引导飞机在Ⅲ类气象条件下着陆(称为自动着陆)。

从控制原理的角度来说,飞机的自动着陆和导弹沿预定轨迹飞行是相似的,都属于轨迹控制。

对飞机自动着陆来说,仪表着陆和微波着陆系统都是使用非目视着陆引导设备,基本原理都是由机场上的仪表着陆和微波着陆系统在跑道上空形成下滑道,如图 5.41 所示。

飞机上安装了相应的无线电接收机,当飞机处于预定下滑道上时,接收机输出信号为零;若飞机偏离下滑道,则接收机输出相应极性和幅值的信号。接收机输出的电信号通过自动驾驶仪操纵舵面(方向舵和升降舵),使飞机进入下滑道,实现自动着陆。

3. 自动着陆系统与设备

(1) 仪表着陆系统

仪表着陆系统的地面设备由航向信标 LOC(localizer)、下滑信标 GS(glide slope)和指点信

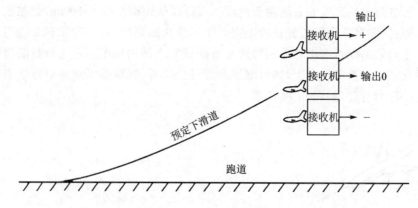

图 5.41 预定下滑道

标 MB(marker becon)三部分组成,如图 5.42 所示。

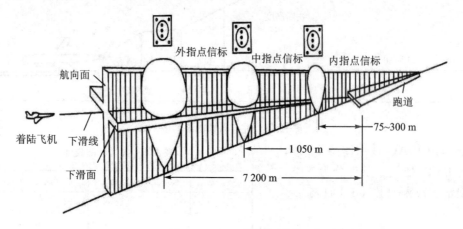

图 5.42 ILS 功能示意图

航向信标安装在跑道中心线的延长线上,任务是提供与跑道中心线垂直的无线电航道信号。航向信标发射频率在 108.10～111.95 MHz 范围内的信号。当飞行器飞行高度在 600 m 以上时,要求在航向道左右 10°扇形范围内有效导航距离应达 46.3 km,最低不得少于 33 km;在航向道左右 35°扇形范围内,有效导航距离应达 31 km,最少不得小于 19 km。

航向信标沿跑道中心线两侧发射两束水平交叉的辐射波瓣,如图 5.43 所示。跑道左边的辐射波瓣被 90 Hz 低频信号调幅,跑道右边的辐射波瓣被 150 Hz 低频信号调幅。

当飞行器飞行在跑道中心线所在的垂直平面内时,两种低频信号的调制系数相同,仪表指针指示中心位置。当飞行器飞行在跑道中心线左边时,90 Hz 信号的调制系数将大于 150 Hz 信号的调制系数,仪表指针偏向右边,表示飞行员应向右操纵飞机,使飞机沿跑道延长线飞行。

下滑信标辐射上下两个交叉波瓣,载频为 329.15～335.00 MHz,上波瓣的载波被 90 Hz 低频信号调幅,下波瓣的载波被 150 Hz 低频信号调幅。两者调制系数相等的方向与地面成 2°～3°的仰角,与地面成该仰角的平面即为规定的下滑道平面。当飞行器的下滑角低于或高于下滑道时,机上接收到的信号的 150 Hz 的调制系数将大于或小于 90 Hz 的调制系数,并给出相应指示。

在跑道中心线两侧±8°的扇形区内,当规定的下滑角为 θ 时,下滑信标应在下限为 0.3θ、上限为 1.75θ 的范围内提供最小为 19 km 的有效导航距离。

指点信标架设在进近方向的跑道中心线的延长线上,向上辐射一个锥形波束,发射功率为

12 W。因功率小,只有当飞行器飞越其上空时,机上才能收到信号,并发出相应的声响和灯光信号,向飞行器提供地标位置信息。大、中型机场设置三个指点信标,其位置如图 5.44 所示。三个指点标的发射频率均为 75 MHz。外指点标的载波受到频率为 400 Hz 电码为二划/秒的信号调幅;中指点标的调幅频率为 1 300 Hz,电码为一点一划/秒;内指点标的调幅频率为 3 000 Hz,电码为六点/秒。机上除能收到这些频率的电码信号外,还有灯光显示,依次分别为蓝色、橙色和白色。

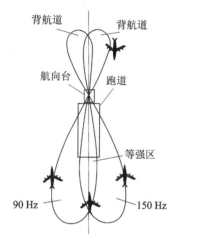

图 5.43 航向信标的辐射波束

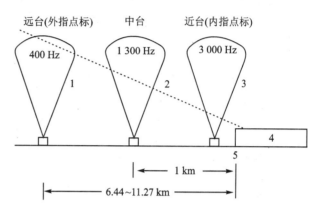

图 5.44 指点标的分布图

(2) 微波着陆系统

几十年来,ILS 系统在发展航空运输、保障飞行安全方面起了很大作用。但由于系统的工作频率较低,波束固定且较宽,因此工作频道少,波束方向易受地形等影响,精度不够高,只能给出一条下滑道。这些缺点使 ILS 系统不能适应现代航空港的要求。为了克服这些缺点,20 世纪 70 年代前后,有些国家相继研制了各种微波着陆系统(MLS)。1978 年,国际民航组织确定了时基扫描微波着陆系统(TRSB/InterSCan)作为国际标准体制,并确定了它的信号格式。它将逐步成为未来主要的着陆系统。

相应于 ILS 的航向信标和下滑信标,微波着陆系统设置了方位台、反方位台、仰角台。这些导航台都在同一频率上发射,频率范围在 5 031～5 090.7 MHz,共可设 200 个频道,为 ILS 的 5 倍。为了区分在同一频率上发射的不同信息,MLS 采用时分多路体制,即每个导航台在规定的不同时间发射信号,用精密测距机(PDME)代替 ILS 中的指点标提供连续的精确距离信息。为保证飞机拉平阶段的飞行和实现软着陆,MLS 还可设置拉平台,提供飞机在跑道上空的高度信息。MLS 还可装备数据分析系统,以进行地-空数据传输,传送当地气象条件、跑道长度等信息。

思考题

1. 飞机飞行控制系统包含哪两层控制功能?
2. 简述电传操纵的定义及其优点。
3. 飞机机械式操纵系统和电传操纵系统的区别是什么?
4. 自动驾驶仪由哪几部分组成?它的功用是什么?
5. 仪表着陆系统有哪些组成部分?各自的作用是什么?

5.3 地面设施和保障系统

5.3.1 飞机地面设施与保障系统

除少数小型无人机可通过弹射装置弹射起飞和伞降着陆以及直升机应急情况下的着陆与起飞外,大部分航空器的起飞与着陆都需要专门的机场、着陆引导系统和其他保障设施。飞机飞行过程中也需要地面引导并进行空中交通管制。

1. 机 场

机场是供飞机起飞、着陆、停放、维护,并有专门设施保障飞机飞行活动的场所。根据用途,机场可分为军用机场、民用机场和专用机场;根据跑道和其他设施条件及使用特点,机场可分为永久性机场和临时机场;根据机场所在的海拔高度,可分为平原机场和高原机场;根据机场跑道的长度和承载能力、地面设施的完善程度以及机场区域的大小等,可将机场分为若干个等级。如中国将机场分为一至四级,其中四级机场只供初级教练机和小型通用运输机等轻型飞机使用。

机场区域由地面和空中两部分组成,地面部分包括飞行场地、技术和生活服务区;空中部分包括起落航线和其他飞行空域。

飞行场地通常包括跑道、滑行道、保险道、迫降场和停机坪等。跑道直接供飞机起飞滑跑和着陆滑跑用。机场一般应至少有一条跑道,保证飞机可以从两个相反的方向起飞和降落,主跑道通常沿机场所在地区的常年风向修建。根据机场的用途和机场所在地区的海拔高度不同,跑道长度也不一样,但大多在 1 000~5 000 m 范围内,宽度为 45~100 m 不等。跑道道面分为土质、草皮、碎石、沥青和水泥等类别。水泥跑道为硬式道面,可将飞机的载荷分布到一个较大的面积上去,供大、中型飞机使用。其他道面抗弯曲能力差,一般供小型和轻型飞机使用。在跑道的两端和两侧都有安全地带,分别称为端保险道和侧保险道。保险道为坚实土质道面,其作用为防止或减缓飞机在起飞、着陆时因中断起飞等原因冲出跑道、提前接地,或偏离跑道造成的事故。停机坪是为停放、维护飞机和进行飞行准备而铺筑的场地。滑行道连接跑道与停机坪,供飞机滑行或牵引之用,一般把与主跑道平行的滑行道称为主滑行道,其他的称为联络道。机场还设有迫降场,位于主跑道一侧,一般为经过平整和碾压的土质场地,长度与跑道相同,供飞机在放不下起落架或其他紧急情况下强迫着陆用。滑行道、停机坪的道面要求与跑道相同。为保障飞机在夜间和白天能见度低的条件下安全起飞和着陆,机场的飞行场地设有各种灯标和灯光。

图 5.45 所示为北京首都国际机场 T3 航站楼全貌。T3 航站楼技术和生活服务区包括为保证飞机持续和安全飞行而必需的各种设施和建筑物,如维修厂房、机库、油库、航空器材库、气象台、塔台及其相应的通信、导航、雷达设施,还有为旅客服务的候机楼、登机廊或登机车、行李分拣和传送系统以及保证机场工作人员和旅客的日常生活所需的各种设施。

机场起落航线的空中进入区是沿起飞、着陆方向紧靠跑道两侧的空域。为保证飞机在复杂气象条件下安全准确地进场着陆,现在的民用机场广泛使用自动着陆系统。机场飞行空域包括机场地面向上垂直延伸的空域和只有一定空中范围的空域。机场两端宽度在一定范围内规定高度上无障碍的空间称为机场净空。

(1) 军用机场

专门供军用飞机使用的机场称为军用机场。按照机场设备的齐全程度和不同用途,可分为永备机场和野战机场;根据所处战略位置,军用机场又分为一线机场、二线机场和纵深机场,一线机场又称前沿机场。军用机场的配置应符合国家的战略方针和作战意图,以便形成机场网。

图 5.45 北京首都国际机场

机场网是空军战场准备的主体,是航空兵部署和执行作战任务的依托,对于提高空军部队的机动作战能力和生存能力具有重要作用。根据国家军事战略及航空兵作战任务、兵力构成、飞机作战性能和地理条件,在保证集中于主要方向使用兵力和发挥航空兵高速机动能力的前提下,进行军用机场布局或配置机场网。通常前沿机场供歼击机和强击机使用,其他机场供轰炸机和运输机使用。在现代高技术战争条件下,野战机场、公路跑道、直升机用垂直起降机场以及具备多功能保障能力的大型机场在机场网中的地位将日益提高。

军用机场一般由飞行区、保障设施、办公居住区和交通网线组成。军用机场的保障设施包括指挥塔、导航台、雷达站、气象站、各种机库、靶场、航空器材库、通信设施、军械设备、油料设施和乘务设施等。交通网线包括铁路支线、场外公路和场内道路网等。

(2) 民用机场

民航机场有国际机场、干线机场和支线机场之分,其中国际机场设有海关、边防检查、卫生检疫、动植物检疫和商品检验等联检机构。民用机场通常由飞行区、候机楼、货运站和交通网组成。有些民用机场设有为航空公司服务的地面设施和维修基地。设在机场区的空中交通管制、航空公司业务机构等一般不归机场管辖。大型民用机场也称"航空港",过去把小型机场称为"航站"。图 5.46 为阿拉伯联合酋长国迪拜国际机场的鸟瞰图。

其他世界上著名民用机场如下:

1) 美国杰克逊国际机场

杰克逊国际机场位于美国乔治亚州亚特兰大市中心以南 11 km,是德尔塔航空、乔治亚航空、穿越航空等航空公司的航空基地,其中德尔塔航空中心是全球最大的航空中心。

亚特兰大杰克逊国际机场提供飞往北美、南美、美国中部、欧洲、亚洲和非洲的航班服务,是国际乘客抵达美国的第七大入境机场,越来越多的乘客选择亚特兰大杰克逊机场作为飞往其他国家的起始站。

2) 英国伦敦希思罗国际机场

伦敦希思罗国际机场通常简称为希思罗机场,位于英国英格兰大伦敦希灵登区,离伦敦中心 24 km,机场拥有两条平行的东西向跑道及五座航厦。

伦敦希思罗国际机场由英国机场管理公司(BAA)负责营运,是英国航空和维珍航空的枢纽机场以及英伦航空的主要机场,也是伦敦最主要的联外机场,同时也是全球排名前五的机场。由

图 5.46　阿拉伯联合酋长国迪拜国际机场

于机场有众多的跨境航班,因此以跨境的客流量来计算,伦敦希思罗机场的客流量是最高的。

3) 美国芝加哥奥黑尔国际机场

芝加哥奥黑尔国际机场又称奥黑尔机场,是位于美国伊利诺伊州芝加哥市中心西北 27 km 处的一个民用国际机场,归芝加哥市政府所有,由芝加哥民航局运营管理,为芝加哥和伊利诺伊州提供航空服务。它是芝加哥市的主要机场,是世界上唯一的双中枢机场,是全美最大两家航空公司——美国联合航空和美国航空公司的主要中心机场。奥黑尔机场共有七条跑道和四个航站楼,是美国联合航空的最大基地和中转枢纽,也是美国航空的第二大枢纽。

4) 美国纽约肯尼迪国际机场

肯尼迪国际机场是纽约市的主要国际机场,设有 9 个客运航站楼,各航站以 U 形格局围绕机场中心区域的停车场、酒店、供电设施等设施。

肯尼迪国际机场第一航站楼有 11 个登机闸口;第二航站楼有 12 个登机闸口;第三航站楼有 17 个登机闸口;第四航站楼有两个大堂和 17 个登机闸口,A 大堂和 B 大堂分别有 6 个闸口和 11 个闸口;第五航站楼亦称为环球航空公司飞行中心,2008 年重建后成为捷蓝航空的新航站楼;第六航站楼建造有 14 个登机闸口,捷蓝航空在第六航站楼设立有 7 个登机闸口的临时客运大楼;第七航站楼有 12 个闸口。

5) 中国上海浦东国际机场

上海浦东国际机场位于我国上海市浦东新区滨海地带,面积为 40 km^2,1999 年建成,2008 年北京奥运会前扩建工程投入使用。浦东机场是上海两大国际机场之一,距上海市中心约 30 km,距虹桥机场约 52 km,与北京首都国际机场、香港国际机场并称中国三大国际机场,是国内首个拥有四条跑道的机场。

6) 日本东京羽田国际机场

东京羽田航空港即东京国际机场,又称东京国际航空港,位于东京市大田区东南端,多摩川河口的左岸,建于 1931 年 8 月,最早是一所国营的民航机场。机场有四条沥青混凝土跑道,有地上高 7 层的营运大楼,附设有生活、交通等服务设施,如停车场、候机大厅、旅馆、邮局、银行等,还有官方的税关、防疫、安全检查、通信、气象、警察等机关。与东京市区有单轨铁路、区域铁路和高速公路相连,二号客运大楼还有浅草线与东京市区相连。

7) 美国洛杉矶国际机场

洛杉矶国际机场建于1948年，位于美国洛杉矶市，是加利福尼亚州洛杉矶市的主要机场。洛杉矶国际机场位于大洛杉矶地区的西部，距离市中心27 km，于1948年投入商用航班营运。洛杉矶国际机场也是美西地区最大的国际门户，几乎所有飞往洛杉矶的国际航空公司都选择洛杉矶国际机场。机场有4条跑道、1个主体航站楼(分为8个候机大厅)，共有九个航厦，排列成马蹄形，其中由接驳公共汽车接送往来旅客。除了旅客航厦外，洛杉矶国际机场另有占地18.6 km^{2}的货运设施，并设有一个直升机起降场。

8) 中国香港国际机场

香港国际机场位于中国香港特别行政区新界大屿山赤鱲角，于1998年7月6日正式启用。机场设有164个停机位，两条跑道，跑道长度3 800 m，全天候运作。同时被Skytrax评为五星级飞机场，获得国际机场协会推选为全球最佳。

9) 法国巴黎戴高乐国际机场

戴高乐国际机场坐落于巴黎东北25 km处的鲁瓦西，也被称为鲁瓦西机场，共有9个航站楼，是欧洲主要的航空中心，也是法国主要的国际机场，同时还是全球第2大航空公司法国航空公司的总部。

(3) 专用机场及通用航空机场

如图5.47所示，专用机场是指军民用飞机制造厂、科研机构、专门的飞行试验研究机构和有关院校等单位专属的机场。为某种特殊需要而专门设立的机场也属于专用机场，如体育俱乐部、农业、森林防火和航空救护等专用机场。通用航空机场是指专门为民航的"通用航空"飞行任务起降的机场，属于民用航空机场的一类。民用航空机场包括通用航空机场和民用运输机场。

图5.47 通用航空机场

2. 地面保障设备

机场地面保障设备是保障飞行所用的各种机场设备。根据飞行需要，机场的地面设备包括机械、电气、液压和特种气体设备。为给飞机加油，机场有固定加油装置和机动加油车。机场停机坪一般都设有交、直流电源，不同功率的电源车供飞机通电检查和发动机启动用，还设有充电站。液压油车用于给飞机液压系统加油或进行地面检查，如收放起落架、襟翼和减速板等。从机场的制冷站和制氧站出来的冷气(压缩空气)和氧气由冷气车和氧气车向飞机填充。为处理可能发生的飞行事故，机场配有消防车、抢救车、救护车和各种便携式消防器材。图5.48所示为大型民航客机所需的地面保障设备。

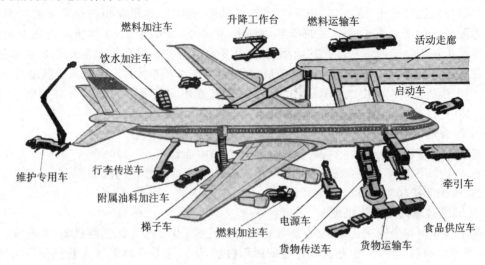

图 5.48 机场地面保障设备

3. 空中交通管理

空中交通管理主要是针对民用航空器的空中交通管制和空中交通服务，目的是为所有用户提供空域利用上的最大灵活性，组织不同用户之间分享空域，在最小限制和不危及安全的条件下，尽可能使用户自己选择飞行剖面，从而实现最有效地利用空域和组织空中交通活动。空中交通管理任务包括空域管理、空中交通流量管理和空中交通管制。

空域管理指的是根据空域内大多数用户的合理要求最有效地开发空域资源，保证总的交通在任何给定区域都能和空中交通管制系统的容量相适应而进行的计划和组织工作。这些工作包括合理划分空域，明确危险区、管制区和禁航区的区域限制，提出保留区域和特定区域的时分制使用方法，建立和调整空中交通服务航路网及其运行要求，协调各类用户在利用空域资源时可能发生的矛盾等。

空中交通流量管理是在空中交通超出或可能超出空中交通管制系统可利用的容量时，为保持到达或通过该空域的空中交通为最佳容量所进行的管理工作。

空中交通管制是利用各种技术手段对飞行活动进行监视和控制，保证安全而有序地飞行。主要任务包括：监督飞机严格按照批准的计划飞行，禁止未经批准的飞机擅自飞行，维护飞行秩序；禁止未经批准的飞机飞进空中禁区、临时禁飞区，或飞出、飞入国境或边境；防止飞机之间、飞机与地面障碍物之间相撞；防止地面对空兵器或者对空装置误射空中正常飞行的飞机。

空中交通管制利用航路监视雷达、二次监视雷达、机场面监视雷达和精密进场雷达、各种导航设备和各种通信设备，以及地面指挥组成空中交管系统，完成对飞机的监视、识别和引导，并提供安全保障。作为空中交通管制依据的飞行信息来自三个方面：第一，不断监视本区飞机飞行航迹的雷达和二次雷达（接收目标上发射机转发的辐射信号）所监测到的信息；第二，本区域气象部门发布的气象信息；第三，飞机起飞进入航路、飞机从其他区域管制中心进入本区的飞行计划信息。这些信息经计算机处理后通过显示器显示，管制人员依此对飞行进行管制。

为实行空中交通管制，需要在飞行航线上划定不同的管制区域，如航路、空中走廊、航站管制区、塔台管制区和等待空域管制区等。

1) 航　路

航路是可航行空域中的标志性通道,是连接机场与空中交通管制的交点。航路通常在飞行频繁的大城市之间划设。沿航路一定距离及转弯点都有导航设施,连接各个导航设施的直线构成航路中心线。航路规定有上限高度、下限高度和宽度,宽度取决于导航设施配置的间距和性能,一般是不固定的,中国除沈阳到长春和无锡到合肥等少数航路较窄外,其余航路的宽度均为距中心线两侧各10 km。沿航线飞行的飞机都要在航路内飞行,并接受管制。

2) 空中走廊

空中走廊是为飞机进出某地区而划定的具有一定宽度的空中通道,通常设在飞行频繁的城市附近上空以及国际航线通过的边境地带上空,与航路相连接。走廊宽度一般为8～10 km,长度为离机场100 km左右。飞机在走廊内飞行必须保持规定的航向和高度,严格遵守管理员的指挥。

3) 管制区

为确定各空中交通管制中心管辖的范围,在航路通过的区域又划分出管制区。在管制区飞行的飞机,必须服从这一区域空中交通管制中心的管制。管制区的下限高度一般高于地面200 m。

4) 航站管制区

航站管制区通常为以机场为中心、半径50～100 km范围内的空域,但不包括机场塔台所管的范围。该管制区主要对进场和离场的飞机进行管制。

5) 塔台管制区

塔台管制区是以机场为中心、半径9 km左右由地面向上延伸的圆柱形空间。该管制区的职能是维持机场秩序,指挥飞机滑行、起飞和着陆,防止飞机发生碰撞。

6) 等待空域管制区

由于机场起降航线拥挤或气象原因,飞机不能立即着陆时,为这些飞机划定的一个飞行区域叫等待空域,一般设在全向信标台附近。等待着陆的飞机可在该空域内盘旋飞行,然后按由低到高的顺序逐层下降着陆。图5.49为空中交通管制体系中的飞机飞行示意图。

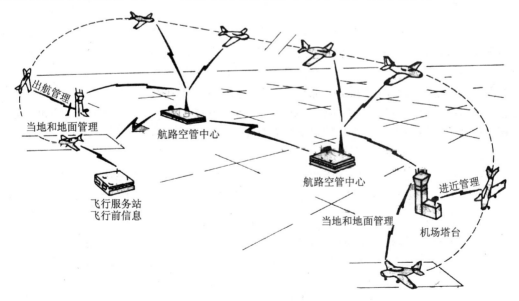

图 5.49　空中交通管制体系中的飞机飞行示意图

5.3.2 航天器地面设施与保障系统

1. 航天发射场

航天发射场是发射运载火箭或航天飞机将各种航天器送入太空的地方,其别名很多,如航天中心、卫星发射场、卫星发射基地、卫星发射中心和火箭发射场等。虽然目前世界上有超过60个国家从事航天活动,但建有航天发射场的国家只有美国、俄罗斯、中国、法国、日本、印度、意大利和以色列。以前的航天发射场都是高度保密的,随着航天活动与经济发展之间关系的日益密切以及航天技术国际交流与合作的日益频繁,加上天上的侦察卫星能将宽阔的发射场一览无余,航天发射场的神秘面纱已经被揭开。

(1) 航空发射场概况

航天发射场的功能主要是保证将航天器成功地送入预定轨道,对运载工具和航天器进行发射前的各种准备,并实施发射。另外,还要对火箭发动机等系统进行单项试验、对各种设备进行检验和培训科技人员等,航天发射场也是一个科学试验中心。

选择航天发射场的场址,需要综合考虑多方面的因素。

首先,要根据本国所在地域,尽可能把发射场建在低纬度地区,越接近赤道越好,这样可以充分利用地球自转的附加速度(赤道为465 m/s),降低运载工具的能量消耗,同时还有利于地球静止轨道航天器入轨。法国的库鲁航天发射场就建在南美洲地处赤道的法属圭亚那境内。

其次,应该有良好的自然条件。发射区和回收区均应是人烟稀少的地方,地势平坦,地质结构稳定,具有较好的气象条件,有良好的水质、供水条件和丰富的水源。

此外,要有良好的航区。航区指航天器起飞至入轨这一段的飞行路线以下的地面区域。航区应避开人口稠密区、重要工业区和军事区,应具备布设测控站的有利地理位置和工作环境、方便的交通运输条件、良好的供电和通信设施等。航天发射场场址的选择还应有利于环境保护和具备未来发展的适应性,同时还不能因航天发射带来外交问题。

由于所承担的发射任务不同,航天发射场的地理和环境条件也有区别,所以航天发射场没有一个最佳的典型方案。不过,一个航天发射场应该由技术区、发射区、测控系统和其他保障系统四部分组成,如图5.50所示。航天器的回收区和着陆场一般不属于航天发射场。

1) 技术区

技术区是航天发射场的重要组成部分,建筑设施配有各种通用和专用设备,可对运载火箭和航天器进行验收、存放、组装、测试和定期检查。一个发射场可设一个或几个技术区,如可分为运载工具和航天器两个技术区。在确保安全的条件下,技术区与发射区之间相隔的距离要尽可能短,以节省修路和运输费用。

影响技术区组成和结构的主要因素是运载工具和航天器的类型、组装和发射准备方式。

俄罗斯采用水平组装、对接、测试和水平状态整体运往发射区的方案。这种方案不需要高大厂房,可在室内进行作业,有利于提高工作质量,还可提高发射台的利用率;但必须在发射台上进行垂直综合测试,起竖比较困难,容易受气候的影响。

美国、欧洲空间局和日本均采用垂直组装、对接、测试和垂直整体运往发射区的方案。采用这种方案可以在技术区完成发射前的技术准备工作,到发射区后只进行推进剂的加注和实施发射;但需要建造高大厂房,需要专用运输车辆和专用运输道路,建设成本高。为最大限度地保证发射成功率,美国采用了技术区和发射区合二为一的发射前准备工艺技术方案。该方案在发射

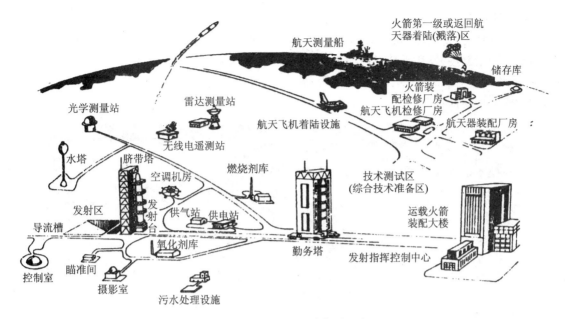

图 5.50 航天发射场的典型组成

区建一个可移动的垂直测试厂房,工作时,厂房沿铁道线移动,将发射台围在里面,把运载工具和航天器的组件、部件直接运到发射区,在发射台上进行垂直组装、对接和测试,发射前将厂房移开。

2) 发射区

发射区是对航天器实施发射的场所,配备有一整套为发射服务的专用和通用设备和建筑。发射区接纳来自技术区的运载工具和航天器,并将它们起竖到发射台上,进行发射前的最后测试(垂直组装和运输的不需要测试),然后加注推进剂和充填压缩气体,最后完成发射。一个发射场也可设置多个发射区,发射区之间有一定的间距要求。

发射区的发射设施根据其结构可分为地面、半地下和高台式三种。地面发射区的发射台和发动机喷焰导流槽等主要设备布置在地面,用于发射中、小型运载火箭。半地下和高台式发射设施则用于大型和超大型运载工具的发射。图 5.51 所示为"长征"5 号运载火箭发射实景图。

图 5.51 "长征"5 号运载火箭发射实景图

3）测控系统

航天发射测控系统(图 5.52)是设置在发射区和航区上的一系列地面测控站和海上专用测量船,用来测量航迹、发送指令、接收和处理运载工具和航天器发出的遥测信息等。位于发射区的测控系统除了对运载工具起飞和飞行的初始阶段跟踪测量外,更重要的是为了确保发射区安全,提供安全控制信息等。

图 5.52　航天发射测控系统

4）其他保障系统

技术保障系统是为进行技术准备和事后处理服务的,是发射场开展工作的神经中枢。

后勤保障系统通常包括供水、供电和通信系统,机场、码头、铁路和公路交通运输系统,推进剂的生产和储存区,物质和生活用品的供应集散区以及工作人员的居住区等。另外,气象保障是航天发射场的一个关键,所以气象台、站也是重要的保障设施。

(2) 中国的航天发射场

1) 西昌卫星发射中心

西昌卫星发射中心 1970 年开始筹建,1983 年建成,目前专门用于发射地球静止卫星。中心共有测试发射、指挥控制、跟踪测量、通信、气象和技术勤务六大系统,拥有上万台设备仪器,是世界上一流的航天城。两座高大的发射架分别用来发射"长征"2号、"长征"3号和"长征"2号捆绑式火箭。为适应对外发射服务,西昌卫星发射中心建成亚洲最高大的卫星厂房,海外运来的"外星"首先在这栋超净的大楼里进行"体检"。

2) 太原卫星发射中心

太原卫星发射中心始建于 1967 年。目前,已建成具有多功能、多发射方式,集指挥控制、测控通信和综合保障系统于一体的现代化发射场,航天发射综合能力实现了从每年执行 1 次发射任务到每年执行 10 次以上高密度火箭卫星发射任务的跃升。太原卫星发射中心先后成功地发射了我国第一颗太阳同步轨道气象卫星"风云"1号,第一颗中巴"资源"1号卫星,第一颗海洋资源勘察卫星等,创造了我国卫星发射史上的9个"第一"。

3) 酒泉卫星发射中心

酒泉卫星发射中心建于1958年,原为导弹武器试验靶场,位于甘肃酒泉以北的戈壁滩,是中国第一颗卫星发射场中心,拥有完整的卫星、火箭测试发射系统,高精度的跟踪测量设备,先进的控制、指挥、计算系统和配套的保障设施。一年中适合航天发射的时间高达320天。该发射中心的主要任务是利用长征系列火箭,发射大倾角、中低轨道的各种试验卫星和应用卫星。酒泉卫星发射中心为中国航天事业做出了一系列重大贡献,在中国已成功发射的卫星中,有三分之二是从酒泉大地上天的,包括"神舟"系列载人飞船的发射。

4) 文昌航天发射场

文昌航天发射场位于中国海南省文昌市龙楼镇,是中国首个滨海发射基地,也是世界上为数不多的低纬度发射场之一。该发射中心于2009年9月开工建设,由测试发射,测量控制、通信、气象、技术勤务保障五大系统组成,可以发射"长征"5号系列火箭与"长征"7号运载火箭,主要承担地球同步轨道卫星、大质量极轨卫星、大吨位空间站和深空探测卫星等航天器的发射任务。

作为低纬度滨海发射基地,文昌航天发射场不仅可用于满足中国航天发展的新需要,还能借助接近赤道的较大线速度,以及惯性带来的离心现象,使火箭燃料消耗大大减少(同型号火箭运载能力可增加10%),亦可通过海运解决巨型火箭运输难题并提升残骸坠落的安全性。

文昌航天发射场投入使用后,不仅可以基本满足中外各种轨道卫星发射的要求,也为中国运载火箭更多参与国际商业航天发射提供了广阔空间,有利于促进中国空间技术发展良性循环。同时,文昌航天发射场对于优化和完善中国航天发射场布局、推动航天事业可持续发展具有重要战略意义,并对带动海南省基础设施建设、促进当地旅游业发展和繁荣区域产业具有积极作用。

(3) 世界主要航天发射场

1) 法国库鲁航天中心

库鲁航天中心也称法属圭亚那航天中心,位于南美洲北部法属圭亚那中部的库鲁地区,靠近赤道,位于西经52.8°,北纬2~6°之间,占地大约90 600 km^2,建成于1971年,是目前法国唯一的航天发射场所。该基地属法国国家空间研究中心领导,主要负责科学卫星、应用卫星和探空火箭的发射以及与此有关的一些运载火箭的试验和发射。1979年12月"阿里安那"运载火箭在这里首次发射成功,至今该系列发射成功率已达90%以上,独揽全球一半以上的卫星发射市场。

基地在此选场的主要原因是:纬度低,从发射点到入轨点的航程大大缩短,三子级不必二次启动;由于纬度低,相同发射方位角的轨道倾角小,远地点变轨所需的能量小,增加了同步轨道的有效载荷能力。航天中心建有阿里安第一、第二和第三发射场,欧洲有百余枚"阿丽亚娜"系列运载火箭都从这里发射。库鲁是欧洲航天活动最主要的基地,也是世界上承揽商业航天任务最多的发射中心,但是该发射中心迄今还没有承担过载人航天发射任务。

2) 日本种子岛航天中心

种子岛航天中心位于日本鹿儿岛县种子岛南端的东南海岸,即北纬30.40°,东经130.97°,占地面积86 400 km^2,由竹崎、大崎、吉信3个发射场地和一系列遥测、遥控站组成。其中,吉信发射场有两个发射台,一个用来发射2 t以下的飞船,另外一个用来发射大型的飞船。种子岛航天中心1969年由日本宇宙开发事业团建立,现在由日本宇宙航空研究开发机构(JAXA)管理,主要任务包括人造卫星的组合、测试、发射和测控。中心也测试火箭的点火与发射。该中心是日本最大的宇宙研究中心。

3)印度斯里哈里科塔发射场

斯里哈里科塔发射场是印度最重要的航天发射中心,位于印度东海岸的斯里哈里科塔岛上,在马德拉斯北部 100 km 处,地理坐标为北纬 13°47′,东经 80°15′,占地面积 145 km², 海岸线长度达 27 km。发射场拥有大型多级火箭和卫星运载火箭的试验、组装和发射设施,拥有印度卫星的跟踪、遥测和通信站。印度空间研究中心还在此扩建了固体助推器工厂,可为多级火箭发动机生产大尺寸的推进剂药柱。1971 年 10 月 10 日,斯里哈里科塔发射场开始正式投入使用。

2. 航天器回收区和着陆场

航天器的回收区可设在陆上,也可设在海上。陆上回收区应选择地势平坦、开阔、视野好、人烟稀少、交通较方便并且位于现有测控站附近的地方;海上回收区应选择海况较好,在附近岛屿上有测控站的海域。美国载人飞船回收区设在太平洋夏威夷群岛的南北两侧海域,航天飞机助推火箭的回收区设在离发射场 260 km 的大西洋海面上。俄罗斯的回收区设在陆地上。中国"神舟"系列飞船的回收区设在内蒙古中部的草原上(图 5.53)。

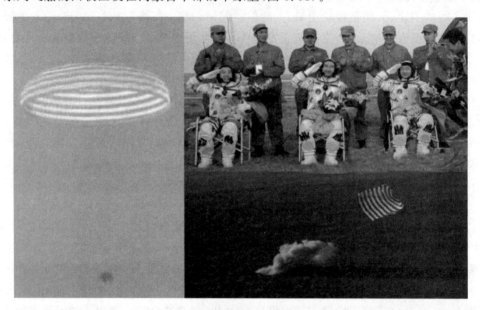

图 5.53 "神舟"7 号回收场

美国肯尼迪航天中心有专门的航天飞机着陆场,着陆跑道长 4 800 m、宽 91 m、两端各有 305 m 的安全超越滑行道。美国爱德华空军基地是航天飞机的紧急着陆场。

3. 发射窗口

发射窗口是指允许发射航天器的时间范围,又称发射时机。航天器的发射窗口根据航天任务和外界限制条件确定,并随着这些因素的变化而改变。影响发射窗口的外界条件如下:

(1)天体运行轨道条件

以探测太阳系内某一天体(月球、行星、彗星)为目的的空间探测器要与目标天体接近或相遇,必须在地球与目标天体处于一定的相对位置之前和之后某个时间区域内瞄准正在运动的目标天体发射,这个时间区间就是发射窗口。如错过这段时间,地球与目标天体的相对位置发生变化,发射窗口和飞行路线也随之改变。

(2) 航天器的轨道要求

近地轨道航天器的交会和对接、用多颗非静止轨道的通信卫星和导航卫星组成专用网,都必须根据轨道分布的要求,按照严格的规定时间发射。

(3) 航天器的工作条件要求

执行各种使命的地球应用卫星往往要求卫星、地球、太阳之间有一定的相对位置,而且卫星有特定的姿势,以保证卫星能正常地工作和完成预定的任务。例如,要求太阳光以一定的方向照射卫星,以保证太阳电池正常供电并使卫星内部保持适宜的温度,以保证姿态控制系统正常工作。地球资源卫星、照相侦察卫星要求目标区域有较好的地面光照条件。太阳同步轨道卫星要求长期不进入地影。这些要求条件均对发射时机有一定限制。

(4) 其他条件

发射方向、地面跟踪测控和气象等也会影响发射窗口。在进行航天器轨道设计时,必须将所有对发射时间的限制条件逐项加以计算,通过综合分析,确定这一项航天任务的发射窗口,为航天器地面设备的研制计划、发射方案和发射程序的安排提供依据。

就航天任务来说,有以下三种发射窗口:

1) 年计窗口

以指定的某一年内连续的月数形式表示,适用于行星和月球的探测任务,如发射对哈雷彗星进行探测的彗星探测器。

2) 月计窗口

以确定的某个月内连续的天数形式表示,适用于行星和月球探测任务,如发射月球探测器。

3) 日计窗口

以某日内某时刻到另一时刻的形式表示,适用于各种航天器。对于航天器发射,可能要同时计算三种或两种发射窗口,但最终是以日计窗口的形式来决定。

5.3.3 导弹发射装置和地面设备

导弹由相对于发射台的静止状态起飞、加速、进入正常的导引弹道的过程称为导弹的发射过程,简称发射。以地地导弹为例,广义的发射过程应包括以下几个步骤:

① 为使导弹达到可发射状态,必须在测试区(技术阵地)进行对接、装配、检测及试验。

② 导弹的技术准备,将导弹吊装到发射装置(发射台、架)上,完成综合测试、加注推进剂等。

③ 测控系统的准备,对各测控站检测和试验,以保证发射指挥和控制工作正常可靠地进行。

④ 发射,导弹在自身动力或外部动力的作用下,脱离发射装置起飞、加速,最后进入弹道飞行。

由此可见,为了完成导弹发射任务,必须具有大量的工程设备和设施,如发射设备、运输设备、起重装卸设备、装配对接设备、地面检测设备、发射控制设备、测控设备、地面供电设备、推进剂的储存与加注设备、废气与废液的处理设备、发射场地及工程设施等。这些工程设备和设施总称为发射系统,如图 5.54 所示。

按发射时的姿态不同,导弹的发射方式可分为垂直发射和倾斜(含水平)发射两大类。中远程地地弹道导弹通常采用垂直发射;空空导弹、空地导弹和反舰导弹通常采用倾斜发射;地空导弹和舰空导弹通常采用垂直、倾斜两种发射方式。

垂直发射的特点:发射装置不必与雷达同步跟踪目标(指机动目标),发现目标后可先发射,迅速升空,然后再转向目标。这样不仅争取了时间,而且简化了发射装置的结构。

图 5.54 车载导弹发射系统

导弹在初始发射段的迎角为零(故升力为零),因此平衡问题可大大简化;当导弹由亚声速段过渡到超声速段飞行,其焦点和质心位置变化较大时,这一优点更为重要;发射时需要的推重比较小,只要推力大于重力便可起飞,不存在初始弹道下沉问题;发动机燃气流的影响区较小(可达 150~200 m);由于结构简单且紧凑,故可增大发射率。其主要缺点是攻击低空机动目标时过载太大。

倾斜发射的主要优点:由于发射装置与雷达同步跟踪目标,因而导弹可以沿着有利的飞行方向较准确地进入制导波束而受控,相应的过载也较小,利于攻击低空机动目标。其缺点正是垂直发射的优点所在。

按发射基点不同,导弹的发射方式可分为陆基发射、空基发射和海基发射三大类。发射基点取决于导弹的类别,地地导弹、地空导弹为陆基发射方式,机载导弹(空空导弹、空地导弹)为空基发射方式,舰载导弹、潜射导弹为海基发射方式。

按发射动力的来源不同,导弹的发射方式可分为自力发射、投放发射、弹射发射和复合发射四大类。自力发射指依靠导弹自身的动力进行发射;投放发射指依靠导弹自身的重力进行发射;弹射发射指依靠发射装置所提供的弹射力进行发射;复合发射则是前几种发射方式的组合,如自力+弹射发射、投放+弹射发射等。

按有无导向(导轨)装置,导弹的发射方式又可分为有导向装置(定向发射)和无导向装置(零长发射)两大类。导弹发射系统的组成及发射装置的分类如图 5.55 所示。

1. 陆基发射

在陆基发射中,以远程战略导弹的发射装置最为复杂,尤其是采用液体推进剂时更为复杂。这类导弹的体积和质量都很大,需要专门的工程浩大的发射装置。陆基发射的主要发展方向如下:

① 尽可能提高导弹系统的战备水平;
② 最大限度地实现操作的机械化、自动化,缩短技术准备时间,减少操作人员;
③ 确保导弹系统高度的工作可靠性;

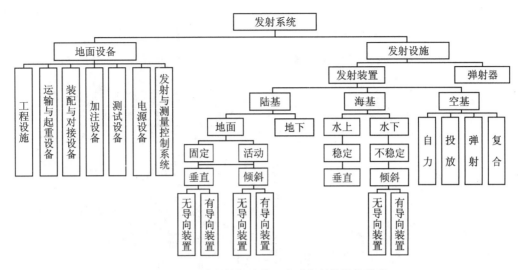

图 5.55 导弹发射系统的组成及发射装置的分类

④ 提高发射装置的机动性或固定设施遭受攻击时的生存能力；
⑤ 确保导弹系统工作时的安全性，特别是要确保液体推进剂在贮存、转运、加注、泄出时的安全；
⑥ 减少研究、制造、维护、使用费用。

陆基发射装置有固定和机动两种类型。为了提高作战的灵活性，很多固定发射的陆基导弹都改为机动发射。

（1）固定发射

固定发射分为地面固定发射和地下固定发射两种，一般采用垂直发射方式。为了提高导弹及其固定发射系统在核打击下的生存能力，现代陆基战略导弹的固定设施由地面转到地下发射井，如图 5.56 所示。

图 5.56 地下导弹发射井

（2）机动发射

机动发射是利用运输工具和发射装置适时地改变地点发射导弹的方式，如图 5.57 所示。为实现机动发射,导弹应相对小型化并能快速转移,迅速准确定位和定向,发射准备时间短,隐蔽性强等。机动发射可在陆地(铁路、公路上)、水面(潜艇上)以及空中(飞机上)进行。

图 5.57　导弹机动发射系统

发射装置是导弹发射系统的主要组成部分,功能是支承导弹、进行发射前瞄准并发射导弹。其构造要求如下:

① 发射前能够将导弹可靠地固定在发射装置上,导弹发射时能够适时地脱离固定装置;
② 能进行导弹的俯仰及方位瞄准;
③ 可将地面加注管路、电缆等与导弹的相应接口连接;
④ 应设置燃气导流器,防止燃气损坏导弹、发射装置或侵蚀发射场地。

2. 海基发射

海基发射是以军舰或潜艇为发射平台进行水上或水下发射导弹。

舰载导弹的类型有很多,如舰对地导弹(含弹道导弹和巡航导弹)、舰对空导弹、舰对舰导弹等,这些不同种类的舰载导弹的发射装置有很大差异,但从中仍然可以找出如下共性问题:

① 舰体所能提供的空间极为有限,因而对导弹的储存、转运、装填、发射等都提出了极为严格的要求和限制,从占用甲板空间的大小来看,采用支撑式(零长)或短轨式发射装置具有明显的优点。
② 舰体的颠簸、摇摆影响舰载导弹发射时的初始瞄准,当舰体的摇摆超过了允许的限度,发射后不能消除由此而产生的过大的初始瞄准误差时,发射装置的底座就必须安装稳定装置。为了在发射前剧烈颠簸的情况下可靠地固定导弹,就需要安装闭锁器,用于锁定导弹,并在推力达到预定值时释放导弹。
③ 为了保护甲板在导弹发射时不被发动机燃气侵蚀,舰载导弹发射装置上一般都需要安装导流器。
④ 必须充分考虑海上的环境条件,在选择发射装置的结构形式及材料时,要仔细考虑海水和盐雾的侵蚀作用等。

为了增强隐蔽性及生存能力,现在世界各军事强国都十分重视利用潜艇在水下发射导弹,如图 5.58 所示。水下发射需要确定目标与潜艇的相对位置,为此,导弹发射时必须对潜艇的位置、姿态、航向、速度、水流、海浪等各种因素进行测量和收集,并加以综合考虑与修正。

图 5.58　潜艇发射地地导弹示意图

3. 空基发射

空基发射即机载导弹（如空空、空地、空舰导弹等），以航空器为发射平台进行发射，因而机载导弹在发射时已经具有较大的初速度。空基发射的问题，有些是独有的，有些则是共有的，视其严重程度不同，主要包括：

① 载机与导弹之间的流场气动干扰。航空器外挂导弹后，其飞行性能（如最大速度、升力限度、航程、飞行品质等）将有所下降；航空器对导弹的影响更为严重，特别是在发射瞬间，当迎角和侧滑角不为零时，导弹脱离载机后将处在极其复杂的空气流场内，不仅可能造成导弹失控，而且可能危及载机的安全。

② 采用自力发射的导弹，导弹发动机的燃气流和冲击波对载机的安全以及载机发动机的正常工作都可能造成恶劣影响，问题严重时就需要考虑将导弹发射方式改为弹射发射，当导弹弹离载机一定距离后，导弹上的发动机再点火启动。

③ 载机的机动动作对导弹发射的影响：现代歼击机的盘旋过载可高达 7～8，载机飞行情况的变化可能引起不均匀流场以及初始段弹道散布的增大，还会引起作用于发射装置的外载荷及其相应的弹性变形增大。

④ 考虑载机的安全，应设置应急装置，如载机或导弹发生故障（发射不出去），需要强迫着陆等紧急情况下，应急装置可以将导弹及其发射装置一起抛掉。

思考题

1. 机场的作用是什么？机场地面保障设施一般包括哪些？
2. 空中交通管理划分几种空域形式？
3. 我国空域管理中高度层是如何划分的？
4. 什么是空中走廊？
5. 中国有哪几个卫星发射中心？它们分别用什么运载工具来发射什么样的航天器？
6. 陆基战略弹道导弹有哪几种发射方式？各有什么特点？
7. 简述航天发射场的组成。

第 6 章 大飞机及通用航空

6.1 大飞机

大飞机即大型飞机,是指起飞总质量超过 100 t 的军用和民用大型运输类飞机,也包括一次航程达到 3 000 km 的军用或 150 座以上的民用客机。国际航运体系习惯上把 300 座以上的客机称作大型客机。

大飞机是一个国家工业的皇冠,是一个国家航空水平的核心标志,也是一个国家工业实力的关键标志。大飞机对于国家有着非常重要的作用,从民用的客机、货机,到军用的运输机、战略轰炸机、加油机、预警机、反潜巡逻机等均以大飞机为平台。拥有自己的大飞机是中国长久以来的梦想,随着 ARJ21、C919、Y20 的成功以及 C929 的研制,我们的梦想在逐步实现。

6.1.1 大飞机的发展过程

1. 民用运输机的发展

(1) 民用飞机的分类

民用飞机是指用于非军事目的飞机,包括航线运输机和通用航空飞机两大类。民用飞机作为运人载物的交通工具,特别强调安全性、舒适性和环保性。对旅客机来说,保证旅客在飞行中的生命安全是最重要的要求。民用飞机也可转为军用,海湾战争期间,美国曾动员民用飞机用于军事运输。预警机、空中加油机等军用飞机往往由民用飞机改型而成,而早期的许多民用飞机是由军用飞机改装而来的。现代民用飞机则是根据市场需求专门设计的。

现代民用飞机的分类见图 6.1。

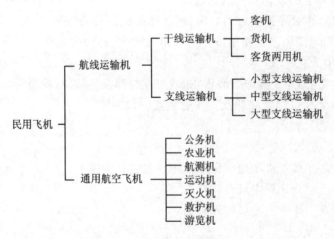

图 6.1 现代民用飞机的分类

航线运输机过去是按飞机的航程分为远程、中程和短程三类,而现代大多是按服务的航线性质分为干线运输机和支线运输机两类。

1) 干线运输机

干线运输机指服务于大城市间航线上的飞机,通常分为客机、货机和客货两用机。用于国际航线上的干线飞机通常以远程、大型(250座以上)飞机为主,而用于国内航线上的干线飞机以中程、中型(180~250座)飞机为主。

世界民航干线运输机从20世纪50年代末开始,每隔10年左右就出现一批新的具有不同技术特点的飞机,到20世纪80年代,先后有美国的波音707、727、737、747、757、767,美国的DC-8、DC-9、DC-10、L-1011,英国的"三叉戟",苏联的图-104、图-154等,还有法国的空客A310、320等干线客机。

到了20世纪90年代,以美国的波音777、欧洲的A340以及俄罗斯伊尔-96为代表的干线飞机相继投入运营。这一批飞机广泛采用复合材料、电传操纵系统、"玻璃化驾驶舱"以及推重比7~9的涡扇发动机,在安全性、经济性、舒适性、环保性方面都有明显改善。

进入21世纪,干线飞机以空客A350XWB(图6.2)、波音787(图6.3)为代表,是世界上技术最先进、最前沿的洲际飞机,同时也代表了波音和空客对未来民航市场的观点和看法。

2017年5月,中国C919大型客机在上海浦东机场成功首飞(图6.4)。

图6.2 空客A350XWB宽体飞机

图6.3 波音787大型客机

图6.4 中国C919大型客机

2) 支线运输机

支线客机指航行于小城市间或中心城市与小城市间的小型运输机,通常按飞机载客量分为三类:10~30座的小型支线飞机;40~60座的中型支线飞机;70~100座的大型支线飞机。20世纪80年代,支线飞机主要采用涡轮螺旋桨发动机,现代多采用100座左右的喷气式飞机。

到目前为止,一般认为支线运输机发展了三代。20世纪70年代以前投入使用的为第一代,以美国DC-3、康维尔440,荷兰的F.27、F.28,英国的BAe748、肖特330,加拿大的DHC-1、DHC-7,苏联的安-24、雅克-40等为代表。20世纪80年代开始使用的为第二代,以美国的"湾流"G-1C,英国的肖特360、ATP,加拿大的DHC-8,荷兰的F-50,瑞典的萨伯340,巴西的

EMB-120等为代表。20世纪90年代以后,加拿大庞巴迪宇航集团推出50座的CRJ"喷气区域客机"(图6.5),巴西航空工业公司推出ERJ支线飞机(图6.6)。CRJ和ERJ的推出,改变了喷气式支线客机的设计理念,成为世界支线客机市场上的主导机型。近年来,俄罗斯的"俄罗斯喷气支线机"(RRJ)、中国ARJ21支线客机(图6.7)和日本三菱重工的MRJ支线机也加入了支线客机市场的竞争。

图6.5 加拿大CRJ支线客机

图6.6 巴西ERJ支线客机　　　　　图6.7 中国ARJ21支线客机

3) 超声速运输机

20世纪60年代初,英国、法国、美国和苏联竞相开展了超声速运输机的研制计划,美国后来中止了该计划。英、法两国早在1956—1961年间就已分别预先开展了速度达2 200 km/h的超声速运输机的研究。由于费用太高,1962年两国政府决定由政府资助联合研制,并命名为"协和"号(图6.8),1969年初开始试飞,1976年1月正式投入使用。由于运营成本太高,加之美国以噪声问题刁难,致使该机除英、法两国外无其他订货,仅生产了16架,于1979年停产。2003年10月,英、法两国的"协和"号飞机也先后停飞。苏联于1962年开始研制图-144,其航速与"协和"号相当,1968年首飞,1975年试运营,1977年11月开始运营。运营中因一些严重技术问题未能解决,且运营效果不佳,于1978年6月停运,1980年停产,共制造13架,1984年完全退出航线飞行。

"协和"号和图-144这两种飞机作为超声速运输机投入运营是不成功的,但在技术上却有着重大突破,为以后研制超声速运输机积累了大量的资料和经验。当今一些国家又在论证第二代超声速运输机的可行性。新一代超声速运输机必须在经济上可行,在生态环境问题上能被人们所接受。

(2) 大型民用运输机的发展

民用运输机在技术上早在20世纪30年代就趋于成熟,当时主要是由美国和德国制造的以活塞式螺旋桨发动机为动力装置的飞机。它的飞行高度一般为3 000～4 000 m,可载乘客20～30人或装运货物2～3 t。第二次世界大战结束后,航空技术飞速发展,20世纪50年代出现了涡轮螺旋桨飞机,如英国的"子爵"号是最早的涡轮螺旋桨飞机。这类飞机的载客量可达50～100

图 6.8 "协和"号超声速客机

人,飞行速度低于 800 km/h,最大航程不超过 5 000 km。同一时期,涡轮喷气式运输机研制成功,在民用运输机的发展史上具有划时代意义。这类飞机载客量大,飞行速度快,飞行高度可在 10 000 m 以上,最大航程约为 12 000 km,但耗油量大,其代表性飞机有波音 707 型飞机、DC-8 型飞机等。通过对涡轮喷气发动机的改进,20 世纪 70 年代出现高涵道比的涡轮风扇发动机,采用这种发动机的飞机耗油率低,推力大,噪声小,其远程宽体飞机的载客量超过 500 人,最大航程超过10 000 km。其代表性飞机有波音 747 型飞机。

自 20 世纪 50 年代初喷气式客机问世以来,每隔 10 年喷气式客机的研制技术总会有所突破,可以粗略地说喷气式干线飞机(在国内主要航线和国际航线上航行的飞机)已发展了六代。

1) 第一代喷气式干线运输机

20 世纪 50 年代开始投入航线运营的以美国波音 707、道格拉斯 DC-8 和苏联的图-104 为代表的大型客机是第一代喷气式干线运输机。其主要技术特点是采用涡轮喷气发动机作动力装置和使用带后掠角的机翼代替以往的活塞式发动机和直机翼,大大提高了飞机的巡航速度和客运量,使航运公司的运营效率大大提高。

波音 707 飞机是美国波音公司研制的四发中远程喷气运输机,是世界上第一种真正成功的喷气式飞机。波音公司一共生产了 1 010 架波音 707 飞机,民用型波音 707 在 1978 年停产,生产线最终于 1991 年关闭,1992 年 5 月交付最后一架军用型波音 707 飞机。

2) 第二代喷气式干线运输机

20 世纪 60 年代开始投入航线的美国波音 727 客机、苏联的图-154 飞机以及后来以 A320 飞机为代表的一批大型客机被认为是第二代干线飞机。其主要技术特点是装有 2~3 台低涵道比涡轮风扇式喷气发动机,降低了油耗,提高了中近程运营的经济性,其不同座位数的系列型号客机覆盖了 100~180 座的各个档次,满足了中近程航线的客货运输需求。

早期民航机的舒适性和安全性还较差,机场设施也不完备,空中航行的一整套规章制度尚未完全建立。

3) 第三代喷气式干线运输机

20 世纪 70 年代开始投入使用的以美国的波音 747、DC-10、L-1011,欧洲的 A300B 和苏联的伊尔-86等为代表的宽机身(宽体)大型客机为第三代干线运输机。它们的主要特点是采用高涵道比大推力涡扇发动机和双通道客舱的宽体机身,载客量为300～500人。通过降低耗油量、加大载客量降低了直接使用成本,主要用于中远程国际航线和客流密集的国内航线,缓解了客运拥挤问题。

波音747飞机是波音公司生产的四发(4台发动机)远程双通道宽机身运输机,是一种研制与销售都很成功的宽机身客机。1965年8月开始研制,1969年2月原型机试飞,1970年1月首架747飞机交付给泛美航空公司投入航线运营,开创了宽体客机航线服务的新纪元。

DC-10飞机是麦克唐纳公司(后并入波音公司)应美国航空公司的需求而研制的三发(3台发动机)中远程宽体客机。DC-10飞机投入运营后,发现在设计上有缺陷。在1979年,DC-10飞机一年内涉及两起重大空难事故,当时美国航空当局以安全理由要求全球的DC-10飞机停飞,损害了DC-10飞机的声誉,从此逐步退出市场。

尹尔-86飞机是苏联伊留申设计局研制的四发宽体客机,1972年底最后确定设计方案,采用翼吊式四台发动机布局,客舱可以作3-3-3配置,于1980年12月26日首次投入航线使用。伊尔-86飞机设计最独特的地方是设于客舱侧下的登机楼梯,每边机身两个,乘客可在机场不设登机桥的情况下使用。

由于仓促上马,时间紧迫,伊尔-86在设计上出现失误,航程方面远未达到要求,仅用于2 000～3 000 km的高密度航线,也用于短程国际航线。

在此阶段,当波音公司已经稳坐世界航空市场的头把交椅的时候,欧洲各国不甘心作为一个旁观者。首先,法、德决心联手应对来自北美的空中巨无霸,后来西班牙、英国先后加入空中客车联合体,称作欧洲空中客车公司,选定当时空白的大容量中短途、高起降性能客机为突破口,决定将250～330座的双发双通道宽体客机A300飞机作为进军的目标。当时A300飞机具有前瞻性的机身截面尺寸,即它的双发双通道宽体客机,使空客公司可以很方便地改变机身长度,形成不同的机型,以适应不同市场的需要,也是日后空客公司大发展的基础。

4) 第四代喷气式干线运输机

20世纪80年代开始投入航线运营的以美国波音757、波音767,欧洲空客A310、A330和苏联图-204等为代表的一批200座级的客货运输机被认为是第四代干线运输机。这一代飞机的技术特点,除了采用改进的高涵道比涡扇发动机使油耗改善5%以上外,还通过采用超临界翼型、减小机翼后掠角、加大机翼展弦比、增大机翼相对厚度等措施来改善飞机的巡航气动效率,并采用新的铝合金材料以减轻结构质量。这些措施有效地降低了飞机的直接使用成本,提高了运营效率。

波音757飞机是波音公司生产的双发窄体中远程运输机。1979年3月开始研制,它与同期研制的波音767在设计、制造和操作方面具有互换性,1982年2月第一架波音757飞机首飞,同年12月取得适航证,投入航线运营。1986年12月获准双发延程飞行。波音757飞机是在波音727飞机基础上采用了新机翼和先进发动机并修改了机身外形。飞机的主要设计目标是通过降低油耗、减轻机体质量来降低使用成本。

波音767飞机是波音公司生产的双发双通道宽体中远程运输机,主要是用来争夺20世纪80年代的波音707、DC8、波音727等200座中远程客机退役而形成的市场。1981年9月26日第一架波音767飞机首飞,1982年7月取得型号合格证,同年8月投入航线运营。波音767采用了全新的机体,机身宽5.03米,这个宽度适合采用舒适的双通道客舱布局,并能适应当时已有的标准集装箱及货盘。

A310飞机是空客公司与波音767飞机竞争,在空客A300飞机基础上研制的200座级中短程双通道宽体客机,缩短了A300飞机的机身,设计了新的机翼,采用双人机组,典型两级座舱布局,标准载客量220人。A300/A310飞机为航空业引入了双人制机组新概念,并从此成为全球标准。

图-204飞机是俄罗斯图波列夫航空科学技术联合体研制的双发中程客机,是该联合体研制的第一种现代化的客机,用于取代图-154飞机,属于单通道窄体干线机。首架原型机于1989年1月首飞,1991年底取得型号合格证,1992年初开始交付独联体国家的航空公司使用。图-204飞机在设计上大量采用复合材料,占飞机总质量的18%,装备数字电传操纵系统和先进的电子飞行仪表。

5) 第五代喷气式干线运输机

20世纪90年代,以先进技术研制的美国波音777、欧洲空客A330/A340及俄罗斯的伊尔-96为代表的大型客机,可称作第五代干线运输机。

波音公司于1995年5月交付第一架波音777飞机。它是世界上最大的双发、双通道宽体中远程民用运输机。它的外形尺寸在767和747之间,机身外径达6 m,发动机直径和波音737机身相当,三级客舱布置的载客量可达283~368人。波音公司声称,777飞机的设计寿命是40年,此后还可使用20~30年,所以,飞机的总寿命达70年之久。

空客A330和A340客机是在分析世界主要航空公司20世纪90年代需求后,于1986年1月宣布研制的两种双通道宽体客机。除了发动机的数量(A330客机安装2台发动机、A340客机安装4台发动机)和与发动机相关的系统外,这两种机型的结构、系统及大小基本相同,仅是飞行距离不同。它们采用相同的机身,只是长度不同。驾驶舱、机翼、尾翼、起落架及各种系统也都相同,85%的零部件可以通用。这两种机型仍采用了A300/A310飞机的高效率机身截面设计,所以也可以说它们是A300/A310飞机的延伸发展。

伊尔-96(IL-96)客机是苏联伊留申设计局研制的四发中远程宽体客机。它虽然是在伊尔-86基础上发展而来,外形与伊尔-86客机很相似,但实际上与其有很大区别。它采用了先进的结构材料及现代水平的工艺技术,使其使用寿命延长。装有4台索洛维耶夫PS-90A高涵道比涡扇发动机,提高了飞机性能,加大了航程。1988年9月28日首飞,但由于资金等问题,交货缓慢,发展严重受阻。

6) 第六代喷气式干线运输机

从20世纪末到现在,空客和波音公司加紧研制A380、787和A350为代表的大型客机,这些客机更舒适、安全、经济和环保,可称作第六代干线运输机。

欧洲空客公司提出研制的从"中心"城市到"中心"城市飞行的超大型客机A380装有4台涡轮风扇发动机,一次能运载500名以上乘客,是超大型远程双层双通道宽体客机,有空中巨无霸之称。A380客机于2005年4月27日首航成功,2007年10月25日开始第一次商业飞行。2011年10月17日,南航A380客机正式执行中国大陆第一个载客飞行任务,首飞北京到广州航线。空客公司视A380飞机为其21世纪的"旗舰"产品。A380客机在投入服务后,打破波音747客机在远程超大型宽体客机领域统领35年的纪录,结束了波音747客机在市场上30年的垄断地位,成为载客量最大的民航客机。

美国波音公司为满足全球航空运输发展的需求和迎接欧洲空客飞机公司的挑战,采取不同于空客公司的策略。波音公司战略性地提出研发更受市场欢迎的"点"对"点"飞行的中型787"梦幻"飞机,并且提出研制的787"梦幻"客机性能更加优良,其机体采用碳纤维增强复合材料,以此大幅度地降低飞机质量,将有助于波音公司重振其不断畏缩的客机市场。波音787系列属于200~300座级飞机,航程随具体型号不同可覆盖6 500~16 000 km。2009年12月15日波音公司787客机首航试飞。波音787客机的设计思想先进,机型适合市场需要,得到世界各大航空公司的欢迎。

随着787客机获得全球航空公司客户的青睐,空客公司决定,针对波音787客机开发对应竞争机型,在A330客机基础上重新设计机翼,并利用研发A380客机的创新技术,开展超宽体客机A350XWB项目与波音787竞争。空客公司在2005年10月6日宣布,正式启动A350XWB远程客机项目,2012年4月5日开始总装,2012年12月首架下线,2013年5月完成喷漆,2013年6月14日成功试飞4 h。A350XWB集合了当今最新的空气动力学和飞机设计技术,机体结构的53%由复合材料制造,质量更轻,其创新的全新型碳纤维增强材料(CFRP)机身进一步减轻了飞机质量,更易于维护和修理。

2. 我国大型客机的发展状况

我国的民用飞机研制始于20世纪60年代,起步并不算晚。美国波音公司的波音707客机于1957年12月首飞,欧洲空客A300于1972年10月首飞,而我国的第一架支线飞机是(运-7客机)于1970年12月首飞成功。运-7客机是我国在苏联安-24型的基础上研制生产的双发涡轮螺旋桨中短程运输机,现已停止运营。运-10项目于1970年8月在上海启动(又称708工程),1978年完成飞机设计。1980年9月26日首飞上天。此后,又进行了各种科研试飞。运-10客舱按经济舱178座,混合级124座布置,装有4台喷气发动机,最大起飞质量达110 t,已经达到了大型飞机的标准。

后来,在上海中美合作的"麦道项目"作为国内研制大飞机的一种延续又进行了近十年,从1985年3月至1994年10月,共组装了35架麦道82,其中返销美国5架。1992年3月中美开始合作生产麦道90,机体的国产化程度达到70%。1996年中国航空工业总公司与空客、新加坡科技签约了联合设计生产100座级飞机AE-100的协议。1997年8月,波音并购了麦道公司,麦道90项目在生产试飞两架后仓促结束,1998年空客终止了AE-100项目。

ARJ-21"翔凤"客机是中国商用飞机有限责任公司研制的尾吊双机支线客机。ARJ-21是英文名称"Advanced Regional Jet for the 21st Century"的缩写,意为21世纪新一代支线喷气式客机。ARJ-21民用客机是70~90座级的中、短航程涡扇发动机新支线客机。ARJ-21飞机项目2002年4月正式立项,2008年11月28日首架ARJ21-700飞机在上海飞机制造厂试飞成功,2012年9月26日,进入适航取证阶段,2014年交付首架,2015年11月29日,交付首家客户,2016年6月27日,获得中国民用航空管理局批准,随时可以执飞商业航班。2017年11月22日,ARJ-21首架公务机试飞成功。

大型客机C919是我国继运-10后自主设计的第二款国产大飞机,是中国首款按照最新国际适航标准,与美法等国企业合作于2008年开始研制的干线民用飞机。2017年5月5日,C919在浦东机场成功首飞。2018年1月14日,C919大型客机第二架机执行一架次初始检查试飞。2020年6月28日,C919客机降落在吐鲁番交河机场,开展了为期一个月的高温专项飞行试验。

3. 未来大型民用运输机

安全、舒适、经济和环保仍然是下一代大型客机发展的主要设计要求和评价准则。波音公司将重点从空气动力学、发动机、材料制造和控制系统等技术方面入手,力求增强飞机安全性;从降噪和人性化客舱设计等方面提高乘坐的舒适性；从减少耗油和维护费用来提高飞机的经济性；从降低发动机系统噪声、减少排放污染、能源优化等方面加强环境保护。空客公司也提出了下一代民机发展的战略目标，明确了更安全、更经济、更环保和更舒适的设计思想。

有专家指出，未来客机将实现持续的高超声速飞行，类似于从螺旋桨飞机发展到喷气式飞机，如果这一技术得到运用，那么搭乘时速是声速5倍的飞机从伦敦飞越大西洋到达纽约可能只需1 h。

进入21世纪，顺应多样化的大众消费需求，使航空旅行逐渐从豪华、奢侈型为主向大众、经济型为主转变。因此，需要建设一个具有经济价值、国家安全性、机动性、通达性、环保价值和超级运输量的航空运输系统，从根本上改变现有系统的结构。美国联邦航空局在1997年就开始致力于"新一代航空运输系统"的研究。欧盟国家也于2001年提出建立安全高效、与环境和谐发展的新航空运输系统。这些将引领世界民航系统的变革与发展。

6.1.2 各类大型飞机

大型飞机分民用运输机和军用运输机，民用运输机又分小型客机和大型客机，也可划分为支线客机和干线客机等。干线客机又分单通道窄体客机、双通道宽体客机和超大型双通道宽体客机。小型客机的种类极其繁多。大型客机在民航运输中也称作干线运输机，一般指客座大于150、满载航程大于3 000 km的大中型客机，一般航行于国际航线和国内主要的大城市之间。

按航程划分，常把满客航程大于6 000~10 000 km的称为中/远程干线运输机，航行于国际航线上的大多是这类飞机，一般是具有双通道的宽体客机，如空客A330和波音777系列飞机等。把满客航程在5 000 km以下的称为中/近程干线运输机，航行于国内各大城市之间的大多是这类飞机，常被称为国内干线飞机，一般是双发单通道的窄体客机，如空客A320和波音737系列飞机等。还有一种较小的经常飞行在国内局部区域，从大城市到中小城市之间飞行，载客在150人以下，称作支线客机。

干线客机和支线客机是相对的，航空公司经常把波音737和空客A320干线机在支线航线上运行，有些先进的小型客机也经常在干线机航线上飞行。

1. 单通道窄体干线客机

单通道窄体干线客机以空客公司的A320系列客机和波音公司的737系列客机为代表，一般乘客数在150人左右，最远航程在5 000 km左右，是大型干线客机中销售量最大的飞机，也是国内航线最常见的客机。我国的C919飞机也属此列。

(1) 空客A320系列客机

A320系列客机是欧洲空中客车工业公司研制生产的单通道、双发中短程110~180座级窄体客机。其客舱比一般的双发单通道客机要宽些(A320直径为3.95 m，波音737为3.73 m)。A320系列飞机包括A318、A319、A320和A321，如图6.9所示，组成了单通道飞机系列，旨在满足航空公司低成本运营中短程航线的需求，为运营商提供了100~200座级飞机中最大的共通性和经济性。

A320系列飞机于1988年推出，是世界上第一款使用电传操纵飞行控制系统的商用飞机。截至2018年2月2日整个A320系列共交付了8000架，是历史上销量第二多的商用飞机。

A320NEO系列是A320系列飞机的一个改款，于2010年发布，采用新型发动机以及装配空客鲨鳍小翼，能够降低油耗的15%。

图 6.9 空客 A320 系列客机

目前,中国所有主要的航空公司都有运营 A320 系列飞机,A320 系列飞机是中国航空市场的主力机型之一。

(2) 波音 737 系列客机

波音 737 系列飞机是波音公司生产的一种中短程双发窄体单通道客机,至今已发展出 14 个型号。波音 737 系列是最畅销的客机之一。

根据项目启动时间和技术先进程度,波音 737 系列飞机分为传统型 737、改进版 737、新一代 737 和 737MAX。第一代成员 Original 为 737-100 和 737-200。第二代成员 Classic 为波音 737-300、737-400 和 737-500,第三代成员 NextGeneration 为波音 737-600、737-700、737-800 和 737-900。第四代成员 MAX 为波音 737 MAX 7、737 MAX 8、737 MAX 9 和 737 MAX 10。截至 2018 年 4 月,波音已经向全球客户交付了约 10 000 架波音 737 各种机型,其订单数更是达到了约 15 000 架,成为世界上最成功的客机家族之一。截至目前,中国所有主要的航空公司都有运营 B737 系列飞机,B737 飞机亦是中国航空市场的主力机型之一。图 6.10 所示为波音 737 系列客机。

图 6.10 波音 737 系列客机

(3) C919 中型客机

C919 中型客机是中国首款按照最新国际适航标准研制的干线民用飞机,于 2008 年开始研制。基本型混合级布局 158 座,全经济舱布局 168 座,高密度布局 174 座,标准航程 4 075 km,最大航程 5 555 km。

C919 飞机全称是,COMAC919,其中 COMAC 寓意是天长地久,"19"代表的是中国首型中型客机最大载客量为 190 座。2015 年 11 月 2 日,C919 大型客机首架机在浦东基地正式总装下线。2017 年 5 月 5 日在上海浦东国际机场圆满首飞;12 月 17 日,第二架 C919 完成首次飞行,意味着 C919 大型客机逐步拉开全面试验试飞的新征程。2022 年 5 月 14 日,中国商飞公司即将交付首家用户的首架 C919 大型客机首次飞行圆满完成。2023 年 1 月 1 日,中国东方航空全球首架 C919 大型客机测试飞行。

2. 双通道宽体干线客机

双通道宽体干线客机是国际航线上最常见的客机。

(1) 空客 A330 系列

空客 A330 飞机(图 6.11)是一款双通道高载客量中远程客机,于 1992 年首飞。A330 是能直飞机场位于海拔 3 500 m 以上的青藏高原航线的少数机种之一。四川航空公司的川藏机队配备了多架 A330 机型,用于西藏地区的飞行。A330 共有三种型号,两种全客机型号 330 - 200/-300,一种全货机型号 A330 - 200F。

图 6.11 空客 A330 - 200 客机

A330 在三舱布局下可搭载 253 人,满载航程达到 12 500 km。由于其载重量、耗油量、续航距离均远好于其主要对手波音 767 - 300ER,因此 A330 - 200 自推出以来,受到不少买家的欢迎。

A330 - 300 是 A330 - 200 型的加长型号,1993 年交付,用于与波音 767 - 400ER 及 777 - 200 机型竞争,在三舱布局下可搭载 295 人,满载航程可达 11 900 km。空客 A330 飞机作为当代最成功的双通道宽体飞机之一,受到大量飞国际航线的航空公司欢迎,且其先进的电传控制系统和可靠的设计,帮助其安全飞行 20 年多年。中国国际航空、中国南方航空、中国东方航空、海南航空和四川航空均有运营 A330 飞机。

(2) 空客 A340 系列

空中客车 A340 飞机的设计类似于 A330,但配备了 4 台发动机,最初设计目的是为了同早期版本的波音 747 竞争,而后则是主要与波音 777 竞争远程飞机市场。

A340-300 型于 1991 年首飞,三舱布局下可搭载 295 人,满载航程 13 700 km。由于运营成本高昂,受欢迎程度并不是很高,已于 2008 年停产。A340-500 是先进型 A340 的基本型号,三舱布局下可搭载 313 人,满载航程可达 16 700 km。A340-600 是基本型号-500 的加长型,身长达到 75.6 m,三舱布局下可搭载 380 人,满载航程 15 900 km。目前,中国国际航空、中国东方航空和海南航空都有运营 A340 系列飞机。

图 6.12 空客 A340-600 客机

(3) 波音 777 系列

波音 777 系列飞机是由波音公司制造的一款双发长航程宽体客机,是目前全球最大的双发宽体客机,其直接竞争对手是空中客车 A330-300、A340 和 A350 系列飞机,1994 年首飞。波音 777 是最成功的远程机型,亦是首个完全采用 CAD 技术设计的机型,不需要原型机,所有的均是量产机型。

图 6.13 波音 777 客机

波音 777-200/ER/LR 是 777 的基本型,ER 为延程型,LR 为远程型。波音 777-200LR 目前仍保持着世界上航程最长的客机称号,三舱布局下可搭载 401 人,满载航程 ER 型为 14 260 km,LR 型为 17 200 km。777-300/ER 是 777-200 的加长型号,是最受欢迎的远程机型之一,三舱布局下可搭载 365 人,最大航程 14 685 km。

(4) 波音 787 系列

波音 787 客机是波音推出的一款新型客机,于 2011 年交付,主要用于取代波音 767 系列飞机。该机的研发采用包括更加高效的发动机、全机近 80% 的复合材料以减轻飞机质量、超临界机翼等新技术,是首架超长航程的中型客机,打破了以往长航程客机多为大型客机的定律。

全新设计的客舱亦被波音称作"天空内饰",美轮美奂的设计和先进的空气流通技术给乘客带来超乎以往的飞行体验。波音787共有三种型号:基本型787-8,加长型787-9/-10。波音787-8三舱布局下可搭载客224人,满载航程15 200 km。

(5) 中国C929客机

目前,中国C929客机已经开始研制。在2017年9月29日,中俄国际商用飞机有限责任公司在中国商飞公司举行宽体客机命名与合资公司LOGO发布活动,宣布中俄远程宽体客机正式命名为CR929,C和R分别是中俄两国英文名称首字母,代表该款宽体客机是两国企业合作研制的先进商用飞机。

CR929作为一款远程宽体客机,采用双通道客舱布局、先进气动设计、大量应用复合材料、装配新一代大涵道比涡扇发动机等,从而提高飞机的综合性能指标。CR929客机除了用于民航市场外,还具有潜在的军事用途,可发展出满足海军和空军装备的特种机型,包括反潜巡逻机、预警机、电子战飞机、空中加油机等。

3. 超大型干线运输机

(1) 波音747双层双通道宽体运输机

波音747系列飞机是一款双层宽体四发商用客机,如图6.14所示。在空中客车A380飞机投入运营之前,波音747保持着世界载客量最高的民航飞机纪录长达37年,至今已发展至第五代,总共交付了近1 500架。由于其高辨识度以及庞大的体积,亦被许多国家采购作为国家元首专机,著名的有美国空军一号、中国国航B-2472号机等。

图6.14 波音747客机

首款型号波音747-100于1970年交付飞行,三舱布局下可搭载366人,最大航程9 800 km。747-200是在100型的基础上改良而来,采用了更具效率的发动机,三舱布局下可搭载366人,最大航程12 700 km。著名的美国空军一号便是基于此型号。

波音747-300机身较之前机型有较大改动,主要在于其上层甲板的明显加长,1982年交付,三舱布局下可搭载366人,最大航程12 400 km。

波音747-400在300型基础上改良而成,三舱布局下可搭载416人,最大航程13 450 km,也是速度最快的亚声速商用客机之一,1989年交付,已于2009年停产。

波音747-8于2005年发布,由400型加长而来,取代A340-600成为世界上最长的商用飞机,采用了大量为波音787飞机所开发的技术,如机翼、发动机等,是市场上最具燃油经济性的巨型客机。首架于2012年交付德国汉莎航空公司运营,三舱布局下可搭载467人,最大航程15 000 km。

(2) 空客 A380 双层双通道宽体运输机

空客 A380(图 6.15)系列是空中客车公司研发的双层四发动机巨型客机,还是全球首款拥有四个通道的民航客机,是全球载客量最高的客机,亦是民航史上最大的商用飞机。

该机首飞于 2005 年,2007 年正式交付首架于新加坡航空公司。A380-800 是其基本型,三舱布局下可搭载 525 人,最大航程 15 700 km。

图 6.15　空客 A380 客机

4. 大型军用运输机

(1) 美国 C-5 战略运输机

C-5"银河"运输机是美国洛克希德公司生产的大型战略军用运输机,也是美国空军现役最大的战略运输机。该机能够在全球范围内运载超大规格的货物,并在相对较短的距离起飞和降落。地面工作人员可以同时在飞机的前后舱门进行装载和卸载。

C-5 运输机采用了悬臂式上单翼,主要采用由多梁和机加挤压蒙皮壁板组成的破损安全盒形结构。1/4 弦线后掠角 25°,下反角 5°30′,翼根安装角 3°30′。货舱为头尾直通式,其地板高度与运货卡车斗高度相适应,既可空投货物,也可空降伞兵。

(2) 美国 C-17 战略战术运输机

波音 C-17"环球霸王"是 20 世纪 80 年代美国麦克唐纳公司(现波音公司)为美国空军研制生产的大型战略战术运输机。C-17 的作战范围和功能涵盖了过去的运输机所具备的一切,融合战略和战术空运能力于一身,是当今世界上唯一可以同时适应战略、战术任务的运输机。C-17 适应于快速将部队部署到主要军事基地或者直接运送到前方基地的战略运输,必要时该飞机也可胜任战术运输和空投任务。

C-17 采用大型运输机常规布局,飞机长度 53 m,高度 16.8 m,翼展 51.81 m,最大起飞质量 263 t。机翼为悬臂上单翼,前缘后掠角 25°,NASA 翼梢小翼高 2.90 m,悬臂 T 形尾翼。液压可收放前三点起落架,可靠重力应急自由放下。前起落架向前收入机身,主起落架旋转 90°向里收入机身两侧整流罩内。起落架装有碳刹车装置,可在铺设与未铺设的跑道上使用。

C-17 的货舱尺寸与 C-5 相当。按在货舱中两排布置 6 辆卡车的要求,货舱宽度为 5.49 m,长 26.82 m,高 4.11 m。吉普车可 3 辆并列,也可装运 3 架 AH-64 武装直升机。各种被空运的车辆可直接开入舱内。机舱中心线和机舱两壁可装折叠式座椅。空投能力包括空投 27 215~49 895 kg 货物,或空降 102 名伞兵。为了装载陆军最重的装备——55 t 重的 M1 主战坦克,货舱地板由铝合金纵梁加强,达到了60 t以上的最高承载能力。

C-17还可承载62 t的M1A2型主战坦克,地板上布置了系留环、导轨、滚珠、滚棒系统等设施,这些设施延伸到可在飞行中放下的货桥上,货桥上有货物降落伞拽出装置。C-17货舱门关闭时,舱门上还能承重18 150 kg,几乎是C-130全机的装载量,而一般的运输机舱门通常只能堆放轻的货物。机身尾部两侧各有一跳伞舱门,尾部机身顶上和机翼前的机身顶上分别有两个水上降落应急出口。目前C-17还服役于美国之外的英国皇家空军、印度空军、加拿大空军、卡塔尔空军、阿联酋空军和澳大利亚空军。

(3) 俄罗斯伊尔-76和伊尔-476军民两用战略运输机

伊尔-76运输机是俄罗斯(苏联)联合航空制造公司下属的伊留申航空集团在20世纪70年代设计制造的四发大型军民两用战略运输机。伊尔-76是世界上最为成功的一款重型运输机,至今已有超过38个国家使用过或正在使用。

伊尔-76机身为全金属半硬壳结构,截面基本呈圆形,机头呈尖锥形,机舱后部装有两扇蚌式大型舱门,货舱内有内置的大型伸缩装卸跳板。机头最前部为安装有大量观察窗的领航舱,其下为圆形雷达天线罩。采用全金属多梁破损安全结构悬臂式上单翼,上单翼不阻碍机舱空间,后掠角不变,1/4弦线后掠角25°。机翼包括一段中央翼板,两段内翼壁板,两段外翼壁板。副翼为静态质量平衡式,并有两段三缝后缘襟翼,共有16个扰流片。整个机翼前缘共有10段前缘缝翼。全金属半硬壳式机身的截面基本呈圆形,前机身有两扇舱门,后机身底部有两扇蚌壳式舱门,向下开的中间壁板可作为货桥。

伊尔-476运输机是伊尔-76MD运输机的最新改进型号,是现有伊尔-76运输机的有限升级版本。安装了一套全数字飞行控制系统、玻璃驾驶座舱,以及四台新一代的佩尔姆PS-90A76型涡扇发动机,以及改进的库普尔-76M航电系统。巡航速度增加到825 km/h,最大起飞质量达到210 t,载重60 t。使用的PS-90A76型发动机推力为14.5 t,油耗减少13%~17%,而且在噪声和排放物方面,PS-90A76型发动机符合国际民用航空组织2006年开始实施的更加严格的要求。伊尔-476运输机由三名机组人员操控,机身长49 m,翼展49 m,机翼面积为310 m^2,机高为15 m,最大起飞质量220 t。

(4) 中国运-20战略运输机

运-20是中国自主研发的新一代战略军用大型运输机,由航空工业集团公司第一飞机设计研究院设计、西安飞机工业集团为主制造,于2013年1月26日首飞成功。运-20作为多用途运输机,可在复杂气象条件下,执行各种物资和人员的长距离航空运输任务。

运-20采用常规布局,悬臂式上单翼、前缘后掠、无翼梢小翼,最大起飞质量220 t,载重超过66 t,最大时速800 km/h,航程大于7 800 km,实用升限13 000 m。拥有高延伸性、高可靠性和安全性。运-20与中国空军现役伊尔-76比较,发动机和电子设备有了很大改进,载重量也有提高,短跑道起降性能优异。

(5) 欧洲A400M军用运输机

A400M军用运输机是欧洲空客公司为了满足比利时、法国、德国、意大利、西班牙、土耳其和英国空军的军备需求而研制的。A400M军用运输机除了具备优良的飞行性能和安全性之外,很重要的一个优势是具有较低的全寿命使用成本和良好的维护性。空客公司通过把先进的民机设计概念、标准和研制经验移植到A400M军用运输机研发过程,最大限度地提高A400M军用运输机的可靠性和可维护性。该机的有效载荷包括运送军用直升机、装甲车、重型工程机械和集装箱。A400M军用运输机可以通过降落伞投放伞兵部队和军事装备。可同时运载九个标准军用集装箱(2.23 m×2.74 m)和120名全副武装的作战人员。执行战场救伤任务时,该机可同时运送66副担架和10名医务人员,并能在恶劣环境中正常工作。

欧洲A400M军用运输机设计时就考虑到可作为空中加油机,同时也能作为受油机,这样可以加大A400M军用运输机的有效航程。作为军用运输机,它能在条件较差的简易沙石跑道上起降。

思考题

1. 简述民用飞机的分类。
2. 简述我国大型飞机的发展状况。
3. 试举例说明大型军用运输机的发展概况。
4. 什么是民用航空？什么是军用航空？
5. 中国民用航空的发展分为几个阶段？
6. 简述中国大型客机C919的意义。

6.2 通用航空

6.2.1 通用航空概述

1. 通用航空的概念及分类

(1) 通用航空的概念

通用航空(General Aviation)是指使用民用航空器从事公共航空运输以外的民用航空活动,以通用航空飞行活动为核心,涵盖通用航空器研发制造、市场运营、综合保障以及延伸服务等全产业链的战略性新兴产业体系。

国际民用航空组织(ICAO)的定义:通用航空是指"定期航班和用于取酬的或在租用合同下进行的不定期航空运输以外的任何民用航空活动",具体是指对社会公众开放使用的定期和不定期航空运输以外的任何民用航空活动。

我国《通用航空飞行管理条例》对通用航空的定义是指使用民用航空器从事公共航空运输以外的民用航空活动,包括从事工业、农业、林业、渔业和建筑业的作业飞行以及医疗卫生、抢险救灾、气象检测、海洋检测、科学实验、教育培训、文化体育等方面的飞行活动。

从事通用航空活动,应当具备下列条件:
① 有与所从事的通用航空活动相适应,符合保证飞行安全要求的民用航空器;
② 有依法取得必需的执照的航空人员;
③ 符合法律、行政法规规定的其他条件。

从事非经营性通用航空的,应当向国务院民用航空主管部门办理登记。从事经营性通用航空,还应当向国务院民用航空主管部门申请领取通用航空经营许可证,并依法办理工商登记;未取得经营许可证的,工商行政管理部门不得办理工商登记。通用航空企业从事经营性通用航空活动,应当与用户订立书面合同(紧急情况下的救护或者救灾飞行除外)。组织实施作业飞行时,应当采取有效措施,保证飞行安全,保护环境和生态平衡,防止对环境、居民、作物或者牲畜等造成损害。

(2) 通用航空的分类

通用航空应用范围十分广泛,依据《通用航空经营许可管理规定》,其经营的内容共四大类31项。

① 甲类

通用航空包机飞行、石油服务、直升机引航、医疗救护、商用驾驶员执照培训。

② 乙类

空中游览、直升机外载荷飞行、人工降水、航空探矿、航空摄影、海洋监测、渔业飞行、城市消防、空中巡查、电力作业、航空器代管、跳伞飞行服务。

③ 丙类

私用驾驶员执照培训、航空护林、航空喷洒(撒)、空中拍照、空中广告、科学实验、气象探测。

④ 丁类

使用具有标准适航证的载人自由气球、飞艇开展空中游览;使用具有特殊适航证的航空器开展航空表演飞行、个人娱乐飞行、运动驾驶员执照培训、航空喷洒(撒)、电力作业等经营项目。

其他需经许可的经营项目,由民航局确定。

通用航空产业涵盖领域可参见图6.16。

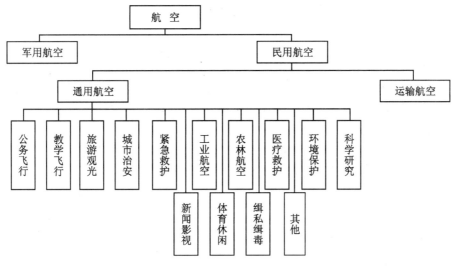

图6.16 通用航空产业涵盖领域

2. 通用航空产业的特点

通用航空产业以公务机、轻型飞机、直升机、运动飞机等飞机制造为核心,以航空租赁和航空运输为主干,集研发、制造、销售和运营服务为一体,涉及庞大的周边和地面产品集群,产业链长,经济拉动效应高,对一、二、三产业都有巨大的带动作用,是促进产业结构调整与升级的有效途径。其具体特点如下。

(1) 产业链条长

通用航空广泛应用于抢险救灾、气象探测、海洋监测、科学试验、遥感测绘、教育训练、文化体育、旅游观光等领域,产业链涉及冶金化工、先进材料、电子信息、新能源、基础设施建设、人员培训及金融服务等多个领域。从通用航空产业链构成来看,通用飞机制造是核心,上游是配件制造而下游是销售,前端是设计而后端是试飞,后续是通用航空运营配套产业链MRO,包括运营、人员培训和机场服务,以及维护、维修,以保证飞行安全和飞机性能,如图6.17所示。

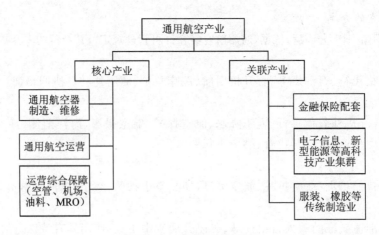

图 6.17　通用航空产业链

(2) 带动性强

通用航空产业投资效益巨大,投入产出比高达 1:10,就业带动比为 1:12,远高于汽车等传统装备制造业。随着通用航空向各个领域的渗透,其产业正逐步成为带动科技、旅游、农业等传统产业升级和经济发展方式转变的重要力量。

通用航空是公共航空的基础,且市场广阔,对于飞行员的需求较大。私用驾驶员执照的培训保证了公共航空飞行员的供应,全世界的商用飞行员绝大多数都是以通用航空的私用驾驶员执照开始飞行生涯,对于维修人才同样如此。通用航空通勤和短途运输业务可以对干线、支线航空运输形成有效补充,构筑完备的民航运输体系。发展通用航空可以完善公共应急救援服务体系,也可以带动旅游、金融等关联产业发展。

通用航空为经济建设提供基础性服务,例如运用航空摄影、遥感手段获取航空图像及其他遥感信息,为国民经济各有关部门进行勘探、设计、调查、科研等活动提供可靠、精确的原始数据和基础资料。这些信息对新的矿藏资源开发、航测制图、国土资源调查、环境检测、边界巡查以及宣传教育和军事侦察、工程地质和水文地质研究都可起到重要作用。通用航空还可支持通用航空器、发动机及关键零部件研发、设计和制造,促进高技术产业发展,推动产业结构转型升级。

3. 通用航空飞机的种类

用于通用航空业务的飞机称为通用航空飞机,其种类繁多,主要有公务机、农业机、航测机、灭火机、救护机、运动机和游览机七种类型。

通用航空飞机一般为轻型多用途飞机,还可使用超轻型飞机。轻型飞机是指最大起飞质量较小的飞机,又称小型飞机。目前各国对轻型飞机的确切标准尚不一致,不同种类的轻型飞机的最大起飞质量也不相同。通常,民用轻型飞机的最大起飞质量小于 5 750 kg。超轻型飞机最大起飞质量比轻型飞机还要小,两者的区分尚无严格统一的规定。20 世纪 60 年代以来,世界通用航空发展迅猛,呈现出欣欣向荣的景象。通用航空产业是当今世界上最具活力的产业之一,目前有 35 万多架通用飞机飞行在世界各地。

(1) 公务机

公务机又称商务飞机或行政机,是在商务活动和行政事业中用做交通工具的小型飞机,一般为政府部门和企业所拥有。多数公务机总重在 9 t 以下,可乘坐 4~10 人。大多数公务机装有 2 台发动机,以提高飞行的安全性。发动机类型有活塞式、涡轮螺旋桨式和涡轮风扇式。豪华的机务舱内有办公桌、会议桌以及能与地面联系的各种通信设备。公务机的飞行性能和舒适程度通常都高于航线客机。

世界著名的公务机有美国赛斯纳公司的"奖状"系列(图 6.18)、加拿大庞巴迪宇航集团的"利尔喷气"(图 6.19)和"挑战者"、美国湾流公司的"G 系列"(图 6.20)、法国达索公司的"隼"系列(图 6.21)等,其中"奖状"系列是目前世界上使用最多的公务机。

图 6.18 赛斯纳"奖状"豪华私人飞机

图 6.19 "利尔喷气-60"行政机

图 6.20 湾流 G650 公务机

图 6.21 "隼"7X 公务机

(2) 农业机

农业机是专门用于农业、林业、牧业的飞机,主要任务包括播种、施肥、喷药、除草以及森林资源调查、护林灭火等。农业机使用季节性强,通常兼作他用以提高经济效益,如用于载客或载货,所以可称为一种以农用为主的多用途飞机。

大多数农业机只有一台活塞式发动机或涡轮螺旋桨发动机。机载设备也较简单,只有一名驾驶员。农业机大多采用下单翼,以便于在全翼展上固定喷洒(撒)装置。作业时因机翼离作物较近,下单翼可增强扰流对作物的作用,有利于提高喷洒(撒)效果。美国的 AT-502B"空中拖拉机"是较先进的农业机,自 1987 年首飞以来,已经生产了近 3 000 架,如图 6.22 所示。

图 6.22 AT-502B"空中拖拉机"农用飞机

(3) 航测机

航测机是装有遥测系统、对目标地域的参数进行测量的飞机。机上的航测设备主要有照相机、扫描仪等。航测机要求续航时间长、巡航高度范围大、具有较好的稳定性,以及装有完善的导航设备和自动驾驶仪。

(4) 运动机

运动机是用于航空运动的飞机,主要包括竞速飞机、特技飞机,以及动力滑翔机(图 6.23)等。大多数运动机是轻型或超轻型飞机。竞速飞机大多使用限制气缸容量的活塞式发动机,飞行航线有直线往返和三角航线。特技飞机主要用于飞机的特技飞行,俄罗斯的苏-39 是专门设计的高性能运动机。动力滑翔机简单经济,是一种常见的航空运动器械。

(5) 灭火机

灭火机是用于执行灭火任务的飞机,主要用于扑灭森林或草原的火灾(城市灭火任务一般使用直升机)。灭火机上备有专门的灭火设备,可携带大量灭火剂或水。灭火机大多用水上飞机或水陆两栖飞机改装而成,可以在水面上掠水飞行时将水加满,然后飞向火场。

(6) 救护机

救护机是能将伤员或病人从战场或病区运往医院,或能直接进行医疗的飞机。救护机一般用客机或货机改装而成,机内有较大空间用于安放医疗救护设备和担架。救护机要求有较大续航能力,并具有短距起降性能。

(7) 游览机

游览机是用于旅游、观光的飞机,通常非专门设计,而是采用飞行速度较低(最大速度低于 200 km/h)的轻型飞机。一般装一台活塞式发动机或涡轮螺旋桨发动机。这种飞机要求有良好的低空、低速性能和安全性。游览机一般还可作不定期的包机飞行。

在通用航空领域,多用途飞机是一个重要的发展方向。最负盛名的多用途通用航空飞机当属赛斯纳208"大篷车"(图 6.24)。该机采用单发涡轮螺旋桨动力,于 1982 年首飞,是一种典型的多用途通用飞机,可在土跑道和简易机场起飞,可选装浮筒与滑橇起降装置,经济性、可靠性好,维护简便,目前已经销往世界上几十个国家和地区。

图 6.23　动力悬挂滑翔机

图 6.24　赛斯纳208"大篷车"

6.2.2　通用航空现状及发展

1. 通用航空现状和发展概述

全球通用航空产业的不断发展,通用航空正在成为 21 世纪发展最快、最便捷的空中交通方式之一。随着空域管制的放开,中国通用航空也将进入快速发展的机遇期,并将顺应全球通用航空产业发展的大势,为中国经济发展提供强劲动力。

数据表明,尽管近年来世界经济增长的不确定性对通用航空制造业造成了较大冲击,但是全球通用航空市场仍处于持续增长阶段,特别是中国、巴西和印度等新兴经济体市场表现出较大增长态势。2011—2020 年,全球产出约 56 000 架通用飞机,年均增长达 9%。

从全球范围来看,虽然发达国家通用航空发展已经非常成熟,但全球通用航空产业仍处于发展期,其发展状况如下:

(1) 发达国家继续主导全球通用航空产业

根据 GAMA(The General Aviation Manufacturers Association)最新统计数据，全球通用飞机市场主要集中在美国、加拿大、法国、德国等国家，其通用航空器存量合计约 44 万架，占全球的 85% 以上。美国拥有成熟的通用航空市场，通用航空产业链的上游、中游和下游企业之间相互推动、相互制约，形成完整的产业链条，是世界通用航空产业最为发达的国家。

(2) 新兴工业化国家是未来通用航空发展的重要市场

全球经济快速发展，发展中国家的经济在世界经济总量上的占比不断提高，极大地激发了全球新兴工业化国家发展通用航空产业的热情。同时，延续世界范围内产业转移的大趋势，包括通用航空制造业在内的高端制造业由发达国家向发展中国家转移的比重逐年增加。目前巴西、俄罗斯、印度、中国和南非的国土面积总和占全球的 30%，总人口 29.65 亿，占全球的 42%，但是通用飞机总量占全球的比重却不足 15%，约 4.5 万架，而且巴西和南非是通用航空市场开发最早的新兴市场国家，通航飞机保有量仅 2 万余架，未来发展空间巨大。我国受制于空域管制，通用航空器需求被限制，消费力不足，仅拥有不到 3 000 架通用航空器。

2. 国外通用航空现状

(1) 美国通用航空现状

美国在 1930—1940 年代通用航空大发展时期，私人飞机飞行员的数量和通航飞行小时数出现了爆发式增长。紧随其后，通用飞机制造业和维修业务进入快速成长期。而通用航空机场和固定运营服务基地等基础设施只有在通航市场规模发展到一定程度后，才开始逐渐起步。

目前美国有全球最大的通用航空市场，拥有 100 多家通用航空制造商、10 万多家通用航空公司、1 000 多家航空俱乐部、1 000 多家飞机租赁公司，并创造了超过 120 多万个工作机会，被认为是美国经济发展的核心产业之一。在美国，持有效飞行驾驶执照的人员 600 万余名，有近 2 万个可供通用航空飞机、直升机起降的机场，通航飞机总数是民航飞机的 32 倍。美国的通用航空器飞行中，三分之二以公务飞行为主，飞往 5 000 多个美国公共机场，年飞行小时数达 2 700 万小时，搭载乘客 1.66 亿人，私人机场和起降点有 1 万多个。

通用航空已是美国交通系统中重要的组成部分。由于通用航空器具有自由灵活、四通八达的特点，赋予了人们在出行时间和空间上更多的主动权和选择权，而不用完全受制于商业航空的时间和航线限制。美国农田的 17% 适用航空器进行空中喷洒等作业，森林防护几乎 100% 利用航空器进行空中喷洒和护林。目前全美约有 3 200 家农林喷洒企业，以及 5 000 多名持有商业执照且经过严格农林喷洒培训的农林业飞行员。

美国是世界上机场最多的国家，根据美国联邦航空管理局(Federal Aviation Administration, FAA)向美国国会呈报的国家一体化机场系统规划 NPIAS(2015—2019)，美国有 3 300 多个机场在 NPIAS 系统中，其中绝大多数是政府拥有的公用机场，个别是私人拥有但允许公众使用的机场。NPIAS 系统中的公用机场占公用机场(起降点)总数的 65%，只有在 NPIAS 系统中的机场才可以得到联邦政府财政支持，这些机场必须符合 FAA 的要求且同意按 FAA 规章运行。这些机场 75%～90% 的维护改造经费来源于美国联邦政府，95% 以上为地方政府或政府运行机构拥有和运营。美国"机场改善计划"(AIP)为有重要战略意义的机场改扩建和设备更新提供每年约 15 万美元的资助，资助的项目包括新建及翻修跑道、购买机场建设用地、机场周边环境研究、机场安全性研究和机场规划设计等，其中公共通航机场占 55%。

FAA 将 NPIAS 系统中的机场依据通用航空机场驻场的飞机数目、种类以及交通量和飞行任务划分为国家机场、区域机场、地方机场和基础机场,如图 6.25 所示。各类机场在市场定位、设备设施建设、业务范围和主要目的等方面有差异。

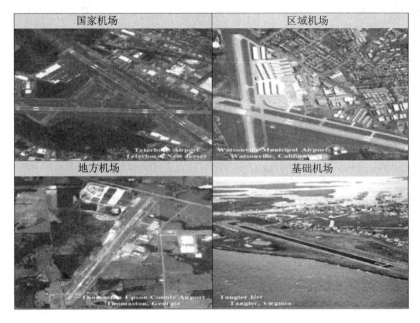

图 6.25　美国四类通用航空机场

(2) 欧盟通用航空现状

欧盟统一管理后,通过规范明确了通用航空的定义;规定通用航空包括从滑翔机到复杂的商务喷气机在内的广阔范围;明确业务范围;提供空中作业服务及紧急商业服务;完善法律法规,主要是针对航空制造、研发、空域开放、安全监管、飞行员培训等方面,制定出一系列的法律与政策加以规范和引导。

与美国不同的是,由于欧洲通用航空制造业发展起步较早,加之自身需求量基本饱和等因素,在通用航空制造业的发展道路上,欧洲通用航空制造业更加注重节能环保理念与技术输出。

与美国相似,在确保安全性的前提下,欧盟也同样制定了较为广泛的飞行员培养执照管理机制,使得飞行员可根据自身条件,较快获得相应的飞行员执照。完善的飞行员执照制度极大地降低了个人从事通用航空事业的准入门槛,促进了整个通用航空的发展。

(3) 澳大利亚通用航空现状

澳大利亚是世界上通用航空发展较好的国家之一,通用航空器运营企业达 500 多家,通用航空器占全国航空器总数的 60% 以上。在持有澳大利亚固定翼飞机驾驶执照的飞行员中,私用驾驶员执照持有者人数是航线运输飞行员人数的 2 倍左右。

澳大利亚有大约 2 000 个机场或起降地带,其中有 190 多个认证机场和 130 多个注册机场。澳大利亚的所有机场对通用航空器开放。在大型城市,一般都有一个以上主要用于通用航空的机场。在澳大利亚大城市起降的公务及通用航空飞行,绝大多数因为起降成本或飞行延误等原因选择这些城市周边的公务航空机场,这样的机场布局有效地降低了主要国际机场的运行压力。

(4) 巴西通用航空现状

巴西也是世界上通用航空发展较好的国家之一。通用航空器在空中交通和农业生产中的应用促进了通用航空运营业的发展。巴西通用航空器制造业基础较强,拥有世界领先水平的飞机制造公司。巴西航空工业公司是世界四大民用飞机制造商之一,主要生产支线飞机、公务机和国防系列产品。巴西直升机公司是空中客车直升机公司的巴西子公司,生产各类民用、军用直升机。Aero Mot 生产滑翔机和教练机。Aero Bravo、Trike Icaros 等其他小型飞机制造企业,以制造轻型飞机为主。巴西依靠自主研发与技术引进并重的模式发展飞机制造技术,极大地促进了本国通用航空的发展。

巴西民航局和培训机构组成完善的培训和认证体系,保障了充足的飞行员资源。巴西民航局下属运营安全办公室是监督飞行员培训及负责飞行员职业认证的专门机构。巴西民航局通过与 100 余所具备资质的飞行培训学校合作,建立起了严格的培训体系。此外,巴西还有约 160 家飞行俱乐部,提供飞行员入门培训。

3. 我国通用航空现状、政策及发展

2022 年 6 月 13 日,中国民用航空局印发中国《"十四五"通用航空发展专项规划》,规划包含发展基础、形势要求、发展思路、公益服务提能增效、新兴消费扩容提质、通航运输连线成网、无人机广泛应用、传统作业巩固提升、夯实资源保障能力、持续提升治理能力和保障措施等十一个章节进行了描述。该规划以《中华人民共和国国民经济和社会发展第十四个五年规划和 2035 年远景目标纲要》和《"十四五"民用航空发展规划》为指导,阐明发展思路,明确主要目标,确定重点任务,完善保障措施,是未来一段时期指导我国通用航空安全、智慧、高质量发展的重要文件。规划期至 2025 年,展望到 2035 年。

(1) 我国通用航空现状和政策

"十三五"时期,全行业认真贯彻落实《国务院办公厅关于促进通用航空业发展的指导意见》要求,务实推动通用航空实现从部门行为转变为政府行为、从行业行为转变为社会行为,实现通用航空飞起来、热起来,在提升治理水平、深化管理改革、广泛试点示范、加强协同共促等方面取得显著成绩,实现通用航空传统业务稳中有进、新兴业态蓬勃发展,为新时期高质量发展奠定坚实基础。

行业规模持续扩大。"十三五"期间,全国通用航空完成飞行作业 458.8 万小时,年均增长 5.2%。"十三五"末期,我国传统通航运营企业、运营航空器、年作业飞行量分别达到 523 家、2 892 架、98.4 万小时,与"十二五"末期相比,分别增长 86.1%、51.9%、26.3%。2020 年,无人机年飞行量、经营性企业、注册无人机、驾驶员数量分别达到 183 万小时、1.1 万家、51.7 万架、8.9 万人。全国可兼顾通用航空服务的运输机场超过 200 个;在册管理的通用机场达到 339 个,航油保障覆盖超过 90%。通航空服务经济社会发展能力全面增强。

治理能力显著提升。确定"放管结合、以放为主、分类管理"的监管理念,出台《民航局关于通用航空分类管理的指导意见》,推动企业落实安全主体责任。提升通用航空法规重构能力,推动《民航法》《民用机场管理条例》《无人驾驶航空器飞行管理暂行条例》等 30 余部法规规章修制,初步构建起相对独立、专门适用的通用航空法规体系框架。开展诚信体系建设,引导行业自律发展。持续加大财政资金支持力度,累计发放各项补贴超过 20.24 亿元,宏观调控能力持续增强。深化改革成效显著。持续推进"放管服"改革,累计完成 70 项阶段性改革任务,提升通用航空服务能力。开展过度监管专项督查,提升精细化监管水平。取消 4 项行政审批许可事项,创新告知承诺制审批,大幅降低准入要求,降低企业经营的制度成本。开通应急救援飞行计划审批"绿色通道",发布全国目视飞行航图、《通用机场航空资料汇编》,优化低空飞行服务保障体系。试点引路创新突破。广泛开展通用航空改革试点,覆盖许可审批优化、监管模式调整、机场建设分类、无

人机创新应用等领域。会同国家发改、文旅、卫健、应急、体育等主管部门，联合推出通用航空产业综合示范区、示范工程、试点项目近200个，激发短途运输、低空旅游、航空运动、医疗救护、无人机物流配送等新兴业态发展活力。

多方协同形成合力。加大部际协同，协调工信、财政、应急等主管部门，加大适航审定能力建设、优化专项资金保障、强化应急联动工作机制，形成发展合力。加强局省共建，深度参与四川、湖南、江西、安徽、海南等地区低空空域管理改革试点，推动军地民协同，促进关键资源释放；联合江西省共建江西适航审定中心，完成"初教六"适航认证。深化政企合作，与中电科、中船工业、中航工业、华为等共享优势资源，推动智慧通航建设。与此同时，对标《国务院办公厅关于促进通用航空业发展的指导意见》任务要求，我国通用航空发展不能充分满足人民群众对美好生活需要，主要体现在：一是市场培育不够充分，服务供给不足；二是通用机场数量较少，保障能力不强；三是产业转型升级速度偏慢，融合发展不够；四是低空空域管理改革低于预期，关键资源供给受限；五是协同共治能力偏弱，行业治理效能仍需提高。

（2）我国通用航空的发展

"十四五"时期是我国开启全面建设社会主义现代化国家新征程、向第二个百年奋斗目标进军的第一个五年，民航发展迎来阶段转换期、质量提升期和格局拓展期三期叠加，通用航空在综合交通运输领域和国家经济社会发展中的战略作用更加凸显，将面临新机遇与新挑战。具体表现在以下几方面：国家提升治理体系和治理能力，增强突发公共事件应急能力，提升自然灾害防御水平，要求迅速提升航空应急救援服务能力，提升服务能力，拓展服务领域，固化服务范式，充分发挥通用航空服务多元化公益场景效能。国家低空空域改革不断深入并取得实质性进展，低空经济将迎来新的发展机遇，以通航飞行活动和无人机运行为主体的娱乐新生态将加快壮大航空人口规模，要求以降本增效为导向，充分发挥行业和地方两个积极性，优化市场供给，催生航空新兴消费品质升级需求。

国家构建以国内大循环为主体，国内国际双循环相互促进的新发展格局，要求打造统一开放的综合交通运输服务市场体系，创新民航服务供给，稳步拓展通航短途运输航线网络，建设"干支通、全网联"的航空运输服务保障体系。国家创新驱动发展战略引领各地加快产业转型升级，带动形成通航制造、运营、消费全产业链条，地方促进通航发展的产业主体责任也将随之拓展为规划布局、项目审批、政策拉动、安全监管各领域，通航发展实现"两个转变"的条件将进一步成熟并转化为实践。

综上，我国通用航空处于重要战略机遇期，但在低空空域开放、安全与发展平衡、产业链高质量协同等方面仍存在较大挑战。"十四五"时期，我们要科学分析形势，把握发展大势，坚持新发展理念，统筹发展和安全，珍惜发展好局面，巩固发展好势头，积极应变、主动破局，推动通用航空高质量发展。

展望2035年，通用航空有力支撑多领域民航强国建设。通用航空市场充满活力，基础保障体系健全完善，全体系产业链自主创新能力显著增强，无人机产业生态圈基本建成，战略性新兴产业作用日益突出，成为民航行业服务构建新发展格局的新动能。

思考题

1. 简述通用航空的定义。
2. 简述通用航空飞机的种类。
3. 为什么小飞机的安全性不如大飞机？

4. 简述国际通用航空的现状。
5. 就实现我国通用航空快速发展,谈谈你的观点。

6.3 无人机

6.3.1 概述

无人驾驶飞机(unmanned aerial vehicle)是一种以无线电遥控或由自身程序控制为主的不载人飞机。机上无驾驶舱,但安装有自动驾驶仪、程序控制装置等设备。地面、舰艇上或母机遥控站人员通过雷达等设备对其进行跟踪、定位、遥控、遥测和数字传输。可在无线电遥控下像普通飞机一样起飞或用助推火箭发射升空,也可由母机带到空中投放飞行。回收时,可用与普通飞机着陆过程一样的方式自动着陆,也可通过遥控用降落伞或拦网回收,可反复使用多次。

最早的无人驾驶飞机是指用无线电遥控的飞机。在 20 世纪初便有人开始研究利用无线电控制飞机的可能性。最早出现的只是用无线电遥控的飞机模型,直到自动驾驶仪出现之后,人们才开始研制真正的无人驾驶飞机。

无人机最初是作为靶机出现的。人们曾经使用拖靶(小旗或布袋)作为空中的"靶标",这样既不安全也不真实。20 世纪 30 年代,把有人驾驶的飞机改装一番后就成了无人驾驶的靶机,如英国的"蜂后"靶机、美国的 OQ-19、PQ-8 靶机等。

第二次世界大战期间,美国将一些现役轰炸机改装成无人轰炸机。这些无人轰炸机安装了一些必要的自动控制系统,拆卸了多余的自卫武器和设备。进行远距离轰炸时,先由驾驶员操纵一段时间,进入攻击区以前驾驶员跳伞离开,然后由伴航飞机遥控进行轰炸。

第二次世界大战末期,德国也曾秘密从事无人轰炸机的研究,这就是 V-1 导弹。V-1 导弹具有中单翼、平尾和垂尾,垂尾上方安装一台脉冲式喷气发动机。虽然 V-1 导弹的命中率不高,但它是第一架完全由控制系统自动导航完成全部飞行过程的无人驾驶的飞行器。

第二次世界大战后,无人机技术得到了很大的发展。这时除了将一些有人驾驶飞机改装成无人驾驶飞机外,还成功地设计了一些无人靶机、无人侦察机、无人驾驶研究机等。随着电子仪器的微型化,无人机在 20 世纪 70 年代进入了一个崭新的时期,向着长航时、小尺寸、高精度、多用途方向发展。1998 年美国研制首飞长航时无人侦察机"全球鹰"。该机翼展 35 m,展弦比达到 25,最大航程 25 000 km,飞行高度近 20 000 m,续航时间达 42 h,配备有光电、红外传感系统和合成孔径雷达。

20 世纪 90 年代后,美国研制出了具备攻击作战能力的无人机,这就是无人作战飞机(unmanned combat air vehicle,UCAV)。无人作战飞机是集探测、识别、决断和作战等功能于一体的无人机系统。它的出现使无人机从辅助、支援性军用装备跃变为一种主战装备。

与载人飞机相比,无人机具有体积小、造价低、使用方便、对作战环境要求低、战场生存能力较强等优点,备受世界各国军队的青睐。在几场局部战争中,无人驾驶飞机以其准确、高效和灵便的侦察、干扰、欺骗、搜索、校射及在非正规条件下作战等多种作战能力,发挥着显著的作用,并引发了层出不穷的军事理论、装备技术等相关问题的研究。它将与孕育中的武库舰、无人驾驶坦克、机器人士兵、计算机病毒武器、天基武器、激光武器等一道,成为 21 世纪陆战、海战、空战、天战舞台上的重要角色,将对未来的军事斗争造成深远的影响。在民用领域,无人机在公安、消防、救灾、勘察、电力巡线、农林作业等诸多领域也显示出广阔而巨大的应用前景。随着无人机技术的不断发展,在不久的将来,在整个航空领域有人机和无人机将会平分秋色。目前世界各国都在加紧开展无人机的研究和研制工作。

6.3.2 无人机的分类

目前世界上多个国家装备了无人机系统,无人机的基本型号繁多,而且一些新概念无人机还在不断地出现。美国无人机计划局、欧洲无人机协会、英国《飞行国际》杂志等无人机相关机构和组织都已给出了无人机的一些分类,归纳如下。

1. 按尺寸或起飞质量大小分

(1) 大型无人机

起飞质量大于 500 kg 或尺寸相当于一架小飞机,可执行多种且复杂的任务。

(2) 中型无人机

起飞质量在 200～500 kg 范围内。

(3) 小型无人机

起飞质量小于 200 kg,甚至只有几十千克,尺寸犹如航空模型,执行任务较少或只能执行单一的特定任务。

(4) 微型无人机

根据美国国防高级计划研究局(DARPA)的定义,微型无人机为翼展在 15 cm 以下、质量 10～100 g、有效载荷 1～18 g、使用距离 10 km 以内的无人机。而英国《飞行国际》将翼展或机体尺寸小于 0.5 m,使用距离约 200 m 的无人机定义为微型无人机。微型无人机到目前为止没有一个统一的标准,甚至有时候和小型无人机难以区分。

2. 按续航时间和航程的长短分

(1) 长航时无人机

长航时无人机可分为高空型和中空型两种。前者飞行高度通常在 18 000 m 以上,续航时间大于 24 h;后者飞行高度一般为数千米,续航时间大于 12 h。

(2) 中程无人机

中程无人机活动半径在 700～1 000 km,主要用于海军、海军陆战队和空军的军以上部队在攻击目标前的大面积快速侦察和在攻击后进行战果评估。

(3) 短程无人机

短程无人机的活动半径在 150～350 km 范围内,通常是小型无人机,最大尺寸 3～5 m。全机质量小于 200 kg,适用于陆军的军、师级和海军陆战队的旅级部队进行战场侦察监视、目标搜索与定位以及战果评估等。

(4) 近程无人机

微小型无人机,最大尺寸 2～4 m,全机质量小于 100 kg,甚至小于 20 kg,飞行速度慢,适用于陆军的旅或营级部队以及小型舰艇进行战地侦察监视和指挥。

3. 按任务需求分

无人机按任务需求分为军用无人机和民用无人机,如图 6.26 所示。

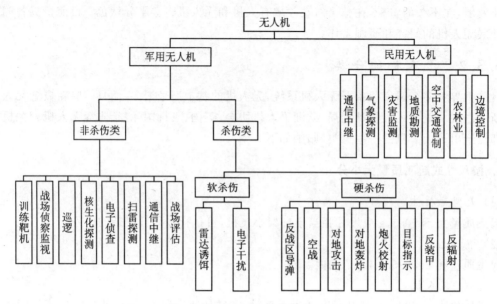

图 6.26 无人机按任务需求分类

6.3.3 无人机系统的组成及关键技术

1. 无人机系统主要组成部分

无人机系统（unmanned aerial system, UAS）是指无人机空中平台及其配套的任务设备、数据链、地面测控站、地面保障设备（包括无人机起飞发射装置）等的统称，其组成如图6.27所示。

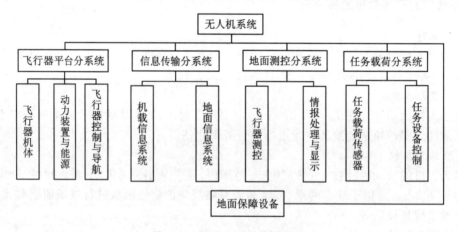

图 6.27 无人机系统组成框图

无人机结构组成与有人机类似，一般由机翼（旋翼、副翼、襟翼等）、机身、动力装置以及尾翼和着陆装置等组成。

地面控制站亦称"任务规划站"，是无人机系统的作战指挥中心，无人机上机载传感器和有效载荷传递回来的信息在此进行处理和显示，为地面飞行操纵人员提供无人机及其周围环境的当前实时信息，如图6.28所示。任务规划站亦是地面指挥员的指挥所，指挥员可在此进行相关的任务规划，控制操纵无人机和任务载荷的工作状态以及像有关部门汇报无人机获取的信息等。

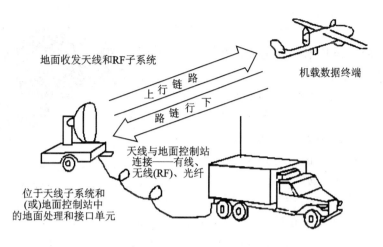

图 6.28 无人机数据链

任务规划站一般由控制显示台、视频和遥测设备、CPU 处理模块、通信设备、地面数据终端等组成。一些小型无人机的规划站可由一台计算机和其外围设备组成。

无人机具有广泛运用价值的根本原因是它能够承载任务载荷。现代无人机可装载的有效载荷种类已经发生很大变化,主要有:光电/红外成像设备,可不分白昼黑夜不间断地执行侦察任务;激光指示器和激光测距仪,在成像设备中引入激光束,进行目标标定;合成孔径雷达,可提供全天候的监视能力;运动目标指示器;电子对抗装置;气象及化学探测设备等。此外,具有攻击能力的无人机还可装载各类炸弹和导弹等武器系统。

数据链路传输速率及准确率和无人机的能力有直接的关系。数据链路对任何一个无人机系统来说都是十分关键的一个子系统,要能够实时不断可靠地提供双向通信。上行数据链路传递任务规划站等控制终端对无人机飞行及其任务载荷发送指令信息,下行数据链路传递无人机的飞行状态和任务载荷的状态信息,同时还需实时传递任务载荷探测到的信息。数据通信链路通常由地面及空中发射和接收终端组成。空中数据终端是数据链路的机载部分,包括发射机、接收机以及天线等。发射机用于传递机载传感器和任务载荷获取的飞行数据及信息,接收器用于接受任务规划站的指令。地面数据终端通常由无线电系统及卫星通信系统组成,一般也由接收机、发射机及天线组成,地面数据终端通常通过电缆和任务规划站连接。地面数据终端发射传递无人机制导、控制及任务载荷指令,并接受空中数据终端发射的无人机状态、任务载荷状态信息和任务载荷探测的信息等。

2. 无人机系统关键技术

现代无人机设计已经发生了革命性的变化。人们设计无人机不仅仅需要考虑飞多远、飞多高和飞多久,还要考虑无人机获取情报的实时性、连续性、指示性及准确性,同时无人机还需具备自我防护、生存、对地攻击以及空战的能力。对非杀伤性无人机的要求包括:无人机所看到的,地面都能实时看到;地面想要看到的,无人机都会为你找到;"地、海、空、天"四位一体组成体系内情报互享互惠,准确及时。不仅如此,对杀伤性无人机还要求具备:目标捕获与识别、高精度制导与控制、全天候留空作战能力、敌我识别与攻击效果评估等。这些都是未来无人机发展所急需的任务需求,技术所能达到的程度在很大程度上决定了任务实现的可能性。无人机要满足现代的任务需求,达到智能化的要求,需要解决对应的平台技术、通信技术、信息技术、处理器技术以及有效载荷技术等关键技术,如图 6.29 所示。

(1) 平台技术

无人机系统的平台技术包括无人机机体、推进和飞行控制等技术。

美国的 X-47B 无人机(图 6.30)是世界上首架陆基和航空母舰都能使用的无人侦察攻击机,能够支持非常规混合战,并能够作为航母飞行联队的组成部分,配合有人操作的作战平台完成作战任务。其结构尺寸为:长 11.63 m;宽 18.9 m;高 3.1 m;空重 6 350 kg;

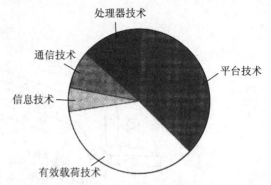

图 6.29 与无人机系统最密切相关的五个技术领域

巡航速度 1 102 km/h;最大起飞质量 20 220 kg;动力装置为 F100-PW-220U 涡扇发动机;最大航程 3 900 km;实用升限12 200 m;武器为两套内置武器挂载;传感器为光电/红外合成孔径雷达/移动目标指示器。

2013 年 7 月 10 日,美海军 X-47B 无人作战飞机验证机在"布什"号核动力航母上成功完成首次拦阻着舰。

以 X-47B 为代表的无人机是在"空海一体战"概念下,美国正在发展的革命性武器系统之一。它的载弹量大,对所有波段雷达波的隐身能力极高,飞行性能较高,作战半径大。预期可实现无人轰炸、纵深目标打击、近距支援、为 B-2 轰炸机护航、电子干扰、反弹道导弹、反雷达作战、战场侦察、反舰攻击、斩首攻击等任务。对现有的侦察卫星、潜艇、超视距雷达、弹道导弹、反舰导弹等作战手段均构成了不同程度的威胁。

图 6.30 X-47B 无人机

1) 无人机机体的发展

传统的无人机机体结构设计和材料等对无人机的质量、自修复及生存能力、自适应飞行控制和无人机性能等存在一定的约束,未来无人机可能采用柔性蒙皮进行飞行控制,采用自修复复合材料或再生式复合材料能使结构损坏后再生。如美国的概念无人机 MFX-2(图 6.31)不但可以作为侦察机,而且可以进行空中格斗,进攻其他战斗机。

与传统可变翼飞机不同的是,MFX-2 可根据气流、速度、方向的要求独立自动变形,实现机翼面积和后掠角的改变,获得不同飞行时段的最优构型。机翼的 40% 可变形,翼展可变程度为 73%,机翼前后可变度为 177%。

图 6.31 MFX-2"柔性蒙皮"变形无人机

2) 推进和飞行控制技术

推进技术是平台技术的另一个十分关键的技术,并将影响无人机的性能、飞行速度和航程等技术指标。目前最为广泛的无人机推进系统为燃气涡轮机推进系统、活塞发动机推进系统和电机推进系统(电池组和太阳能电池)。为了进一步提高无人机飞行性能,正在研究超燃冲压发动机以及燃料电池等新的推进技术。美国的概念无人机"全球观测者"(图 6.32)就采用液态氢燃料电池技术,留空时间可达到 7~10 天。氢燃料系统包括氢燃料发电机和液体燃料箱。液体氢燃料在内燃机燃烧,驱动发电机产生电力,带动 4 个螺旋桨,并为备份电池充电。

图 6.32 "全球观测者"无人机

现在人们对无人机智能化、自主化的程度要求更高,但现有的技术却在一定程度上制约着无人机智能化、自主化程度的提高,如计算机的运算速度和能力,通信的带宽和速度以及人工智能技术等。

(2) 通信技术

数据链路传输速率、带宽与未来无人机的能力有直接的关系。未来无人机在获取情报的实时性、连续性、指示性及准确性等方面都有很高的要求,更甚者其可能在更为繁杂的环境下工作,因此对现有数据通信链路的传输速率、带宽和抗干扰性提出新挑战。未来可能将高传输率的激光通信链和具备全天候适应能力的射频数据链共同发展,建立以网络为中心的通信系统,系统具有足够的容量、稳定性、可靠性、强大的联通性和互操作性。

(3) 处理器技术

处理器技术是制约无人机智能和自主程度的另一关键因素,如果现代微型处理器具备人一样的思考能力及速度、存储能力和环境适应能力,则处理器可完全取代飞行员的功能,无人机就能实现完全的自主控制。但目前的微处理器还不具备的这样的能力,因此发展全自主无人机任重而道远。未来可能使用光学处理器、生物化学处理器、量子干涉切换处理器和分子电子处理器,这将使处理器的速度大大提高,由此可能进一步提高无人机系统的智能化和自主化程度。

(4) 有效载荷技术

无人机具有广泛运用价值的根本原因是其能够承载任务载荷,因此有效载荷技术在很大程度上也决定无人机的能力。当前和未来将应用于无人机的有效载荷划分为四类:五种通用传感器(光电、雷达、信号、气象、生化)、中继(通信系统、导航信号)、机载武器、货物(传单、补给品)以及它们的组合等。无人机系统任务的完成程度及优劣依赖于传感器,若需达到更好的效果,还需突破相关的关键技术。武器系统是影响具有杀伤能力无人机作战性能的又一因素。通常无人机的质量和体积都比有人战斗机要小得多,但却要求无人机具备同等的作战效果,因此必须解决武器系统这一关键技术。未来的无人机武器系统可能向着小型化、精密制导等方向发展,甚至可能会采用微波武器。

思考题

1. 简述无人机的定义、分类及用途。
2. 与有人驾驶飞机相比,无人机具有哪些引人注目的特点?
3. 简述无人机系统的关键技术及发展。

6.4 航空运动

1. 概　述

航空运动是利用飞行器或其他器械在空中进行的体育运动。美国、俄罗斯、澳大利亚、日本、加拿大及欧洲许多国家的航空运动都比较发达。

航空运动在中国是一项新兴的体育运动,20世纪初开始萌芽,30年代逐步兴起,中华人民共和国成立后得到了迅速发展。1952年6月成立的中央国防体育俱乐部(1956年11月,改称中国人民国防体育协会)领导全国的国防体育活动,航空运动是它开展的重要项目之一。航空模型活动首先在青少年中开展起来,其后滑翔站、滑翔学校、航空俱乐部、航空干部训练班在各地建立起来,培养了大批开展航空运动的人才。中国自己制造了滑翔机、降落伞、训练飞机和运动飞机,飞行、滑翔、跳伞、航空模型运动已经成为青少年踊跃参加的一项群众性运动。

目前,航空运动的作用和意义愈来愈引起世界各国的重视,60多个国家在开展这项运动。

2. 航空运动项目

目前国际上普遍开展的航空运动项目有飞行运动、航空模型运动、跳伞运动、滑翔运动和热气球运动等。

1) 飞行运动

飞行运动是飞行员驾驶本身推进的飞机进行飞行的一项航空运动。

飞行运动诞生于 20 世纪初。自 1903 年莱特兄弟第一次成功地完成有动力、重于空气、能操纵的飞机以来,飞行运动有了极大的发展。飞行竞赛和特技飞行是现今开展比较普遍的飞行运动项目。飞行竞赛项目包括:在装有活塞式、涡轮螺旋桨式、喷气式发动机的各种重量级飞机上创造飞行速度、高度、航程、续航时间、上升速率、载重等方面纪录的飞行;在装有活塞式发动机的单座运动飞机和双座教练机上,比赛封闭航线竞速飞行、直线往返飞行、起落航线飞行、绕标飞行等。特技飞行项目是在简单气象条件下,驾驶运动飞机比赛高级特技。飞行运动不仅表现在运动本身,也是对飞机设计师、机械师和驾驶员努力增加飞机的飞行速度、航程和可靠性的挑战。在竞赛中产生的成果,大部分都被用到军用和民用航空方面,从而促进了飞机制造的发展、驾驶技术的提高和航空理论的研究。

2) 航空模型运动

航空模型是一种有尺寸和质量限制的雏形航空器。航空模型运动是以放飞、操纵自制的航空模型进行竞赛和创纪录飞行的一项航空运动。这项运动有助于培养人们对航空事业的兴趣,普及航空知识和技术,培养航空人才。

20 世纪 20 年代,美、英、法等国普遍开展了航空模型运动。自 1926 年起,国际航空运动联合会每年举办国际航空模型比赛。初时仅有橡皮筋动力模型飞机参赛,以留空时间长短决定胜负。50 年代后,国际航空运动联合会对竞赛方法和内容进行了重大改革,分别设定了比赛项目和纪录项目。1920 年中国赴美留学生桂铭新在美国举办的航空模型比赛中获取第一名。1940年在香港举办了中国首次航空模型比赛。1949 年后,中国航空模型运动得到迅速发展,从 1956年起,每年举办全国性比赛。1959 年中国运动员王埱首次打破航空模型世界纪录,此后中国运动员多次打破世界纪录,并多次在世界性航空模型比赛中创造优异成绩。

航空模型按惯例分别举行自由飞行、线操纵飞行、无线电遥控特技、无线电遥控模型滑翔机、像真模型和室内模型等(含 12 个竞赛项目)世界锦标赛,各项锦标赛每两年举行一次。此外还设有纪录项目,竞赛各种航空模型的留空时间、飞行高度及各种速度、距离等项目的绝对飞行成绩。各国还为青少年设置初级竞赛项目。航空模型运动必须使用自己制作(装配)的模型参加竞赛,因此不仅是一项单纯的竞技运动,而且包含丰富的工程技术理论和制作内容。

航空模型运动是国际航空运动联合会管辖的项目。在国际航联的领导下,设有国际航空模型委员会负责审议各会员国的各项提案,制定和修改航空模型运动规则,决定世界锦标赛和其他有关事项。

中国航空模型运动的全国性组织是中国航空运动协会所管辖的中国航空模型协会,设有教练、裁判和设备器材等委员会。中国航空模型运动的技术研究、指导和推广普及等项工作,由各级军事体育学校、航模运动学校、航空运动学校和航模指导站等机构实施。此外,属于教育和科学普及协会系统领导的少年宫、少年之家、科技指导站等组织也担负着上述任务。

3) 跳伞运动

跳伞运动是指跳伞员乘飞机、气球等航空器或其他器械升至高空后跳下,或者从陡峭的山顶、高地上跳下,借助空气动力和降落伞在张开降落伞之前和开伞后完成各种规定动作,并利用降落伞减缓下降速度,在指定区域安全着陆的一项体育运动。它以自身的惊险和挑战性,被誉为"勇敢者的运动"。目前,在我国有多个跳伞俱乐部及商业性跳伞公司,旨在推广中国航空运动。

跳伞的升空方式从最早的从热气球上跳伞发展为飞机跳伞、伞塔跳伞、牵引升空跳伞。当今喜爱冒险运动的人们又发明了从悬崖和摩天大厦跳伞等。跳伞项目除了传统的特技、定点、空中造型、空中踩伞等项目外,又新增添了空中自由式跳伞和空中滑板跳伞,从单纯的竞技型向休闲、娱乐和极限运动演变。

目前跳伞运动已经成为全球最为普及的航空体育项目之一，也成为年轻人最时髦的极限运动之一，甚至被发展成为一种技巧高超的体育活动。旋转、翻筋斗、转向、特技编队表演、传递接力棒，甚至不带降落伞从飞机上跳下，在半空中从另一位跳伞者那里取得降落伞等。

跳伞运动按载人器具分为从飞机、直升机、滑翔机、飞艇、气球等各种航空器上的跳伞和地面跳伞塔跳伞。国际上分为伞塔跳伞、氢气球跳伞和飞机跳伞三种，其中飞机跳伞是我国开展跳伞运动的主要形式。飞机跳伞竞赛项目很多，国际上开展的项目有定点跳伞、特技跳伞、造型跳伞、踩伞造型跳伞和表演跳伞。此外，还有在 7 000 m 以上高度进行的高空跳伞，日落后一小时至日出前一小时内的夜间跳伞，在江、河、湖、海等水域上进行的水上跳伞等。

4）滑翔运动

滑翔运动是驾驶滑翔机在空中滑翔和翱翔飞行的一项航空运动。

在世界各地，滑翔伞运动已拥有数十万的爱好者。滑翔伞是降落伞与滑翔翼的结合，也就是用高空方块伞改良成性能上接近滑翔翼的综合体。滑翔伞是一项不需要许多体力付出的体育运动，全套器材仅重约 20 kg。滑翔伞是自由飞行器，通常从高山斜坡起飞，也可以通过牵引方式起飞。滑翔伞用双脚起飞和着陆，所使用的器材与飞机跳伞使用的降落伞有很大区别。当代的滑翔伞可以爬升到海拔 4 000 m 以上，最大直线飞行距离已经突破 400 km。

5）气球运动

气球运动是指驾驶气球升空飞行的一项航空运动。最早的气球运动是用充氢气的气球进行的，在发现了比较稳定安全的氦气以后，又出现了以氦气充气的气球运动。以氢气、氦气充气的气球作为运动飞行从来没有普及过，它高昂的价格和飞行时所占用的众多人力，阻碍了这项运动的开展。20 世纪 50 年代的后期，出现了燃烧丙烷的热空气气球，为气球运动提供了经济有效的工具。气球运动竞赛大部分是地区性的，目前驾驶热空气气球已经成为一些国家非常喜爱的运动。现代气球运动竞赛项目包括升高高度、定点着陆、远距离飞行和续航时间的比赛。气球运动除了具有航空运动的普遍意义外，对于人们研究大气的奥妙也发挥着积极作用。

思考题

1. 航空运动的定义是什么？
2. 目前国际上普遍开展的航空运动项目都有哪些？

参考文献

[1] 昂海松,童明波,余雄庆,等.航空航天概论[M].2版.北京:科学出版社,2015.
[2] 范玉青.大飞机及其航行-新航空概论[M].北京:国防工业出版社,2015.
[3] 贾玉红.航空航天概论[M].4版.北京:北京航空航天大学出版社,2017.
[4] 宋笔锋.航空航天技术概论[M].北京:国防工业出版社,2014.
[5] 江善元,王云,等.航空航天概论[M].北京:高等教育出版社,2012.
[6] 陈东林.航空概论[M].北京:国防工业出版社,2008.
[7] 章健.航空概论[M].北京:国防工业出版社,2010.
[8] 郑晓虹,余英,等.航天概论[M].北京:人民邮电出版社,2013.
[9] 杨炳渊.航天技术导论[M].北京:中国宇航出版社,2009.
[10] 刘星,司海青,蔡中长,等.飞行原理[M].北京:科学出版社,2011.
[11] 匡江红,王秉良,吕鸿雁,等.飞机飞行力学[M].北京:清华大学出版社,2012.
[12] 龙江,刘峰,张中波,等.现代飞机结构与系统[M].西安:西北工业大学出版社,2016.
[13] 刘大响,陈光,等.航空发动机——飞机的心脏[M].2版.北京:航空工业出版社,2015.
[14] 董彦非.通用航空发动机原理与构造[M].北京:北京航空航天大学出版社,2018.
[15] Klause Hunecke. Jet Engines: Fundamentals of theory, design and operation. The Crowood Press Ltd.,1997.
[16] 左洪福,蔡景,吴昊,等.航空维修工程学[M].北京:科学出版社,2011.
[17] 高金源,等.飞机电传操纵系统与主动控制技术[M].北京:北京航空航天大学出版社,2005.
[18] 曲景文,张继超,刘明,等.世界通用飞机[M].北京:航空工业出版社,2014.
[19] 张啸迟,等.旋翼固定翼复合式垂直起降飞行器概念设计研究[J].航空学报,2016,37(01).
[20] 高远洋.2017中国通用航空大盘点[J].今日民航,2018(1).
[21] 张灿,等.2017年国外高超声速飞行器技术发展综述[J].战术导弹技术,2018,02-4.
[22] General Aviation Manufactures Association. 2016 General Aviation Statistical Databook & 2017 Industry Outlook.
[23] 中国民用航空局.民航局关于印发《"十四五"通用航空发展专项规划》的通知:民航发[2022]号[EB/OL].[2022-06-13]. http://www.caac.gov.cn/XXGK/XXGK/FZGH/202206/t20220613_213643.html.